从入门到实战·微课视频

C#程序设计从入门到实战

微课版

◎ 王斌 秦婧 刘存勇 编著

清華大学出版社
北京

内 容 简 介

C#语言是由微软研发的一款简单、高效的编程语言，它不仅能开发 Windows 窗体应用程序，也能开发网站应用程序，还能使用 Unity 3D 来开发游戏程序。本书是关于 C#语言的入门和实用教程，是带领读者认识并掌握 C#的读物。

本书以 Visual Studio 2015 作为开发工具，共 13 章，分别介绍了 C#的基本语法、字符串与数组、面向对象的基本知识、集合与泛型、事件和委托的使用、创建和使用 Windows 应用程序、使用 ADO.NET 连接并访问 SQL Server 数据库，并在最后综合使用前面所学的知识开发了音乐播放器、ATM 交易管理系统、进销存管理信息系统。

本书使用代码结合插图的方式进行辅助讲解，使读者能够更加直观地理解和掌握 C#的各个知识点，并且每个知识点都配有视频讲解（扫描二维码）。

本书可以作为高等学校各专业的计算机程序设计课程教材，同时也可以作为 C#语言初学者的自学参考书。

图书在版编目（CIP）数据

C#程序设计从入门到实战：微课版 / 王斌，秦婧，刘存勇编著. —北京：清华大学出版社，2018（2022.7 重印）

（从入门到实战·微课视频）

ISBN 978-7-302-48906-1

Ⅰ. ①C… Ⅱ. ①王… ②秦… ③刘… Ⅲ. ①C 语言-程序设计 Ⅳ. ①TP312.8

中国版本图书馆 CIP 数据核字（2017）第 287928 号

责任编辑：魏江江 王冰飞
封面设计：刘 键
责任校对：徐俊伟
责任印制：刘海龙

出版发行：清华大学出版社
网 址：http://www.tup.com.cn, http://www.wqbook.com
地 址：北京清华大学学研大厦 A 座 邮 编：100084
社 总 机：010-83470000 邮 购：010-62786544
投稿与读者服务：010-62776969，c-service@tup.tsinghua.edu.cn
质 量 反 馈：010-62772015，zhiliang@tup.tsinghua.edu.cn
印 装 者：三河市龙大印装有限公司
经 销：全国新华书店
开 本：185mm×260mm 印 张：26.25 字 数：632 千字
版 次：2018 年 2 月第 1 版 印 次：2022 年 7 月第 6 次印刷
印 数：6001～6500
定 价：69.80 元

产品编号：071590-01

前言

C#语言是目前比较流行的开发语言之一，与 Java 语言的语法形式有些相似，也是一款面向对象的语言。C#语言凭借其自身的易学、易用的特点被众多软件公司所青睐。此外，由于 Visual Studio 开发平台具有的优秀的集成性，不仅适合开发 C/S 结构的程序，也适合开发 B/S 结构的程序。在 Visual Studio 开发平台中还集成了 SQL Server 数据库，因此直接使用 C#语言访问 SQL Server 数据库是一个比较适合的搭配，目前在很多的软件系统中都普遍应用 C#语言和 SQL Server 数据库开发的搭配形式。

为了让读者快速掌握 C#语言的使用，本书从 C#语言的开发环境开始讲起，循序渐进地讲解 C#语言的基本语法、面向对象的基本知识、集合与泛型、ADO.NET 等内容，在本书的最后还使用 C#与 SQL Server 数据库开发了音乐播放器、ATM 交易管理系统、进销存管理信息系统。

本书的内容安排

全书共分 13 章，各章的主要内容如下。

第 1 章简要介绍了 C#语言的特点以及.NET Framework 控件，并介绍了 Visual Studio 2015 的安装与卸载。

第 2 章介绍 C#语言的基本语法，包括基本数据类型、运算符、常量和变量、条件语句、循环语句等。

第 3 章介绍类和方法的定义与使用，包括类的基本概念、类的成员、方法的声明、嵌套类和部分类的使用以及常用类的定义等。

第 4 章介绍字符串和数组的使用，包括常用字符串的使用、数据类型转换、正则表达式、一维数组、多维数组以及枚举和结构体类型的使用。

第 5 章介绍继承和多态的使用，包括 Object 类的使用、使用类图表示继承关系、方法隐藏、虚方法、抽象方法、密封方法、接口的声明和使用以及使用继承和接口实现多态。

第 6 章介绍集合和泛型的使用，包括 ArrayList 集合、队列和栈、Hashtable 类、SortedList 类以及泛型类和泛型集合的使用。

第 7 章介绍文件和流的使用，包括查看计算机驱动器信息、操作文件、File 类和 FileInfo 类的使用、Path 类的使用以及使用流来读写文本和文件。

第 8 章介绍委托和事件的使用，包括命名方法的委托、多播委托、匿名委托、事件以及 Windows 窗体应用程序中的一些操作。

第 9 章介绍窗体中的基本控件和对话框的使用，包括文本框和标签、复选框、单选按钮、列表框等控件以及颜色对话框、字体对话框和文件对话框的使用。

第 10 章介绍调试与异常处理，包括异常类的介绍、异常处理语句、自定义异常以及程序调试的方法。

第 11 章介绍进程与线程，包括进程类的使用、线程的使用、多线程程序以及线程同步的使用。

第 12 章介绍 ADO.NET 与数据绑定的应用，包括 ADO.NET 中所用的 5 个核心类以及常用控件的数据绑定方法。

第 13 章介绍音乐播放器的设计与实现，包括用户登录注册模块以及歌曲播放和管理模块。

本书附录还提供了两个项目案例：ATM 交易管理系统和进销存管理系统，需要用微信扫描二维码阅读。

本书由浅入深、由理论到实践，尤其适合初级读者逐步学习和完善自己的知识结构。

为了方便教学，本书配有教学课件、源代码、教学视频以及习题答案供读者参考。

本书由王斌（东北大学）、秦婧、刘存勇共同编写，在编写过程中，为了保证内容的正确性，查阅了很多资料，并得到一些资深 C#开发人员的支持。由于编者水平有限，书中难免有错，敬请广大读者批评指正，再次表示感谢。

适合阅读本书的读者

- 从未接触过 C#的自学人员
- 有志于使用 C#开发的初学者
- 高等院校计算机相关专业的老师和学生
- 各大中专院校的在校学生和相关授课老师
- 准备从事软件开发的求职者
- 参与毕业设计的学生
- 其他编程爱好者

编　者

2017 年 10 月

目 录

第 1 章

C#与 Visual Studio 2015

C#语言是微软推出的一款面向对象的编程语言，凭借其通用的语法和便捷的使用方法受到了很多企业和开发人员的青睐。C#语言具备了面向对象语言的特征，即封装、继承、多态，并且添加了事件和委托，增强了编程的灵活性。Visual Studio 2015 是专门的一套基于组件的开发工具，主要用于.NET 平台下的软件开发，C#语言作为.NET 平台下的首选编程语言，在该开发工具下可以开发控制台应用程序、Windows 窗体应用程序、ASP.NET 网站程序等。

本章的主要知识点如下：

- 认识 C#语言
- 掌握 Visual Studio 2015 的安装和卸载
- 熟悉 Visual Studio 2015 的开发环境
- 创建第一个控制台应用程序

1.1 认识 C#

视频讲解

C#（英文名为 CSharp）是微软开发的一种面向对象的编程语言，基本语法与 C++类似，但在编程过程中要比 C++简单。提到 C#不得不介绍其创始人 Anders，他可谓是编程语言的奇才。他在开发 C#语言之前曾开发了大家熟知的 Delphi 语言。微软在研发 C#语言之初是高薪聘请了这位奇才来主持开发的。C#语言是一种安全的、稳定的、简单的、面向对象的编程语言，它不仅去掉了 C++和 Java 语言中的一些复杂特性，还提供了可视化工具，能够高效地编写程序。C#语言具备如下 4 个特点。

❶ 简单、安全

在 C++和 C 语言中程序员最头疼的问题就是指针问题，在 C#语言中已经不再使用指针，而且不允许直接读取内存等不安全的操作。它比C、C++、Java提供了更多的数据类型，并且每个数据类型都是固定大小的。此外还提供了命名空间来管理C#文件，命名空间相当于一个文件夹，在创建程序时，允许在一个命名空间中创建一个或多个类，方便调用和重用。

❷ 面向对象

与其他面向对象语言一样，C#语言也具有面向对象语言的基本特征，即封装、继承、多态。所谓封装是将代码看作一个整体，例如使用类、方法、接口等。在使用定义好的类、方法、接口等对象时不必考虑其细节，只需要知道其对象名以及所需要的参数即可，也是一种提升代码安全性的方法。继承是一种体现代码重用性的特性，减少代码的冗余，但在C#语言中仅支持单继承。多态不仅体现了代码的重用性，也体现了代码的灵活性，它主要通过继承和实现接口的方式，让类或接口中的成员表现出不同的作用。

❸ 支持跨平台

最早的C#语言仅能在Windows平台上开发并使用，目前最新的C# 6.0版本已经能在多个操作系统上使用，例如在Mac、Linux等。此外，还能将其应用到手机、PDA等设备上。

❹ 开发多种类型的程序

使用C#语言不仅能开发在控制台下运行的应用程序，也能开发Windows窗体应用程序、网站、手机应用等多种应用程序，并且其提供的Visual Studio 2015开发工具中也支持多种类型的程序，让开发人员能快速地构建C#应用程序。

C#与.NET的关系

.NET是一个开发平台，而C#是一种在.NET开发平台上使用的编程语言，目前能在.NET平台上使用的开发语言很多，例如Visual Basic .NET、Python、J#、Visual C++.NET等。但在.NET平台上使用最多的是C#语言。

.NET框架是一个多语言组件开发和执行环境，它提供了一个跨语言的统一编程环境。.NET框架的目的是便于开发人员容易地建立Web应用程序和Web服务，使得Internet上的各应用程序之间可以使用Web服务进行沟通。

1.2 .NET Framework

.NET Framework是一个可以快速开发、部署网站服务及应用程序的开发平台，是Windows中的一个组件，包括公共语言运行时（Common Language Runtime，CLR）虚拟执行系统和.NET Framework类库。.NET Framework的特点如下。

视频讲解

（1）提供标准的面向对象开发环境。用户不仅可以在本地与对象交互，还可以通过Web Service和.NET Remoting技术进行远程交互。

（2）提供优化的代码执行环境，具有良好的版本兼容性，并允许在同一台计算机上安装不同版本的.NET Framework。

（3）使用 JIT（Just In Time）技术，提高代码的运行速度。

.NET Framework 的体系结构如图 1-1 所示。

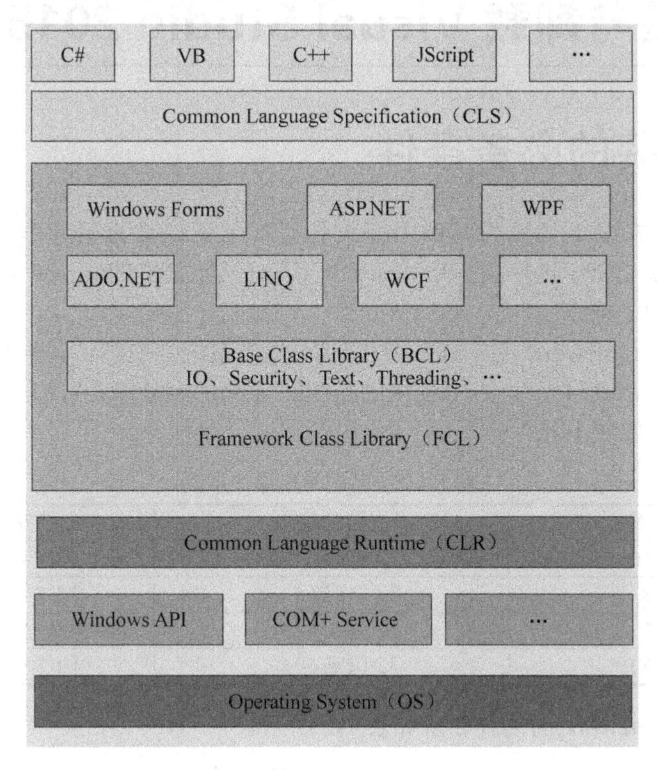

图 1-1　.NET Framework 的体系结构

下面从上而下详细介绍.NET Framework 体系结构中各部分的具体内容。

（1）编程语言：在.NET Framework 框架中支持的编程语言包括 C#、VB、C++、J#等，但目前使用最多的是 C#语言。正是由于在.NET Framework 中支持多种编程语言，因此.NET Framework 也配备了对应的编译器。

（2）CLS：CLS（Common Language Specification，公共语言运行规范）定义了一组规则，即可以通过不同的编程语言（C#、VB、J#等）来创建 Windows 应用程序、ASP.NET 网站程序以及在.NET Framework 中所有支持的程序。

（3）.NET Framework 类库（Framework Class Library，FCL）：在 FCL 中包括 Windows Forms（Windows 窗体程序）、ASP.NET（网站程序）、WPF（Windows 的界面程序的框架）、WCF（Windows 平台上的工作流程序）等程序所用到的类库文件。

（4）CLR：CLR 是.NET Framework 的基础。用户可以将 CLR 看作一个在执行时管理代码的代码，它提供内存管理、线程管理和远程处理等核心服务，并且还强制实施严格类型安全以及可提高安全性和可靠性的管理。它与 Java 虚拟机类似。以公共语言运行库为目标的代码称为托管代码，不以公共语言运行库为目标的代码称为非托管代码。

（5）OS：操作系统（Operating System，OS）在目前的.NET Framework 中仅支持在 Windows 上使用，在后续的版本中将支持在 Linux 和 Mac 操作系统上使用。

1.3 安装与卸载 Visual Studio 2015

1.3.1 安装的必备条件

视频讲解

在 Windows 7 以上的操作系统中要求必须具备管理员权限才能安装.NET Framework 框架。此外，在 Windows 7 系统上安装.NET Framework 需要操作系统有 SP1 补丁。

目前，.NET Framework 仅支持在 Windows 操作系统上安装，其最高版本是.NET Framework 4.6.2，本书使用的是.NET Framework 4.6.1，它支持的常用操作系统如表 1-1 所示。

表 1-1 支持的常用操作系统

操 作 系 统	支持的版本	支持安装的最高版本
Windows 10	32 位或 64 位	.NET Framework 4.6.2
Windows 8	32 位或 64 位	.NET Framework 4.6.2
Windows 7	32 位或 64 位	.NET Framework 4.5
Windows XP	32 位或 64 位	.NET Framework 4.0

安装.NET Framework 的硬件要求如表 1-2 所示。

表 1-2 硬件要求

硬 件 名 称	要 求
处理器	1GHz
RAM	512MB
磁盘空间的最小值	4.5GB

1.3.2 安装与卸载的步骤

视频讲解

用户在安装 Visual Studio 2015 之前，可以在微软的官网上了解 Visual Studio 2015 中各版本的具体功能和特点，本书中安装的版本是 Visual Studio Enterprise 2015，以下简称 Visual Studio 2015，安装的操作系统是 Windows 7。具体的安装步骤如下。

❶ 启动安装程序

从微软的官网上下载 Visual Studio 2015 的安装程序，下载后解压会出现如图 1-2 所示的文件夹。

packages
Standalone Profiler
autorun.inf

图 1-2 Visual Studio 2015 安装包解压后的效果

在图 1-2 中单击 vs_enterprise.exe 文件进入安装界面，如图 1-3 所示。

图 1-3　Visual Studio 2015 安装界面

❷ 选择安装位置并安装

在图 1-3 中单击“继续”按钮，进入如图 1-4 所示的界面。

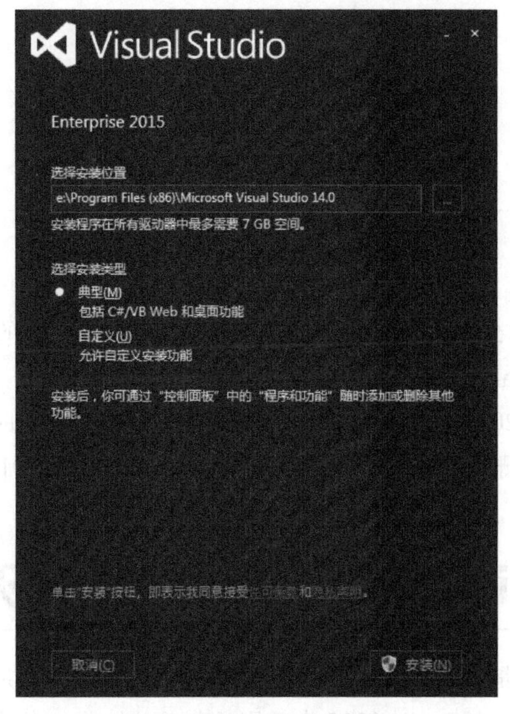

图 1-4　选择安装位置界面

在该界面中允许选择程序安装的位置，建议最好不要安装到操作系统所在的驱动器下以免占用过多资源，影响开机的速度。此外，在该界面中可以选择“典型”或“自定义”，本书在安装时选择的是“典型”，典型安装是将 Visual Studio 2015 中的主要功能全部安装。单击“安装”按钮，按照提示依次单击“继续”按钮即可完成 Visual Studio 2015 的安装操作。

❸ 安装成功并启动

安装成功后启动 Visual Studio 2015 软件，效果如图 1-5 所示。

图 1-5 启动 Visual Studio 2015 的效果

在 Visual Studio 2015 中能使用微软账号登录，并且能在不同的设备上共享程序，也可以不登录直接使用 Visual Studio 2015 工具。

卸载 Visual Studio 2015 非常简单，和卸载 Windows 中的其他应用程序一样，直接在控制面板中选择“添加或删除程序”，并在其中选择 Visual Studio 2015 程序卸载即可。

1.4 熟悉 Visual Studio 2015 的开发环境

Visual Studio 2015 是一款便于学习和使用的开发工具，并提供了大量的帮助文档供用户参考，本节将介绍 Visual Studio 2015 中常用的菜单并编写一个控制台应用程序。

1.4.1　Visual Studio 2015 中常用的菜单

视频讲解

启动 Visual Studio 2015，其主界面如图 1-6 所示。

图 1-6　Visual Studio 2015 的主界面

在该界面中首先看到的是起始页，它用于显示最近打开的项目，并可以进行新建项目、打开项目等操作。此外，在该页面中还能了解 Visual Studio 2015 中的一些新功能。在 Visual Studio 2015 中提供了与以往版本相同的、便利的菜单项和工具栏，下面介绍菜单栏中常用的功能。

- 文件：该菜单主要用于新建项目、打开现有项目以及保存项目等操作。
- 编辑：该菜单与 Word 软件中的编辑菜单类似，主要用于文件内容的复制、剪切、保存、粘贴等操作。
- 视图：该菜单用于在 Visual Studio 2015 界面中显示不同的窗口，视图菜单中的菜单项如图 1-7 所示。常用的窗口包括解决方案资源管理器、服务器资源管理器、SQL Server 对象资源管理器、错误列表、输出、工具箱、属性窗口等。解决方案资源管理器用于管理在 Visual Studio 2015 中创建的项目，服务器资源管理器用于管理数据库连接、移动服务、应用服务等，SQL Server 对象资源管理器用于管理 Visual Studio 2015 中自带或其他的 SQL Server 数据库，错误列表窗口用于显示程序在编译或运行后出现的错误信息，输出窗口用于显示在程序中的输出信息，工具箱窗口用于显示在 Windows 窗体应用程序或 WPF 应用程序、网站应用程序中可以使用的控件，属性窗口则用于设置项目或程序中使用的所有控件等内容的属性。
- 调试：该菜单主要在程序运行时调试使用。

解决方案资源管理器(P)	Ctrl+Alt+L
团队资源管理器(M)	Ctrl+\, Ctrl+M
服务器资源管理器(V)	Ctrl+Alt+S
SQL Server 对象资源管理器	Ctrl+\, Ctrl+S
书签窗口(Q)	Ctrl+K, Ctrl+W
调用层次结构(H)	Ctrl+Alt+K
类视图(A)	Ctrl+Shift+C
代码定义窗口(D)	Ctrl+\, D
对象浏览器(J)	Ctrl+Alt+J
错误列表(I)	Ctrl+\, E
输出(O)	Ctrl+Alt+O
起始页(G)	
任务列表(K)	Ctrl+\, T
工具箱(X)	Ctrl+Alt+X
通知(N)	Ctrl+W, N
查找结果(N)	▸
其他窗口(E)	▸
工具栏(T)	▸
全屏幕(U)	Shift+Alt+Enter
所有窗口(L)	Shift+Alt+M
向后导航(B)	Ctrl+-
向前导航(F)	Ctrl+Shift+-
下一个任务(X)	
上一个任务(R)	
属性窗口(W)	F4
属性页(Y)	Shift+F4

图 1-7 “视图”菜单中的菜单项

- 团队：该菜单在团队开发时使用。
- 工具：该菜单用于连接到数据库、连接到服务器、选择工具箱中的工具等操作。
- 体系结构：该菜单用于创建 UML 模型或关系图。
- 测试：该菜单用于对程序进行测试。
- 分析：该菜单用于分析程序的性能。
- 窗口：该菜单用于设置在 Visual Studio 2015 界面中显示的窗口，并提供了重置窗口的选项，方便用户重置 Visual Studio 2015 的操作界面。

1.4.2　第一个 C#程序

了解控制台应用程序通常是认识 C#应用程序的第一步，它是一个在类似于 DOS 的界面中输入与输出的程序，是学习 C#程序的基本语法最方便的程序。在本节中介绍如何创建控制台应用程序。

视频讲解

创建控制台应用程序非常简单，依次选择“文件”→“新建”→“项目”命令，弹出如图 1-8 所示的对话框。

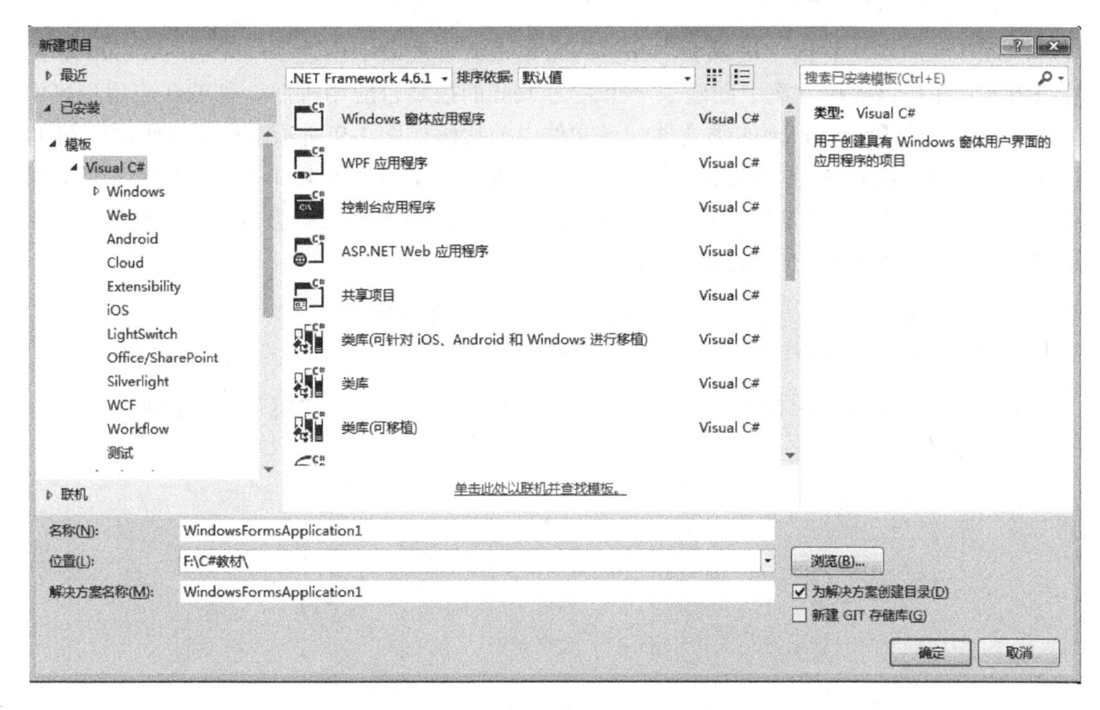

图 1-8　“新建项目”对话框

在其中选择“控制台应用程序”选项，并为该项目设置名称、位置以及解决方案名称，单击“确定”按钮即可创建控制台应用程序，效果如图 1-9 所示。需要注意解决方案名称不一定与项目名称相同，在同一个解决方案中允许设置多个项目。

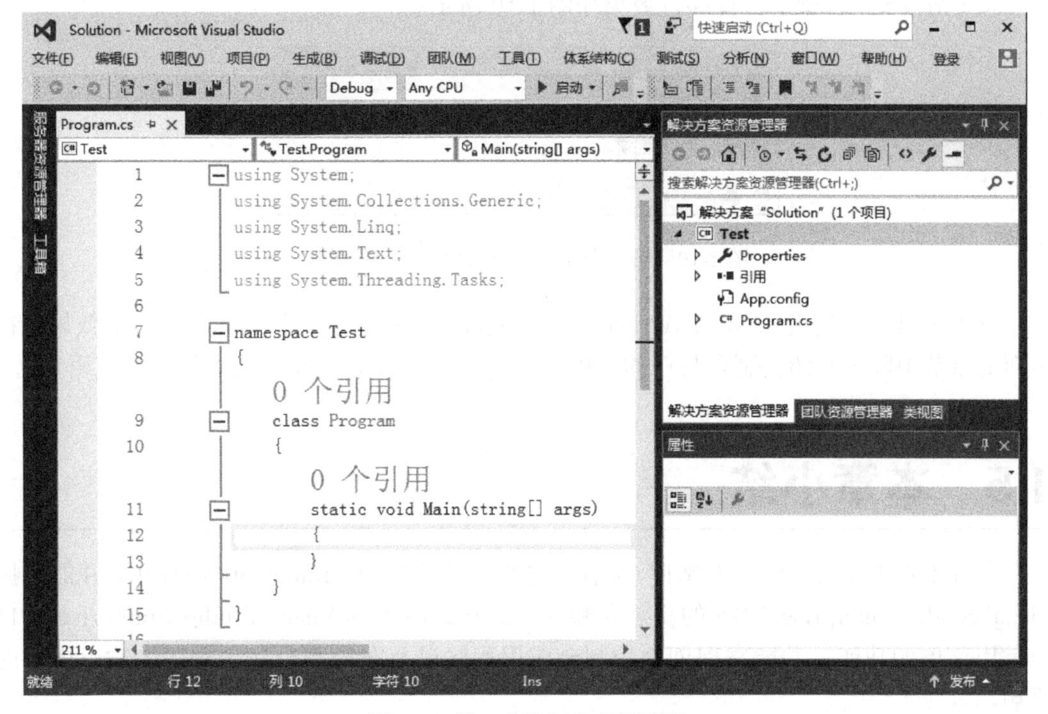

图 1-9　第一个控制台应用程序

从图 1-9 所示的界面中可以看出在解决方案资源管理器中创建了一个名为 Solution 的解决方案，并在该解决方案中创建了一个名为 Test 的控制台应用程序。在 Test 应用程序中包含了一个名为 Program.cs 的类文件，该文件中的代码如图 1-9 所示。在该代码中的第 11 行到第 13 行是 Main 方法，Main 方法是一个特殊的方法，并且在每个类中只能有一个，只需要将代码写到 Main 方法中，在项目运行后 Main 方法中的代码就会执行。在控制台应用程序的控制台界面中输出内容的方法如下。

```
Console.Write();          //向控制台界面不换行输出内容
Console.WriteLine();      //向控制台界面换行输出内容
```

下面使用控制台应用程序向控制台输出“第一个 C#程序”和“这是一个控制台应用程序”，实现的代码如下。

```
namespace Test
{
    class Program
    {
        static void Main(string[] args)
        {
            Console.WriteLine("第一个 C#程序");
            Console.WriteLine("这是一个控制台应用程序");
        }
    }
}
```

按 Ctrl+F5 组合键运行程序，效果如图 1-10 所示。

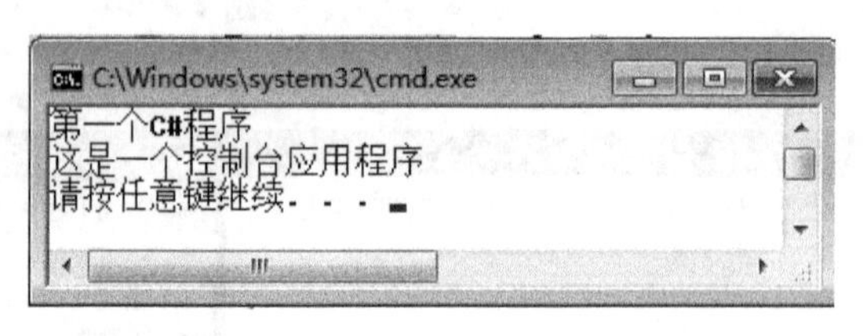

图 1-10　第一个控制台应用程序的运行效果

读者可以尝试使用 Console.Write()方法来完成输出信息的操作并查看运行的效果。在后面的章节中除了介绍控制台程序的使用之外，还会介绍 Windows 应用程序的使用。

1.5　本章小结

通过本章的学习，读者能掌握 C#语言的特点以及.NET Framework 的作用，并能掌握 Visual Studio Enterprise 2015 的安装和卸载，此外还能了解 Visual Studio Enterprise 2015 中常用菜单的功能，并能掌握创建控制台应用程序以及在控制台应用程序中输出内容的语句。

1.6　本章习题

❶ 填空题

（1）C#是一种________________类型的编程语言。

（2）JIT 是指________________________。

（3）.NET Framework 中的两个主要组件分别是________________和________________。

习题答案

❷ 编程题

创建控制台应用程序，并在控制台中输出自己的姓名和所学专业。

第 2 章

C#的基本语法

C#语言是在 C、C++的基础上发展而来的，因此在语法形式上有些类似，掌握 C#的基本语法是学好 C#语言的前提。任何一个程序都离不开选择语句和循环语句，例如登录一个网站需要输入用户名和密码，如果输入正确，可以进入该网站，否则无法登录，这里使用的就是选择语句。此外，如果输入用户名和密码的次数超过 3 次就不允许登录，则可以使用循环语句进行判断或者使用跳转语句完成。

本章的主要知识点如下：

- 数据类型
- 运算符
- 变量和常量
- 条件语句
- 循环语句

2.1 基本数据类型

视频讲解

数据类型主要用于指明变量和常量存储值的类型，C#语言是一种强类型语言，要求每个变量都必须指定数据类型。C#语言的数据类型分为值类型和引用类型。值类型包括整型、浮点型、字符型、布尔型、枚举型等；引用类型包括类、接口、数组、委托、字符串等。从内存存储空间的角度而言，值类型的值是存放到栈中的，每次存取值都会在该内存中操作；引用类型首先会在栈中创建一个引用变量，然后在堆中创建对象本身，再把这个对象所在内存的首地址赋给引用变量。

本节将介绍 C#语言中的常用基本数据类型，包括值类型中的整型、浮点型、字符型、布尔型，以及引用类型中常用的字符串类型。

2.1.1 整型

所谓整型就是存储整数的类型，按照存储值的范围不同，C#语言将整型分成了 byte 类型、short 类型、int 类型、long 类型等，并分别定义了有符号数和无符号数。有符号数可以表示负数，无符号数仅能表示正数。具体的整数类型及其表示范围如表 2-1 所示。

表 2-1　整数类型描述

类　型	取 值 范 围
sbyte	有符号数，占用 1 个字节，$-2^7 \sim 2^7-1$
byte	无符号数，占用 1 个字节，$0 \sim 2^8-1$
short	有符号数，占用 2 个字节，$-2^{15} \sim 2^{15}-1$
ushort	无符号数，占用 2 个字节，$0 \sim 2^{16}-1$
int	有符号数，占用 4 个字节，$-2^{31} \sim 2^{31}-1$
uint	无符号数，占用 4 个字节，$0 \sim 2^{32}-1$
long	有符号数，占用 8 个字节，$-2^{63} \sim 2^{63}-1$
ulong	无符号数，占用 8 个字节，$0 \sim 2^{64}-1$

从上面的表中可以看出，short、int 和 long 类型所对应的无符号数类型都是在其类型名称前面加上了 u 字符，只有 byte 类型比较特殊，它存储一个无符号数，其对应的有符号数则是 sbyte。此外，在 C#语言中默认的整型是 int 类型。

2.1.2 浮点型

浮点型是指小数类型，浮点型在 C#语言中共有两种，一种称为单精度浮点型，一种称为双精度浮点型。关于浮点型的具体说明如表 2-2 所示。

表 2-2　浮点型

类　型	取 值 范 围
float	单精度浮点型，占用 4 个字节，最多保留 7 位小数
double	双精度浮点型，占用 8 个字节，最多保留 16 位小数

在 C#语言中默认的浮点型是 double 类型。如果要使用单精度浮点型，需要在数值后面加上 f 或 F 来表示，例如 123.45f、123.45F。

2.1.3 字符型和字符串类型

字符型只能存放一个字符，它占用两个字节，能存放一个汉字。字符型用 char 关键字表示，存放到 char 类型的字符需要使用单引号括起来，例如'a'、'中'等。

字符串类型能存放多个字符，它是一个引用类型，在字符串类型中存放的字符数可以认为是没有限制的，因为其使用的内存大小不是固定的而是可变的。使用 string 关键字来存放字符串类型的数据。字符串类型的数据必须使用双引号括起来，例如"abc"、"123"等。

在 C#语言中还有一些特殊的字符串，代表了不同的特殊作用。由于在声明字符串类型的数据时需要用双引号将其括起来，那么双引号就成了特殊字符，不能直接输出，转义字符的作用就是输出这个有特殊含义的字符。转义字符非常简单，常用的转义字符如表 2-3 所示。

表 2-3　转义字符

转 义 字 符	等 价 字 符
\'	单引号
\"	双引号
\\	反斜杠
\0	空
\a	警告（产生蜂鸣音）
\b	退格
\f	换页
\n	换行
\r	回车
\t	水平制表符
\v	垂直制表符

2.1.4　布尔类型

在 C#语言中，布尔类型使用 bool 来声明，它只有两个值，即 true 和 false。当某个值只有两种状态时可以将其声明为布尔类型，例如，是否同意协议、是否购买商品等。布尔类型的值也被经常用到条件判断的语句中，例如，判断某个值是否为偶数、判断某个日期是否是工作日等。

2.2　运算符

运算符是每一种编程语言中必备的符号，如果没有运算符，那么编程语言将无法实现任何运算。运算符主要用于执行程序代码运算，例如加法、减法、大于、小于等。在本节中将介绍算术运算符、逻辑运算符、比较运算符、三元运算符以及运算符的优先级。

2.2.1　算术运算符

视频讲解

算术运算符是最常用的一类运算符，包括加法、减法、乘法、除法等，具体的表示符号如表 2-4 所示。

表 2-4　算术运算符

运　算　符	说　　明
+	对两个操作数做加法运算
–	对两个操作数做减法运算

续表

运　算　符	说　　明
*	对两个操作数做乘法运算
/	对两个操作数做除法运算
%	对两个操作数做取余运算

这里需要强调的是如果对于两个字符串类型的值使用+运算符，代表的是两个字符串值的连接，例如"123"+"456"的结果为"123456"。此外，在使用/运算符时也要注意操作数的数据类型，如果两个操作数的数据类型都为整数，那么结果相当于取整运算，不包括余数；而两个操作数中如果有一个操作数的数据类型为浮点数，那么结果则是正常的除法运算。对于%运算符来说，如果两个操作都为整数，那么结果相当于取余数。经常使用该运算符来判断某个数是否能被其他的数整除。

例 2-1　使用/和%运算符来取得数字 1234 中的千位、百位、十位、个位的值。

根据题目要求，代码如下。

```
class Program
{
    static void Main(string[] args)
    {
    Console.WriteLine("千位"+ 1234/1000);
    Console.WriteLine("百位" + 1234/100%10);
    Console.WriteLine("十位" + 1234/10%10);
    Console.WriteLine("个位" + 1234%10);
    }
}
```

执行上面的代码，效果如图 2-1 所示。

图 2-1　取得数字 1234 的各位数

从上面的执行效果可以看出，在操作数中只要有一个值是字符串类型的，+运算符起到的作用就是连接，而不是相加运算。

2.2.2　逻辑运算符

逻辑运算符主要包括与、或、非等，它主要用于多个布尔型表达式之间的运算，具体的表示符号如表 2-5 所示。

表 2-5　逻辑运算符

运　算　符	含　　义	说　　明
&&	逻辑与	如果运算符两边都为True，则整个表达式为True，否则为False；如果左边操作数为False，则不对右边表达式进行计算，相当于“且”的含义
||	逻辑或	如果运算符两边有一个或两个为True，整个表达式为True，否则为False；如果左边为True，则不对右边表达式进行计算，相当于“或”的含义
!	逻辑非	表示和原来的逻辑相反的逻辑

在使用逻辑运算符时需要注意逻辑运算符两边的表达式返回的结果都必须是布尔型的。

例 2-2　判断 2017 年是否为闰年。

根据题目要求，闰年的判断是需要满足两个条件中的一个，一个是年份能被 4 整数但是不能被 100 整数，一个是能被 400 整除。代码如下。

```
class Program
{
    static void Main(string[] args)
    {
    Console.WriteLine("2017 年是否闰年: "+((2017%4==0&&2017%100!=0)||(2017%400==0)));
    }
}
```

执行上面的代码，效果如图 2-2 所示。

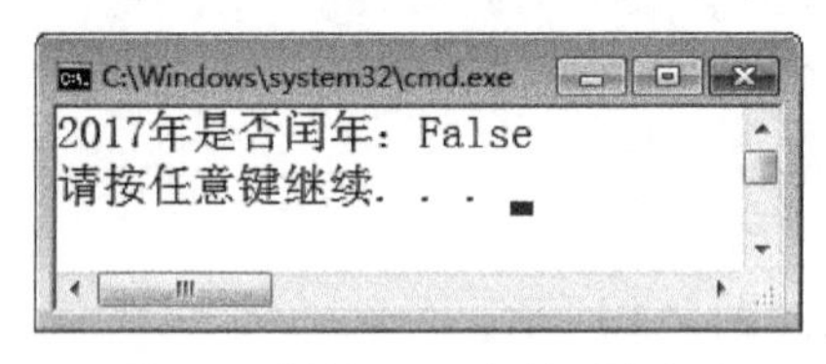

图 2-2　判断 2017 年是否为闰年

从上面的执行效果可以看出，2017 年不是闰年。此外，在实例的判断表达式中要注意括号的使用，括号可以改变表达式中运算的优先级。

2.2.3　比较运算符

视频讲解

比较运算符是在条件判断中经常使用的一类运算符，包括大于、小于、不等于、大于等于、小于等于等，具体的符号说明如表 2-6 所示。

表 2-6　比较运算符

运　算　符	说　　明
==	表示两边表达式运算的结果相等，注意是两个等号
!=	表示两边表达式运算的结果不相等
>	表示左边表达式的值大于右边表达式的值
<	表示左边表达式的值小于右边表达式的值
>=	表示左边表达式的值大于等于右边表达式的值
<=	表示左边表达式的值小于等于右边表达式的值

使用比较运算符运算得到的结果是布尔型的值，因此经常将使用比较运算符的表达式用到逻辑运算符的运算中。

例 2-3 判断 10 是否为偶数。

根据题目要求，判断某一个数是否为偶数，实际上就是判断该数是否能被 2 整除，如果被 2 整除后余数为 0，则说明该数为偶数。代码如下。

```
class Program
{
    static void Main(string[] args)
    {
        Console.WriteLine("10 是否为偶数:"+(10%2==0));
    }
}
```

执行上面的代码，效果如图 2-3 所示。

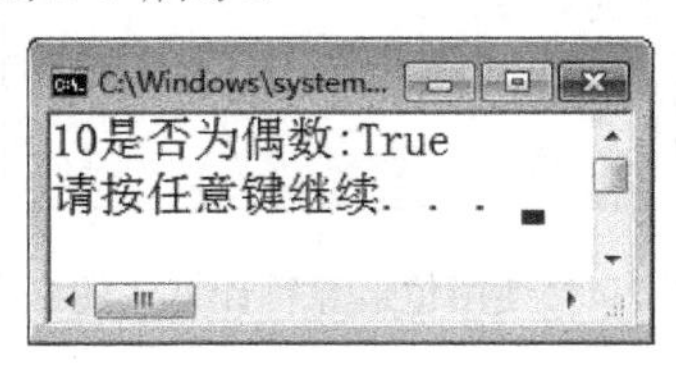

图 2-3 判断 10 是否为偶数

2.2.4 位运算符

所谓的位运算，通常是指将数值型的值从十进制转换成二进制后的运算，由于是对二进制数进行运算，所以使用位运算符对操作数进行运算的速度稍快。位运算包括与、或、非、左移、右移等，具体的表示符号如表 2-7 所示。

表 2-7 位运算符

运 算 符	说 明
&	按位与。两个运算数都为1，则整个表达式为1，否则为0；也可以对布尔型的值进行比较，相当于“与”运算，但不是短路运算
|	按位或。两个运算数都为0，则整个表达式为0，否则为1；也可以对布尔型的值进行比较，相当于“或”运算，但不是短路运算
~	按位非。当被运算的值为1时，运算结果为0；当被运算的值为0时，运算结果为1。该操作符不能用于布尔型。对正整数取反，则在原来的数上加1，然后取负数；对负整数取反，则在原来的数上加1，然后取绝对值
^	按位异或。只有运算的两位不同结果才为1，否则为0
<<	左移。把运算符左边的操作数向左移动运算符右边指定的位数，右边因移动空出的部分补0
>>	有符号右移。把运算符左边的操作数向右移动运算符右边指定的位数。如果是正值，左侧因移动空出的部分补0；如果是负值，左侧因移动空出的部分补1
>>>	无符号右移。和>>的移动方式一样，只是不管正负，因移动空出的部分都补0

在上面列出的运算符中比较常用的是左移运算符和右移运算符，左移 1 位相当于将操作数乘 2，右移 1 位相当于将操作数除 2。

例 2-4　使用位运算符计算 2 的立方。

根据题目要求，计算 2 的立方就是将 2 向左移两位得到的结果，代码如下。

```
class Program
{
    static void Main(string[] args)
    {
        Console.WriteLine("2 的立方为"+(2<<2));
    }
}
```

执行上面的代码，效果如图 2-4 所示。

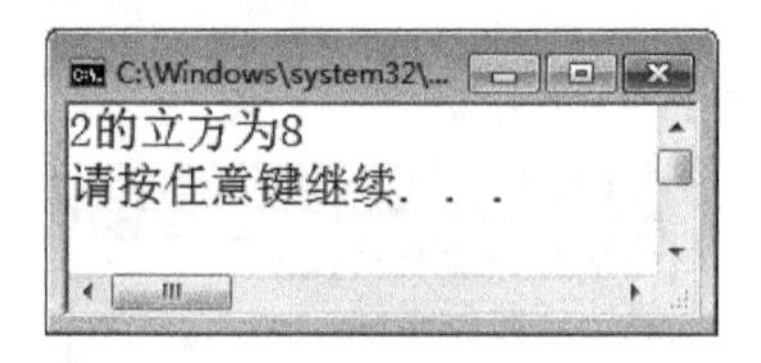

图 2-4　使用位运算符计算 2 的立方

2.2.5　三元运算符

视频讲解

三元运算符也被称为条件运算符，与后面要学习的 if 条件语句非常类似。在 C#语言中三元运算符只有一个，具体的语法形式如下。

```
布尔表达式?表达式 1：表达式 2
```

其中：

- 布尔表达式：判断条件，它是一个结果为布尔型值的表达式。
- 表达式 1：如果布尔表达式的值为 True，该三元运算符得到的结果就是表达式 1 的运算结果。
- 表达式 2：如果布尔表达式的值为 False，该三元运算符得到的结果就是表达式 2 的运算结果。

需要注意的是，在三元运算符中表达式 1 和表达式 2 的结果的数据类型要兼容。

例 2-5　使用三元运算符判断，如果 10 为偶数则输出偶数，否则输出奇数。

根据题目要求，代码如下。

```
class Program
{
    static void Main(string[] args)
    {
        Console.WriteLine("10 为："+(10% 2==0?"偶数":"奇数"));
    }
}
```

执行上面的代码，效果如图 2-5 所示。

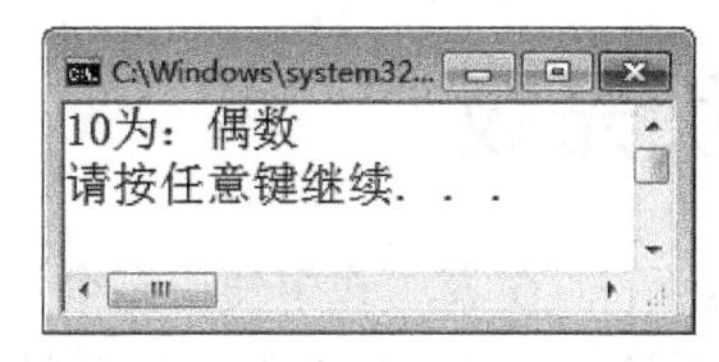

图 2-5　判断 10 是否为偶数

例 2-6　使用三元运算符完成两个数的比较，将其中较大的数输出。这里将两个数给定为 10 和 20。

根据题目要求，代码如下。

```
class Program
{
    static void Main(string[] args)
    {
        Console.WriteLine("将 10 和 20 中较大数输出的结果为：" + (10>20?10:20));
    }
}
```

执行上面的代码，效果如图 2-6 所示。

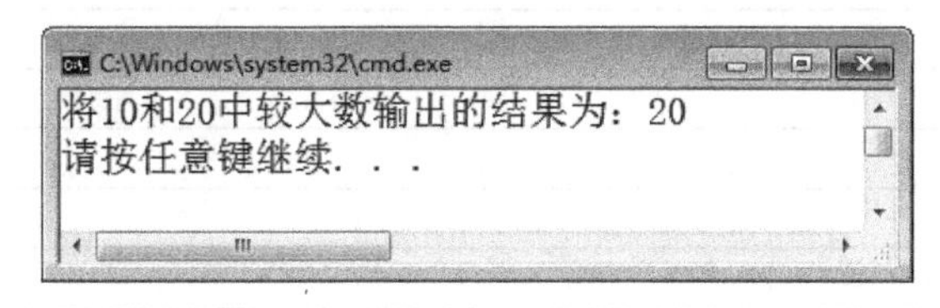

图 2-6　输出两个数中的较大数

2.2.6　赋值运算符

赋值运算符中最常见的是等号，除了等号以外还有很多赋值运算符，它们通常都是与其他运算符连用起到简化操作的作用。赋值运算符如表 2-8 所示。

表 2-8　赋值运算符

运　算　符	说　　明
=	x = y，等号右边的值给等号左边的变量，即把变量y的值赋给变量x
+=	x+=y，等同于x=x+y
-=	x-=y，等同于x=x-y
*=	x*=y，等同于x=x*y
/=	x/=y，等同于x=x/y
%=	x%=y，等同于x=x%y，表示求x除以y的余数
++	x++或++x，等同于x=x+1
--	x--或--x，等同于x=x-1

需要注意的是，++和--运算符放在操作数前和操作数后是有区别的，如果放在操作数前，需要先将操作数加 1 或减 1，然后再与其他操作数进行运算；如果放在操作数后，需

要先与其他操作数进行运算，然后操作数自身再加 1。

2.2.7　运算符的优先级

前面介绍了 C#中基本的运算符，在表达式中使用多个运算符进行计算时，运算符的运算有先后顺序。如果想改变运算符的运算顺序必须依靠括号。运算符的优先级如表 2-9 所示，表中显示的内容是按优先级从高到低排序的。

表 2-9　运算符的优先级

<table>
<tr><th>运　算　符</th><th>结　合　性</th></tr>
<tr><td>.（点）、()（小括号）、[]（中括号）</td><td>从左到右</td></tr>
<tr><td>+（正）、–（负）、++（自增）、--（自减）、~（按位非）、!（逻辑非）</td><td>从右到左</td></tr>
<tr><td>*（乘）、/（除）、%（取余）</td><td>从左向右</td></tr>
<tr><td>+（加）、–（减）</td><td>从左向右</td></tr>
<tr><td><<、>>、>>></td><td>从左向右</td></tr>
<tr><td><、<=、>、>=</td><td>从左向右</td></tr>
<tr><td>==、!=</td><td>从左向右</td></tr>
<tr><td>&</td><td>从左向右</td></tr>
<tr><td>|</td><td>从左向右</td></tr>
<tr><td>^</td><td>从左向右</td></tr>
<tr><td>&&</td><td>从左向右</td></tr>
<tr><td>||</td><td>从左向右</td></tr>
<tr><td>?:</td><td>从右到左</td></tr>
<tr><td>=、+=、–=、*=、/=、%=、&=、|=、^=、~=、<<=、>>=、>>>=</td><td>从右到左</td></tr>
</table>

尽管运算符本身已经有了优先级，但在实际应用中还是建议读者尽量在复杂的表达式中多用括号来控制优先级，以增强代码的可读性。

2.3　变量和常量

变量和常量是编程中不可缺失的内容，使用它们可以更容易地完成程序的编写。无论是变量还是常量都可以理解为存放数据的容器，并且在将值存放到变量中时还要为变量指定数据类型。变量是指所存放的值是允许改变的，而常量表示存入的值不允许改变。本节将介绍变量和常量的命名规则，以及如何声明它们。

2.3.1　命名规则

视频讲解

命名规则是为了让整个程序代码统一以增强其可读性而设置的。每一个单位在开发一个软件之前都会编写一份编码规范的文档。在本节中介绍的命名规则是针对本书中所编写的代码而设置的。除了常量和变量的命名规则外，本书还介绍了 C#中其他对象的命名规则。

常用的命名方法有两种，一种是 Pascal 命名法，另一种是 Camel 命名法。Pascal 命名法是指每个单词的首字母大写；Camel 命名法是指第一个单词小写，从第二个单词开始每个单词的首字母大写。

❶ 变量的命名规则

变量的命名规则遵循 Camel 命名法，并尽量使用能描述变量作用的英文单词。例如存放学生姓名的变量可以定义成 name 或者 studentName 等。另外，变量名字也不建议过长，最好是 1 个单词，最多不超过 3 个单词。

❷ 常量的命名规则

为了与变量有所区分，通常将定义常量的单词的所有字母大写。例如定义求圆面积的 π 的值，可以将其定义成一个常量以保证在整个程序中使用的值是统一的，直接定义成 PI 即可。

❸ 类的命名规则

类的命名规则遵循 Pascal 命名法，即每个单词的首字母大写。例如定义一个存放学生信息的类，可以定义成 Student。

❹ 接口的命名规则

接口的命名规则也遵循 Pascal 命名法，但通常都是以 I 开头，并将其后面的每个单词的首字母大写。例如定义一个存放值比较操作的接口，可以将其命名为 ICompare。

❺ 方法的命名规则

方法的命名遵循 Pascal 命名法，一般采用动词来命名。例如实现添加用户信息操作的方法，可以将其命名为 AddUser。

在 C#语言中，除了上面涉及的内容外还有很多对象，但命名规则都是类似的，在涉及其他对象时还会对命名规则再次说明。

2.3.2 声明变量

视频讲解

在声明变量时，首先要确认在变量中存放的值的数据类型，然后确定变量的内容，从而根据命名规则定义好变量名。声明变量的语法如下。

```
数据类型 变量名;
```

例如定义一个存放整数的变量，可以定义成“int num;”。

在声明变量后如何为变量赋值呢？很简单，直接使用=来连接要在变量中存放的值即可。赋值的语法有两种方式，一种是在声明变量的同时直接赋值，一种是先声明变量然后再赋值。其定义如下。

```
数据类型 变量名=值;
数据类型 变量名;
变量名=值;
```

在定义变量时需要注意变量中的值要与变量的数据类型相兼容。另外，在为变量赋值时也可以一次为多个变量赋值。例如：

```
int a=1,b=2;
```

虽然一次为多个变量赋值方便了很多，但在实际编程中为了增强程序的可读性，建议读者在编程中每次声明一个变量并为一个变量赋值。

例 **2-7** 分别定义整型、浮点型、布尔型以及字符串类型的变量并赋值，最后将变量值输出。

根据题目要求，代码如下。

```
class Program
{
    static void Main(string[] args)
    {
        int num1=100;
        double num2=100.123;
        bool isFlag=true;
        String name="Hello";

        Console.WriteLine("num1="+num1);
        Console.WriteLine("num2="+num2);
        Console.WriteLine("isFlag="+isFlag);
        Console.WriteLine("name="+name);
    }
}
```

执行上面的代码，效果如图 2-7 所示。

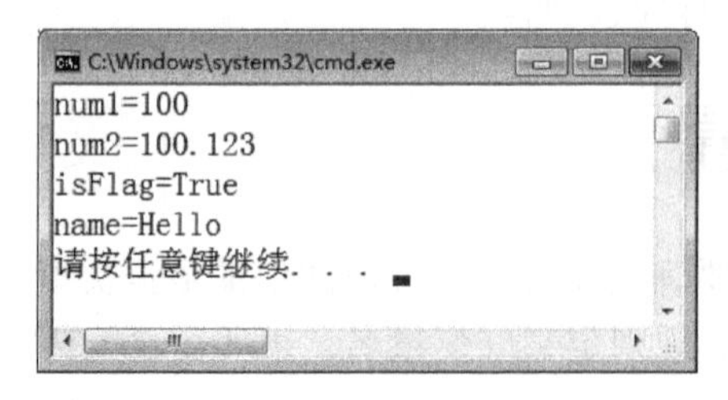

图 2-7　不同类型的变量声明

例 **2-8** 定义两个变量来存放值，然后将其中的大数加 10 后输出。

根据题目要求，在前面的例 2-6 中已经使用三元运算符完成了具体值的判断，下面使用定义变量的方式来实现。代码如下。

```
class Program
{
    static void Main(string[] args)
    {
       int a=10;
       int b=20;
       Console.WriteLine("将 a 与 b 中较大的数加 10 后,结果为:"+(a>b?a+10:b+10));
```

```
        }
    }
```

执行上面的代码，效果如图 2-8 所示。

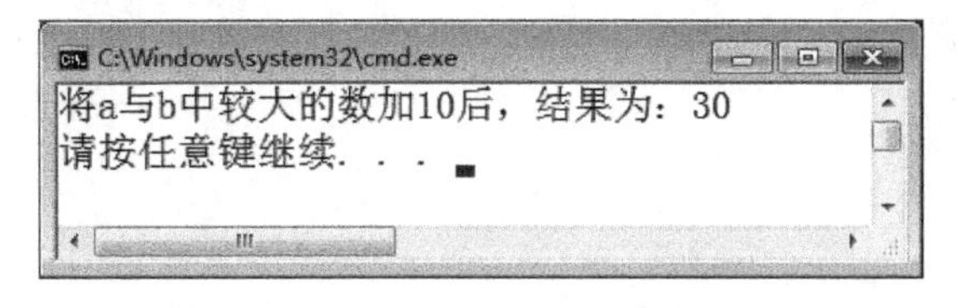

图 2-8　将两个变量中较大的值加 10

从上面的执行效果可以看出，由于 b 大于 a，原来 b 的值为 20，再加 10，则结果为 30。

例 2-9　定义两个变量，并将两个变量的值交换后输出。

根据题目要求，由于要交换两个变量中存放的值，最简单的方法是定义一个中间变量来存放交换的值，就像交换两个容器中存放的水需要借着第 3 个容器才能完成。代码如下。

```
class Program
{
    static void Main(string[] args)
    {
        int a=100;
        int b=200;
        Console.WriteLine("交换前: ");
        Console.WriteLine("a="+a+";b="+b);
        int temp;
        temp=a;
        a=b;
        b=temp;
        Console.WriteLine("交换后: ");
        Console.WriteLine("a="+a+";b="+b);
    }
}
```

执行上面的代码，效果如图 2-9 所示。

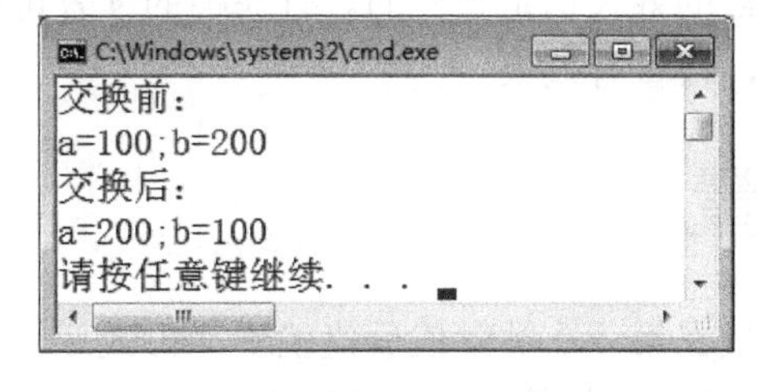

图 2-9　两个变量交换值

除了使用中间变量完成两个变量的值的交换以外，这里提供两种常用的方式供读者参考。第 1 种方式是通过“加和再减”的方式实现，代码如下。

```
class Program
{
   static void Main(string[] args)
   {
       int a=100;
       int b=200;
       a=a+b;
       b=a-b;
       a=a-b;
       Console.WriteLine("交换后的值：");
       Console.WriteLine("a="+a+";b="+b);
   }
}
```

执行上面的代码，即可完成与使用中间变量交换值同样的效果。

第 2 种方式则是使用位运算实现。在位运算符中选择的是异或运算符，异或运算是将计算的值转换成二进制，然后两个值之间的比较原则是相同为 0、不同为 1，因此经过一次异或操作会将数据的某些位翻转，但是同一个数如果用 2 次异或操作则数值保持不变。代码如下。

```
class Program
{
   static void Main(string[] args)
   {
       int a=100;
       int b=200;
       a=a^b;
       b=a^b;
       a=a^b;
       Console.WriteLine("交换后的值：");
       Console.WriteLine("a="+a+";b="+b);
   }
}
```

执行上面的代码，交换的效果也是一样的。有兴趣的读者可以将 100 和 200 转换成二进制的值进行相应的计算，再查看效果。

2.3.3 声明常量

视频讲解

与变量不同的是，常量在第一次被赋值后值就不能再改变。声明常量需要使用关键字 const 来完成，具体的语法形式如下。

```
const 数据类型 常量名=值;
```

需要注意的是，在定义常量时必须为其赋值。另外，也可以同时声明多个常量。在程序中使用常量也会带来很多好处，包括增强了程序的可读性以及便于程序的修改。例如在一个计算税率的程序中，为了保证程序中的税率统一，设置一个名为 TAX 的常量来完成，如果需要修改税率只修改该常量的值即可。

例 2-10　分别求圆的面积和周长，并使用常量存放 π 的值，将 π 的值定义为 3.14。

根据题目要求，代码如下。

```
class Program
{
    static void Main(string[] args)
    {
        const double PI=3.14;
        int r=3;  //存放半径
        Console.WriteLine("圆的周长是："+2*PI*r);
        Console.WriteLine("圆的面积是："+PI*r*r);
    }
}
```

执行上面的代码，效果如图 2-10 所示。

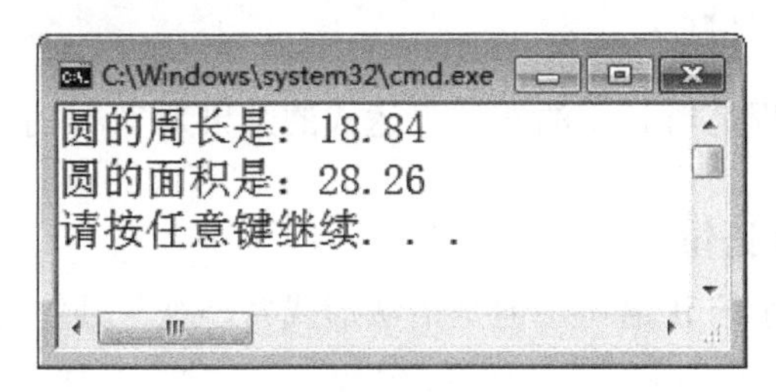

图 2-10　求圆的周长和面积

2.4　条件语句

条件语句是用于根据某些条件来选择执行不同操作的语句，这就好像十字路口的交通信号灯，如果是红灯，则驾驶员需要制动车辆；如果是绿灯，则驾驶员需要启动车辆前进；如果是黄灯，则提醒驾驶员交通灯要变信号了。本节将介绍 C#语言中的条件语句——if 语句和 switch 语句。

2.4.1　使用 if 语句

视频讲解

if 语句是最常用的条件语句，并且 if 语句的形式有多种，包括单一条件的 if 语句、二选一条件的 if 语句以及多选一条件的 if 语句。下面详细介绍这 3 种形式。

❶ 单一条件的 if 语句

单一条件的 if 语句是最简单的 if 语句，只有满足 if 语句中的条件才能执行相应的语句。具体的语法形式如下。

```
if(布尔表达式)
{
  语句块;
}
```

这里语句块是指多条语句。当布尔表达式中的值为 True 时执行语句块中的内容，否则不执行。

❷ 二选一条件的 if 语句

二选一条件的 if 语句与前面介绍的三元运算符完成的效果是一样的，只是比三元运算符实现的过程灵活一些。具体的语法形式如下。

```
if(布尔表达式)
{
  语句块 1;
}
else{
  语句块 2;
}
```

上面语句的执行过程是当 if 中的布尔表达式的结果为 True 时执行语句块 1，否则执行语句块 2。

❸ 多选一条件的 if 语句

多选一条件是最复杂的 if 语句，但是语法形式并不难。具体的语法形式如下。

```
if(布尔表达式 1)
{
  语句块 1;
}
else if(布尔表达式 2){
  语句块 2;
}
…
else{
  语句块 n;
}
```

上面语句的执行过程是先判断布尔表达式 1 的值是否为 True，如果为 True，执行语句块 1，整个语句结束，否则依次判断每个布尔表达式的值，如果都不为 True，执行 else 语句中的语句块 n。需要注意的是，在上面的语法中最后一个 else{}语句是可以省略的。如果省略了 else{}语句，那么多分支的 if 语句中如果没有布尔表达式的值为 True 的语句，则不会执行任何语句块。

例 2-11 使用 if 语句判断从控制台输入的整数是否为偶数。

根据题目要求，从控制台输入的值是字符串类型，因此需要将字符串类型的值转换成整数型，转换是通过“int.Parse(Console.ReadLine())”语句实现的。代码如下。

```
class Program
```

```
{
   static void Main(string[] args)
   {
      Console.WriteLine("请输入一个整数：");
      //将从控制台输入的值转换成 int 类型
      int num=int.Parse(Console.ReadLine());
      if(num%2==0)
      {
          Console.WriteLine(num+"是偶数！");
      }
      else
      {
          Console.WriteLine(num+"不是偶数!");
      }
   }
}
```

执行上面的代码，效果如图 2-11 所示。

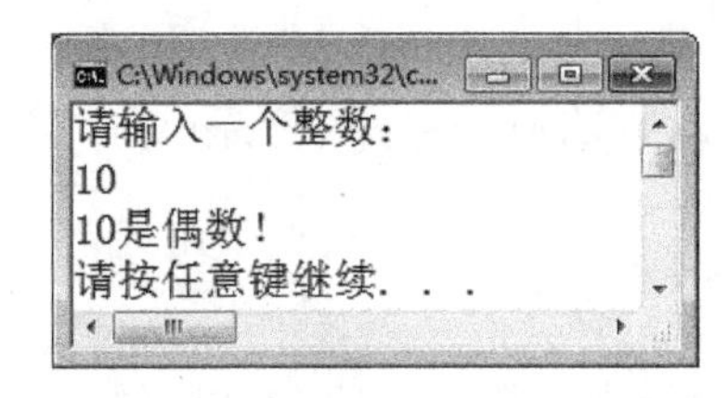

图 2-11　使用 if 语句判断输入的数是否为偶数

在上面的实例中使用的是二选一的 if 语句，也可以使用单一的 if 语句来实现，实现的代码如下。

```
class Program
{
   static void Main(string[] args)
   {
      Console.WriteLine("请输入一个整数：");
      //将从控制台输入的值转换成 int 类型
      int num=int.Parse(Console.ReadLine());
      String msg=num+"不是偶数";
      if(num%2==0)
      {
          msg=num+"是偶数";
      }
      Console.WriteLine(msg);
   }
}
```

在上面的代码中为 msg 变量设置一个值，如果 if 语句中的布尔表达式的值为 True，则改变 msg 的值，这样就可以使用单一的 if 语句完成二选一的 if 语句的操作。

例 2-12 使用多分支 if 语句完成对游戏账户积分等级的判断，判断的条件是当游戏积分为 0～100 时是初级、100～200 时是中级、200～500 时是高级、500 以上时是特级。

根据题目要求，代码如下。

```
class Program
{
    static void Main(string[] args)
    {
        Console.WriteLine("请输入游戏积分（大于 0 的整数）");
        int points = int.Parse(Console.ReadLine());
        //如果输入的积分小于 0 则将其设置为 0
        if(points<0)
        {
           points=0;
        }

        if(points<=100)
        {
           Console.WriteLine("您的游戏等级为初级");
        }
        else if(points<=300)
        {
           Console.WriteLine("您的游戏等级为中级");
        }
        else if(points<=500)
        {
           Console.WriteLine("您的游戏等级为高级");
        }
        else
        {
           Console.WriteLine("您的游戏等级为特级");
        }
    }
}
```

执行上面的代码，效果如图 2-12 所示。

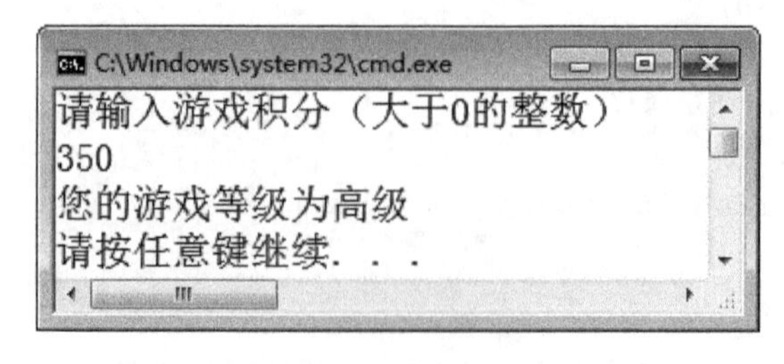

图 2-12　根据游戏积分判断用户的游戏等级

在上面的程序中，由于使用的是多选一的分支语句，所以在分支语句使用“points<=300”时实际上代表的是 points 大于 100 并小于 300 的值。

2.4.2　使用 switch 语句

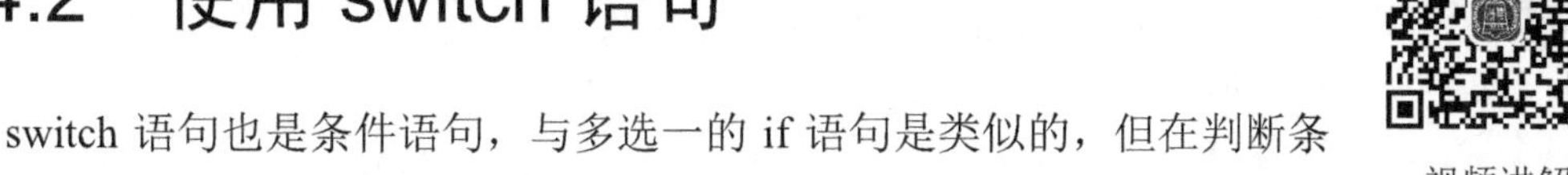

switch 语句也是条件语句，与多选一的 if 语句是类似的，但在判断条件的选择上会有一些局限性。具体的语法形式如下。

视频讲解

```
switch(表达式)
{
    case 值 1:
              语句块 1;
              break;
    case 值 2:
              语句块 2;
              break;
    default:
             语句块 n
             break;
}
```

在这里，switch 语句中表达式的结果必须是整型、字符串类型、字符型、布尔型等数据类型。 如果 switch 语句中表达式的值与 case 后面的值相同，则执行相应的 case 后面的语句块。如果所有的 case 语句与 switch 语句表达式的值都不相同，则执行 default 语句后面的值，default 语句是可以省略的。需要注意的是，case 语句后面的值是不能重复的。

例 2-13　使用 switch…case 语句根据学生的考试成绩来判断等级，如果成绩在 90 分以上是优秀；如果成绩为 80～90 分是良好；如果成绩为 60～80 分是及格，如果成绩在 60 分以下是不及格。

根据题目要求，代码如下。

```
class Program
{
    static void Main(string[] args)
    {
       Console.WriteLine("请输入学生考试成绩（0～100 的整数）：");
       int points=int.Parse(Console.ReadLine());
       switch(points/10)
       {
           case 10:
           Console.WriteLine("优秀");
           break;
           case 9:
           Console.WriteLine("优秀");
           break;
```

```
            case 8:
            Console.WriteLine("良好");
            break;
            case 7:
            Console.WriteLine("及格");
            break;
            case 6:
            Console.WriteLine("及格");
            break;
            default:
            Console.WriteLine("不及格");
            break;
        }
    }
}
```

执行上面的代码，效果如图 2-13 所示。

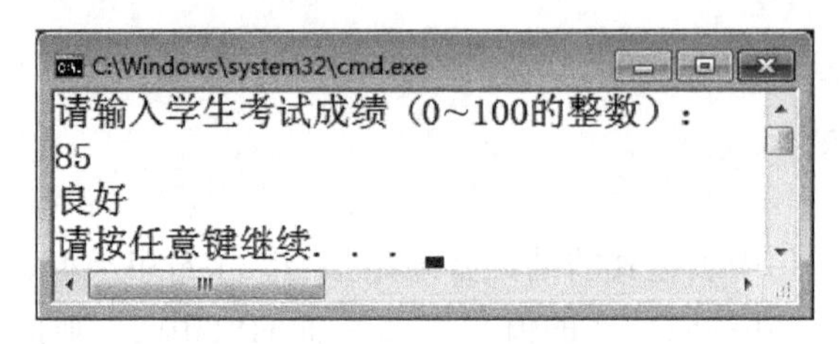

图 2-13　根据考试成绩判断等级

从上面的程序中不难看出有些语句是重复的，若在 switch 语句中遇到 case 语句，如果 case 语句中的值没有满足的条件就会自动转到下一个 case 语句中值的判断，但如果满足了 case 语句中的值，则会执行 case 语句后面对应的语句块，直到遇到 break 语句才会结束整个 switch 语句，否则会继续执行该 case 语句后面的所有对应的语句块，与是否满足 case 后面的值无关。因此，由于 case 10 和 case 9 输出的语句一样，case 7 和 case 6 输出的语句一样，上面的程序可以简化成如下代码。

```
class Program
{
  static void Main(string[] args)
  {
    Console.WriteLine("请输入学生考试成绩（0～100 的整数）：");
    int points=int.Parse(Console.ReadLine());
    //如果 points 的值不是 0～100 的数，将 points 的值设置为 0
    if(points<0||points>100)
    {
      points=0;
    }
    switch(points/10)
    {
```

```
            case 10:
            case 9:
            Console.WriteLine("优秀");
            break;
            case 8:
            Console.WriteLine("良好");
            break;
            case 7:
            case 6:
            Console.WriteLine("及格");
            break;
            default:
            Console.WriteLine("不及格");
            break;
            }
        }
    }
```

上面代码的执行效果与简化前的是一致的。

2.5 循环语句

循环语句和条件语句一样都是每个程序中必不可少的，循环语句是用来完成一些重复的工作的，以减少编写代码的工作量。本节将介绍 C#语言中的 for、while 和 do…while 循环语句，并介绍每种循环语句的应用。

2.5.1 使用 for 循环

视频讲解

for 循环是最常用的循环语句，语法形式非常简单，多用于固定次数的循环。具体的语法形式如下。

```
for(表达式 1;表达式 2;表达式 3)
{
  表达式 4;
}
```

其中：

- 表达式 1：为循环变量赋初值。
- 表达式 2：为循环设置循环条件，通常是布尔表达式。
- 表达式 3：用于改变循环变量的大小。
- 表达式 4：当满足循环条件时执行该表达式 4。

for 循环语句执行的过程是，先执行 for 循环中的表达式 1，然后执行表达式 2，如果表达式 2 的结果为 True，则执行表达式 4，再执行表达式 3 来改变循环变量，接着执行表达式 2 看是否为 True，如果为 True，则执行表达式 4，直到表达式 2 的结果为 False，循环结束。

需要注意的是，在 for 循环中表达式 1、表达式 2、表达式 3 以及表达式 4 都是可以省略的，但表达式 1、表达式 2、表达式 3 省略时它们之间的分号是不能省略的。

例 2-14 使用循环输出 1～10 的数，并输出这 10 个数的和。

根据题目要求，代码如下。

```
class Program
{
    static void Main(string[] args)
    {
        //设置存放和的变量
        int sum=0;
        for(int i=1; i<=10; i++)
        {
            Console.WriteLine(i);
            sum=sum+i;
        }
        Console.WriteLine("1～10 的和为:"+sum);
    }
}
```

执行上面的代码，效果如图 2-14 所示。

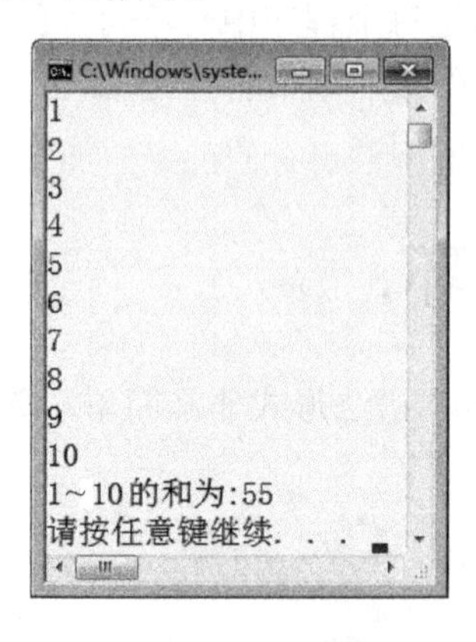

图 2-14 输出 1～10 的数并求和

此外，在一个 for 循环语句中还可以嵌套 for 循环或者再添加条件语句，最常见的题目是打印九九乘法表和菱形，下面分别用实例 2-15 和实例 2-16 演示实现的过程。

例 2-15 打印九九乘法表。

根据题目要求，代码如下。

```
class Program
{
    static void Main(string[] args)
```

```
    {
        for(int i=1; i<=9; i++)
        {
            for(int j=1; j<=i; j++)
            {
                Console.Write(i+"*"+j+"="+i*j+"\t");
            }
            Console.WriteLine();
        }
    }
}
```

执行上面的代码，效果如图 2-15 所示。

```
C:\Windows\system32\cmd.exe
1*1=1
2*1=2   2*2=4
3*1=3   3*2=6   3*3=9
4*1=4   4*2=8   4*3=12  4*4=16
5*1=5   5*2=10  5*3=15  5*4=20  5*5=25
6*1=6   6*2=12  6*3=18  6*4=24  6*5=30  6*6=36
7*1=7   7*2=14  7*3=21  7*4=28  7*5=35  7*6=42  7*7=49
8*1=8   8*2=16  8*3=24  8*4=32  8*5=40  8*6=48  8*7=56  8*8=64
9*1=9   9*2=18  9*3=27  9*4=36  9*5=45  9*6=54  9*7=63  9*8=72  9*9=81
请按任意键继续. . .
```

图 2-15　九九乘法表

在上面的代码中，\t 是转义字符（制表符），如果不使用转义字符\t，则结果显示比较乱，如图 2-16 所示。

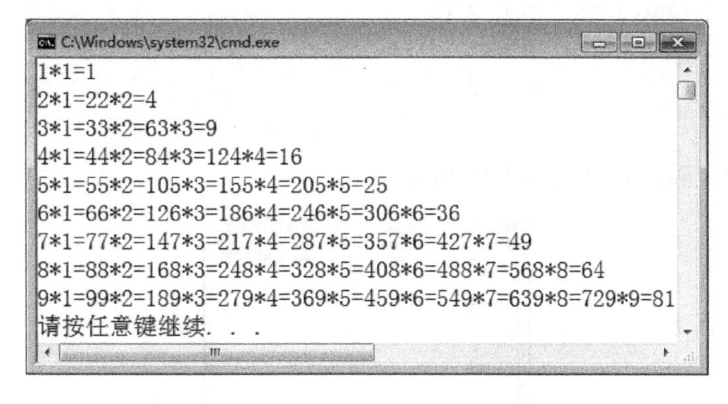

图 2-16　不使用制表符打印九九乘法表

例 2-16　打印菱形。

根据题目要求，菱形是由两个三角形构成的，具体的代码如下。

```
//打印菱形
class Program
{
```

```
    static void Main(string[] args)
    {
        for(int i=1; i<=3; i++)
        {
            for(int j=1; j<=3-i;j++)
            {
                 Console.Write(" ");
            }

            for(int k=1;k<=2*i-1;k++)
            {
                 Console.Write("*");
            }
              Console.WriteLine();
            }
            for(int i=2; i>=1; i--)
            {
            for(int j=1; j<=3-i; j++)
            {
                Console.Write(" ");
            }

            for(int k=1; k<=2*i-1; k++)
            {
                Console.Write("*");
            }
            Console.WriteLine();
          }
     }
}
```

执行上面的代码，效果如图 2-17 所示。

图 2-17　打印菱形

从上面的执行效果可以看出，首先打印出来的是由菱形上面 3 行构成的三角形，然后打印出来的是由下面两行构成的三角形。循环语句是很灵活的，只要控制好循环的次数，可以使用多种方法完成菱形的打印。

2.5.2　使用 while 循环

视频讲解

while 循环与 for 循环类似，while 循环一般适用于不固定次数的循环。while 循环的语法形式如下。

```
while(布尔表达式)
{
  语句块;
}
```

while 语句执行的过程是，当 while 中布尔表达式的结果为 True 时，执行语句块中的内容，否则不执行。通常使用 for 循环可以操作的语句都可以使用 while 循环完成。

例 2-17　使用 while 循环输出 1～10 的数并输出 1～10 的和。

根据题目要求，代码如下。

```
class Program
{
    static void Main(string[] args)
    {
       int i=1;
       int sum=0; //存放 1～10 的和
       while(i<=10)
       {
          sum=sum+i;
          Console.WriteLine(i);
          i++;
       }
       Console.WriteLine("1～10 的和为:"+sum);
    }
}
```

执行上面的代码，效果与图 2-14 所示的一致。

2.5.3　使用 do…while 循环

do…while 循环可以说是 while 循环的另一个版本，与 while 循环最大的区别是它至少会执行一次。具体的语法形式如下。

```
do
{
   语句块
}while(布尔表达式);
```

do…while 语句执行的过程是，先执行 do{}中语句块的内容，再判断 while()中布尔表达式的值是否为 True，如果为 True，则继续执行语句块中的内容，否则不执行，因此 do…

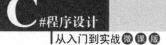

while 语句中的语句块至少会执行一次。

例2-18 使用 do…while 循环输出 1～10 的数。

根据题目要求，代码如下。

```
class Program
{
    static void Main(string[] args)
    {
        int i=1;
        do
        {
            Console.WriteLine(i);
            i++;
        } while(i<=10);
    }
}
```

执行上面的代码，即可直接输出 1～10 的数。

为了了解 while 和 do…while 语句的区别，对比下面的实例。

例2-19 从控制台输入一个数，分别使用 while 和 do…while 语句完成从 1 到所输入数的输出。

根据题目要求，先使用 while 语句完成，代码如下。

```
class Program
{
    static void Main(string[] args)
    {
        Console.WriteLine("请输入一个整数：");
        int i=int.Parse(Console.ReadLine());
        int j=1;
        while(j<i)
        {
            Console.WriteLine(j);
        }
    }
}
```

执行上面的代码，效果如图 2-18 所示。

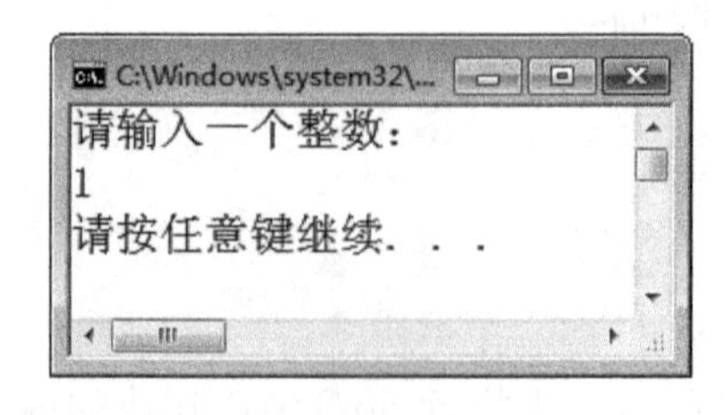

图 2-18 使用 while 语句输出指定的值

从输出结果可以看出，在控制台上输入的值是 1，由于 while 语句中“1<1”的值为 False，因此不会执行循环中的语句。

下面使用 do…while 循环完成上面的操作，代码如下。

```
class Program
{
    static void Main(string[] args)
    {
        Console.WriteLine("请输入一个整数: ");
        int i=int.Parse(Console.ReadLine());
        int j=1;
        do
        {
            Console.WriteLine(j);
        }while(j<i);
    }
}
```

执行上面的语句，效果如图 2-19 所示。

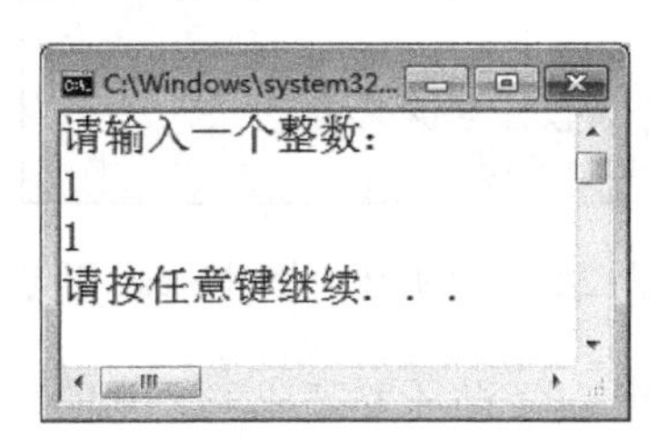

图 2-19　使用 do…while 语句输出指定的值

从上面的执行效果可以看出，仍然从控制台输入 1，但使用 do…while 语句输出 1 后会再进行 while 语句中的条件判断。

2.5.4　跳转语句

在使用循环时最可怕的事情就是出现死循环，即不停执行的循环，因此在一个循环语句中合理地根据条件结束循环是非常必要的。在 C#语言中提供了跳转语句，包括 break、continue、goto 以及 return 语句。

❶ break 语句

break 语句用于中断循环，使循环不再执行。如果是多个循环语句嵌套使用，则 break 语句跳出的则是最内层循环。在前面的 switch…case 语句中也用到了 break 语句，用于退出 switch 语句。

例 2-20　使用 for 循环输出 1～10 的数，当输出到 4 时结束循环。

根据题目要求，代码如下。

```
class Program
{
    static void Main(string[] args)
    {
        for(int i=1; i<=10; i++)
        {
            if(i==4)
            {
                break;
            }
            Console.WriteLine(i);
        }
    }
}
```

执行上面的代码，效果如图 2-20 所示。

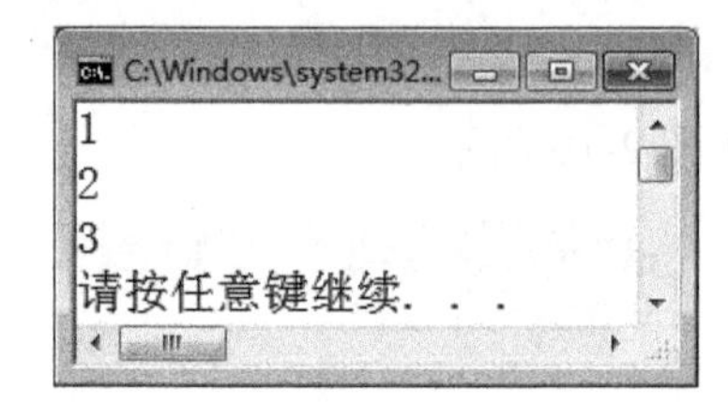

图 2-20　在循环中使用 break 语句

从上面的执行效果可以看出，for 循环要完成 1～10 的输出，但是当输出到 4 时使用了 break 语句，结束了 for 循环，因此仅输出了 1～3 的数。

❷ continue 语句

continue 语句用于结束循环的当前迭代，继续下一次循环迭代，必须在循环语句中使用。

例 2-21　使用 for 循环输出 1～10 的数，但是不输出 4。

根据题目要求，在 for 循环中当值迭代到 4 时使用 continue 结束本次迭代，继续下一次迭代，代码如下。

```
class Program
{
   static void Main(string[] args)
   {
      for(int i=1; i<=10; i++)
      {
         if(i==4)
            {
               continue;
            }
```

```
            Console.WriteLine(i);
        }
    }
}
```

执行上面的代码，效果如图 2-21 所示。

图 2-21　在循环中使用 continue 语句

从上面的执行效果可以看出，当 for 循环中的值迭代到 4 时 continue 语句结束了本次迭代，继续下一次迭代，因此在输出结果中没有 4。

❸ goto 语句

goto 语句用于直接在一个程序中转到程序中的标签指定的位置，标签实际上由标识符加上冒号构成。语法形式如下。

```
goto Label1;
    语句块 1;
Label1:
    语句块 2;
```

如果要跳转到某一个标签指定的位置，直接使用 goto 加标签名即可。在上面的语句中使用了 goto 语句后，语句的执行顺序发生了变化，即先执行语句块 2，再执行语句块 1。此外，需要注意的是 goto 语句不能跳转到循环语句中，也不能跳出类的范围。由于 goto 语句不便于程序的理解，因此 goto 语句并不常用。

例 2-22　使用 goto 语句判断输入的用户名和密码是否正确，如果错误次数超过 3 次，则输出“用户名或密码错误次数过多！退出！”。

根据题目要求，假设用户名为 aaa、密码为 123，代码如下。

```
class Program
{
   static void Main(string[] args)
   {
       int count=1;  //记录登录次数
       login:
          Console.WriteLine("请输入用户名");
          string username=Console.ReadLine();
```

```
        Console.WriteLine("请输入密码");
        string userpwd=Console.ReadLine();
        if(username=="aaa" && userpwd=="123")
        {
           Console.WriteLine("登录成功！");
        }
        else
        {
            count++;
            if(count>3)
            {
              Console.WriteLine("用户名或密码错误次数过多！退出！");
            }
            else
            {
              Console.WriteLine("用户名或密码错误！");
              goto login;   //返回 login 标签处，重新输入用户名和密码
            }

        }
    }
}
```

执行上面的代码，效果如图 2-22 所示。

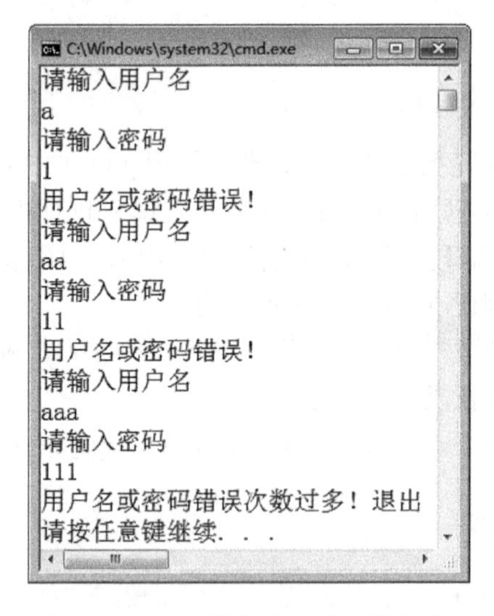

图 2-22　goto 语句在程序中的应用

❹ return 语句

return 语句通常使用在方法里，用于结束方法或者是返回方法中指定的数据类型。return 语句将在本书第 3 章“类和方法”中详细讲解。

2.6 本章小结

通过本章的学习，读者能掌握 C#语言中基本数据类型的使用，包括整型、浮点型、字符型、字符串类型；以及算术运算符、逻辑运算符、比较运算符、位运算符等运算符的使用；并能灵活地定义常量和变量，以及使用条件语句、循环语句编写程序。

2.7 本章习题

❶ 填空题

（1）在 C#语言中字符型占______个字节。

（2）位运算符&与逻辑运算符&&的区别是________________________。

（3）定义常量的关键字是____________________。

（4）while 循环与 do…while 循环的区别是____________________。

（5）在 C#语言中跳转语句主要包括________________________。

习题答案

❷ 编程题

（1）编写程序计算 1～10 中所有偶数的乘积。

（2）编写程序根据从控制台输入的值实现不同图形的面积的计算。如果在控制台上输入 1，则计算圆面积；如果在控制台上输入 2，则计算长方形面积（圆的半径、长方形的长和宽全部由控制台输入）。

（3）编写程序打印如下图形。

```
*
***
*****
***
*
```

第3章

类和方法

类是面向对象语言中最常用的元素，每一个 C#程序都离不开类。在一个类文件中允许编写多个方法，用户最熟悉的方法就是在前面介绍并一直使用的 Main 方法。本章将介绍类的定义及使用、方法的定义及调用等内容。

本章的主要知识点如下：

- 了解面向对象
- 类的声明和使用
- 结构体与类的区别
- 方法的声明和使用
- 构造方法与析构方法

3.1 了解面向对象

视频讲解

面向对象的编程（Object-Oriented Programming，OOP）语言已经在编程语言中占据了半壁江山，所谓面向对象是指在编程时将任何事物都看成是一个对象来描述，对象包括属性和方法，属性是指对象固有的特征，方法则是对象的行为。例如将手机看作是一个对象，手机的大小、颜色、品牌都可以看作是一个特征，即属性，而打电话、发短信、上网是手机的行为，即方法。面向过程的编程是把一个操作从头到尾写在一起，编程过程简单但缺乏可重用性，不方便软件的移植。面向对象编程则是对传统的面向过程编程的一种颠覆，让编程看起来更容易理解，同时也增强了代码的重用性。

面向对象语言的三大特征分别是封装、继承、多态。下面分别介绍这三大特征。

❶ 封装

封装就好像把所有的硬件设施放到手机里，而用户只能看到手机的外观，看不到手机内部的结构和硬件配置。在 C#语言中能体现封装特性的编程元素有很多，例如类、接口、方法等。封装的好处就是能让用户只关心对象的用法而不用关心对象的实现，在为用户的访问提供了便利的同时也提高了程序的安全性。

❷ **继承**

世界上第一部手机是由被称为手机之父的马丁・库帕在 1973 年开发的，如图 3-1 所示。从第一部手机问世发展至今，手机经历了多次巨变，但最基础的外观设计中的数字键和功能键以及打电话、发短信的功能被保留，只是在此基础上让手机的外观更加美观、操作更加简单、提供更多的功能满足用户的需求。现在人们使用的智能手机实际上就是继承的实例，因此可以将继承理解为在保留原有功能的基础上进行改进的过程。在 C#语言中继承关系主要体现在类之间的继承，这样既能减少开发时的代码量又方便了程序的复用。

图 3-1　第一部手机与手机之父马丁・库帕

❸ **多态**

多态的概念是很好理解的，现在的手机品牌众多，样式也各不相同，但最基本的功能和键盘设计等还是一致的，那么这些不同种类的手机就体现了一种多态的特性。在 C#语言中多态是通过类的继承或接口的实现来体现的，多态给程序带来的最大好处与继承类似，即提高了程序的复用性和可移植性。

3.2　类与类的成员

在 C#语言中创建的任何项目都有类的存在，通过类能很好地体现面向对象语言中封装、继承、多态的特性。在本节将介绍类的定义方法、类中所包含的成员（即字段、属性以及方法）。

3.2.1　类的定义

视频讲解

在前面的章节中已经多次使用过类，类定义的语法形式并不复杂，请记住 class 关键字，它是定义类的关键字。类定义的具体语法形式如下。

```
类的访问修饰符　修饰符　类名{
    类的成员
}
```

其中：

- 类的访问修饰符：用于设定对类的访问限制，包括 public、internal 或者不写，用 internal 或者不写时代表只能在当前项目中访问类；public 则代表可以在任何项目中访问类。
- 修饰符：修饰符是对类本身特点的描述，包括 abstract、sealed 和 static。abstract 是抽象的意思，使用它修饰符的类不能被实例化；sealed 修饰的类是密封类，不能被继承；static 修饰的类是静态类，不能被实例化。
- 类名：类名用于描述类的功能，因此在定义类名时最好是具有实际意义，这样方便用户理解类中描述的内容。在同一个命名空间下类名必须是唯一的。
- 类的成员：在类中能定义的元素，主要包括字段、属性、方法。对于类的成员将在本章后面的内容中详细介绍。

例 3-1 在 Visual Studio 2015 的项目中添加类文件。

在 Visual Studio 2015 中首先创建一个控制台应用程序 chapter3_1，创建后的效果如图 3-2 所示。

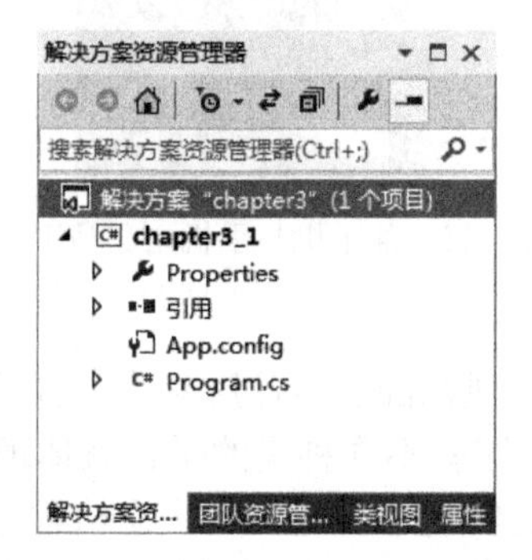

图 3-2 控制台应用程序 chapter3_1

在图 3-2 中右击项目名称，在弹出的菜单中依次选择"添加"→"新建项"→"类"命令，并定义类名称为 Test，如图 3-3 所示。

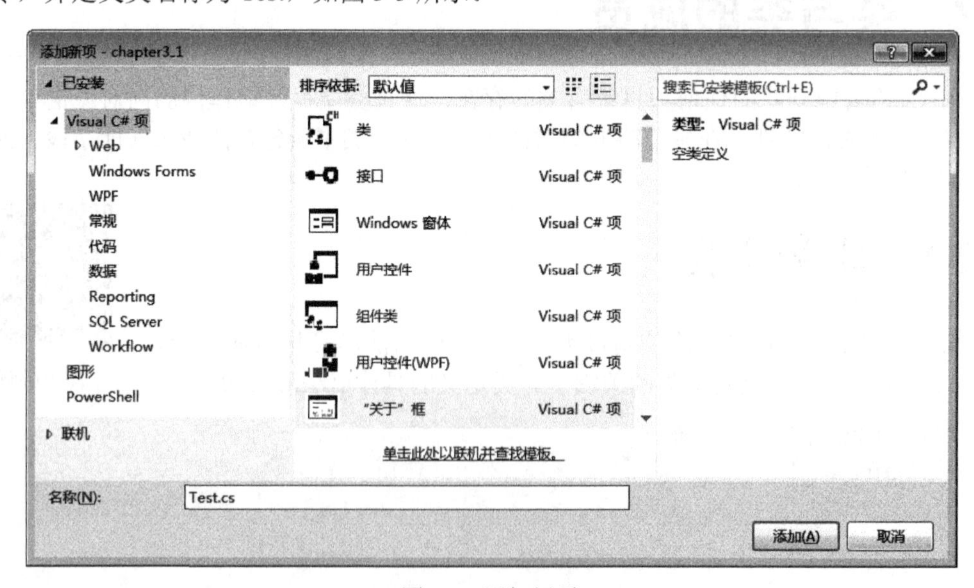

图 3-3 添加新项

在图 3-3 中单击“添加”按钮，添加后的类的内容如图 3-4 所示。

```
using System;
using System.Collections.Generic;
using System.Linq;
using System.Text;
using System.Threading.Tasks;

namespace chapter3_1
{
    class Test
    {
    }
}
```

图 3-4　Test 类

从创建的 Test 类可以看出，默认情况下创建的类在 class 关键字前面没有任何修饰符，因此默认创建的类能在同一个项目中被访问。

另外，在同一个命名空间中也可以定义多个类。例如在图 3-4 所示的文件中再定义一个名为 Test1 的类，代码如下。

```
namespace chapter3_1
{
    class Test
    {
    }
    class Test1
    {
    }
}
```

尽管可以在一个命名空间中定义多个类，但不建议使用这种方式，最好是每一个文件定义一个类，这样方便阅读和查找。用户不仅可以在控制台应用程序中添加类，在后面介绍的其他类型的应用程序中也可以添加类，添加的方法是类似的。

3.2.2　字段

视频讲解

在类定义后就要确定类中包含的内容，类中包含的内容被称为类中的成员。类中的成员包括字段、属性、方法。每个类成员在定义时需要指定访问修饰符、修饰符。

类的访问修饰符主要有两个，即 internal 和 public，如果省略了访问修饰符，即为 internal。类中成员的访问修饰符有 4 个，具体用法如下。

- public：成员可以被任何代码访问。
- private：成员仅能被同一个类中的代码访问，如果在类成员前未使用任何访问修饰符，则默认为 private。
- internal：成员仅能被同一个项目中的代码访问。
- protected：成员只能由类或派生类中的代码访问。派生类是在继承中涉及的，将在后面详细介绍。

字段的定义与前面介绍的变量和常量的定义类似，只是在变量或常量前面可以加上访问修饰符、修饰符。在修饰字段时通常用两个修饰符，即 readonly（只读）和 static（静态的）。使用 readonly 修饰字段意味着只能读取该字段的值而不能给字段赋值；使用 static 修饰的字段是静态字段，可以直接通过类名访问该字段。需要注意的是常量不能使用 static 修饰符修饰。定义字段的语法形式如下。

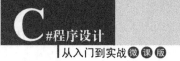

```
访问修饰符  修饰符 数据类型 字段名;
```

在这里访问修饰符和修饰符都是可以省略的，并且访问修饰符和修饰符的位置也可以互换，但从编码习惯上来说通常将访问修饰符放到修饰符的前面。此外，在类中定义字段时字段名是唯一的。

例 3-2 在 Test 类中分别定义使用不同修饰符的字段。

根据题目要求，代码如下。

```
namespace chapter3_1
{
    class Test
    {
        private int id;                              //定义私有的整型字段 id
        public readonly string name;                 //定义公有的只读字符串类型字段 name
        internal static int age;                     //定义内部的静态的整型字段 age
        private const string major="计算机";          //定义私有的字符串类型常量 major
    }
}
```

通过上面的语句演示了不同修饰符字段的定义，重点是记住这些修饰符的使用。字段在类中定义完成后，在类加载时，会自动为字段赋值，不同数据类型的字段默认值不同，如表 3-1 所示。

表 3-1　字段的默认值

数据类型	默认值
整数类型	0
浮点型	0
字符串类型	空值
字符型	a
布尔型	False
其他引用类型	空值

3.2.3　定义方法

视频讲解

在前面的应用程序中默认会生成一个主方法 Main()，它是执行程序的入口和出口。方法是将完成同一功能的内容放到一起，方便书写和调用的一种方式，也体现了面向对象语言中封装的特性。定义方法的语法形式如下。

```
访问修饰符 修饰符 返回值类型 方法名(参数列表)
{
   语句块;
}
```

其中：

- 访问修饰符：所有类成员访问修饰符都可以使用，如果省略访问修饰符，默认是 private。
- 修饰符：在定义方法时修饰符包括 virtual（虚拟的）、abstract（抽象的）、override（重写的）、static（静态的）、sealed（密封的）。override 是在类之间继承时使用的。
- 返回值类型：用于在调用方法后得到返回结果，返回值可以是任意的数据类型，如果指定了返回值类型，必须使用 return 关键字返回一个与之类型匹配的值。如果没有指定返回值类型，必须使用 void 关键字表示没有返回值。
- 方法名：对方法所实现功能的描述。方法名的命名是以 Pascal 命名法为规范的。
- 参数列表：在方法中允许有 0 到多个参数，如果没有指定参数也要保留参数列表的小括号。参数的定义形式是“数据类型 参数名”，如果使用多个参数，多个参数之间需要用逗号隔开。

例 3-3　在 Test 类中定义一个方法输出例 3-2 中所定义字段的值。

根据题目要求，代码如下。

```
namespace chapter3_1
{
    class Test
    {
        private int id;                                //定义私有的整型字段 id
        public readonly string name;                   //定义公有的只读字符串类型字段 name
        internal static int age;                       //定义内部的静态的整型字段 age
        private const string major="计算机";           //定义私有的字符串类型常量 major

        private void PrintMsg()
        {
            Console.WriteLine("编号"+id);
            Console.WriteLine("姓名"+name);
            Console.WriteLine("年龄"+age);
            Console.WriteLine("专业"+major);
        }
    }
}
```

执行上面的代码并不会有任何输出效果，因为在 C#语言中方法必须调用才能执行其中的代码。关于方法的调用会在本章的后面小节中详细讲解。

例 3-4　创建 Compute 类，分别定义 4 个方法实现加法、减法、乘法、除法的操作。

根据题目要求，代码如下。

```
namespace chapter3_1
{
    class Compute
    {
        //加法
        private double Add(double num1,double num2)
        {
            return num1+num2;
        }
        //减法
        private double Minus(double num1,double num2)
        {
            return num1-num2;
        }
        //乘法
        private double Multiply(double num1,double num2)
        {
            return num1*num2;
        }
        //除法
        private double Divide(double num1,double num2)
        {
            return num1/num2;
        }
    }
}
```

从上面的代码可以看出，在 Compute 类中定义了 4 个方法，每个方法都是有参数、有返回值的。由于方法的定义有多种形式，因此可以用很多方法完成上面的实例。有兴趣的读者可以尝试定义不同形式的方法来实现上面实例的功能。

3.2.4 定义属性

属性经常与字段连用，并提供了 get 访问器和 set 访问器，分别用于获取或设置字段的值。get 访问器和 set 访问器的使用与方法非常类似，可以在操作字段时根据一些规则和条件来设置或获取字段的值。此外，为了保证字段的安全性，还能选择省去 get 访问器或 set 访问器。

视频讲解

定义属性的语法形式如下。

```
public 数据类型 属性名
{
   get
```

```
    {
       获取属性的语句块;
       return 值;
    }
    set
    {
       设置属性的语句块;
    }
}
```

其中：

- get{}：get 访问器，用于获取属性的值，需要在 get 语句最后使用 return 关键字返回一个与属性数据类型相兼容的值。若在属性定义中省略了该访问器，则不能在其他类中获取私有类型的字段值，因此也称为只写属性。
- set{}：set 访问器用于设置字段的值，这里需要使用一个特殊的值 value，它就是给字段赋的值。在 set 访问器省略后无法在其他类中给字段赋值，因此也称为只读属性。

通常属性名的命名使用的是 Pascal 命名法，单词的首字母大写，如果是由多个单词构成，每个单词的首字母大写。由于属性都是针对某个字段赋值的，因此属性的名称通常是将字段中每个单词的首字母大写。例如定义了一个名为 name 的字段，属性名则为 Name。

例 3-5　定义一个图书信息类（Book），在类中定义图书编号（id）、图书名称（name）、图书价格（price）3 个字段，并分别为这 3 个字段设置属性，其中将图书名称设置为只读属性。

根据题目要求，代码如下。

```
namespace chapter3_1
{
   class Book
   {
      private int id;
      private string name;
      private double price;
      //设置图书编号属性
      public int Id
      {
         get
         {
            return id;
         }
         set
         {
```

```
                id=value;
            }
        }
        //设置图书名称属性
        public string Name
        {
            get
            {
                return name;
            }
        }
        //设置图书价格属性
        public double Price
        {
            get
            {
                return price;
            }
            set
            {
                price=value;
            }
        }
    }
}
```

在上面的实例中，在给字段赋值时直接将 value 值赋给字段，如果要对赋给字段的值加以限制，可以先判断 value 值是否满足条件，如果满足条件则赋值，否则给字段赋默认值或进行其他操作。假设上面实例中的图书价格要求是大于 0 的，如果输入的值不满足条件，则将图书价格设置为 0。修改后的图书价格字段的属性代码如下。

```
//设置图书价格属性
public double Price
{
    get
    {
        return price;
    }
    set
    {
        if(value>=0)
        {
        price=value;
        }
        else
```

```
        {
         price=0;
        }
    }
}
```

通过上面的实例可以看出，在定义字段属性时，属性的作用就是为字段提供 get、set 访问器，由于操作都比较类似，在 C#语言中可以将属性的定义简化成如下写法。

```
public 数据类型 属性名{get;set;}
```

这种方式也被称为自动属性设置。简化后图书类中的属性设置的代码如下。

```
public int Id{get; set;}
public string Name{get; set;}
public double Price{get; set;}
```

如果使用上面的方法来设置属性，则不需要先指定字段。如果要使用自动属性的方式来设置属性表示只读属性，直接省略 set 访问器即可。只读属性可以写成如下形式。

```
public int Id{get;}
```

由于自动属性设置并没有给字段赋值，也可以使用下面的方式为属性赋值并将其设置成只读属性，代码如下。

```
public int Id{get;}=1;
```

这里相当于将 Id 属性的值设置成 1，并且要以分号结束。但是，在使用自动生成属性的方法时不能省略 get 访问器，如果不允许其他类访问属性值，则可以在 get 访问器前面加上访问修饰符 private，代码如下。

```
public int Id{private get; set;}
```

这样，Id 属性的 get 访问器只能在当前类中使用。

此外，使用 Visual Studio 2015 提供的界面操作方法也可以实现对字段生成属性的操作，打开 Book 类后选中要生成属性的字段，在菜单栏中依次选择“编辑”→“重构”→“封装字段”命令，如图 3-5 所示。

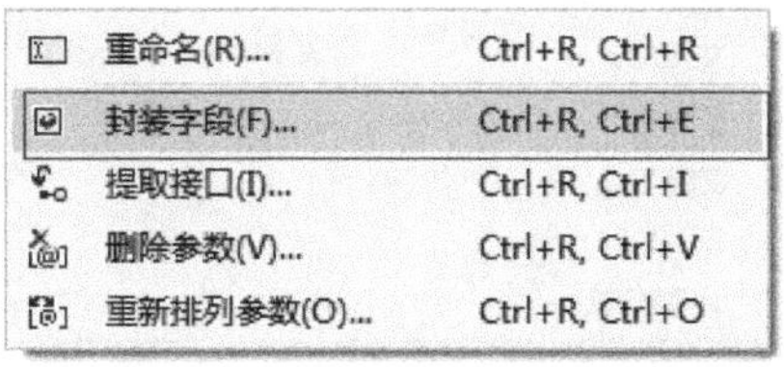

重命名(R)...　Ctrl+R, Ctrl+R
封装字段(F)...　Ctrl+R, Ctrl+E
提取接口(I)...　Ctrl+R, Ctrl+I
删除参数(V)...　Ctrl+R, Ctrl+V
重新排列参数(O)...　Ctrl+R, Ctrl+O

图 3-5　选择“封装字段”命令

选择“封装字段”命令，弹出如图 3-6 所示的对话框。

在该对话框中如果需要对生成属性的字段做更改，可以通过复选框选中或取消，确认生成的属性后单击“应用”按钮，即可完成封装字段的操作。

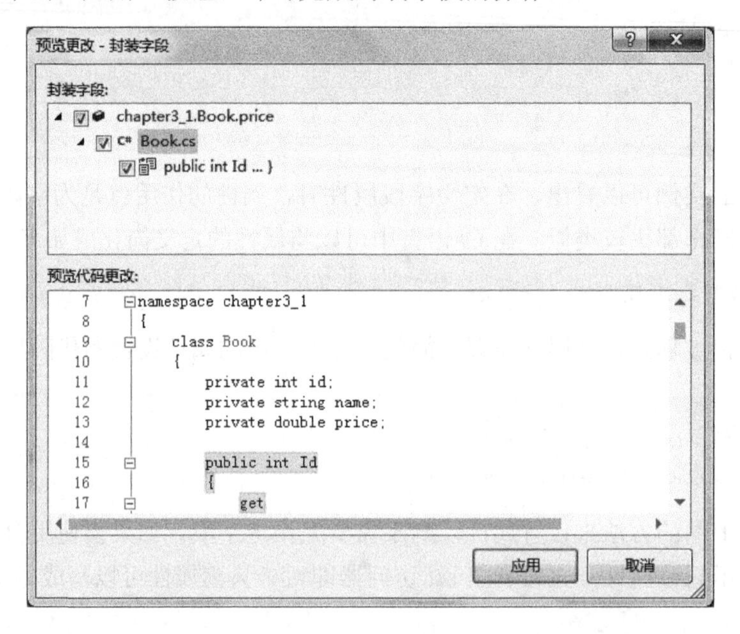

图 3-6 “预览更改-封装字段”对话框

用户还可以右击设置好的字段，此时会弹出如图 3-7 所示的菜单。

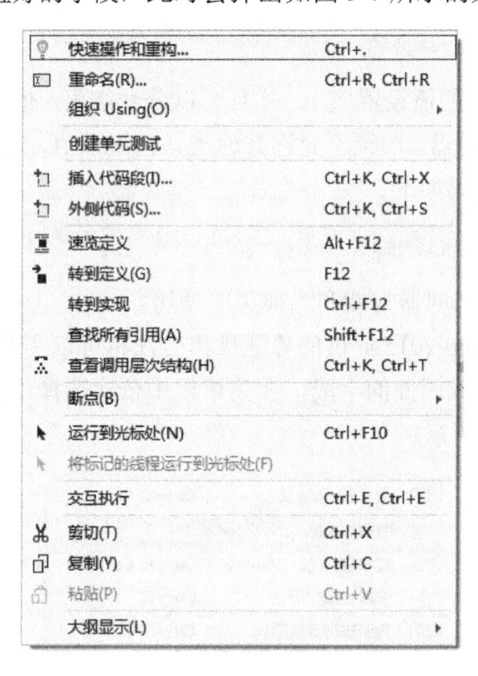

图 3-7 右键菜单

选择“快速操作和重构”命令，然后单击“封装字段”按钮，即可完成对字段的封装操作。

3.2.5 访问类的成员

在前面的小节中已经了解了类中成员的定义，在本节将介绍如何访问类中的成员，即调用类的成员。

调用类的成员实际上使用的是类的对象，对于创建类的对象，首先可以将类理解成一个模板，类的对象则是按照这个模板定制的一个对象。例如在创建一个 Word 文档时会自动按照 Word 中默认的文档模板（.dot）创建一个与之样式相同的文件。创建类对象的语法形式如下。

```
类名 对象名=new 类名();
```

上面的语法形式是一种简单形式，通过"对象名"即可调用类中的成员。调用的语法形式如下。

```
对象名.类的成员
```

下面通过实例来演示如何使用对象名调用类的成员。

例 3-6 在例 3-5 的 Book 类中添加一个方法，用于输出该类中的所有属性。

根据题目要求，代码如下。

```
class Book
{

    public int Id{get; set;}
    public string Name{get; set;}
    public double Price{get; set;}

    public void PrintMsg()
    {
        Console.WriteLine("图书编号"+Id);
        Console.WriteLine("图书名称"+Name);
        Console.WriteLine("图书价格"+Price);
    }
}
```

在项目的 Program.cs 文件里的 Main 方法中，加入调用 PrintMsg()方法的代码。

```
class Program
{
    static void Main(string[] args)
    {
        Book book=new Book();
        book.PrintMsg();
    }
}
```

执行上面的语句，效果如图 3-8 所示。

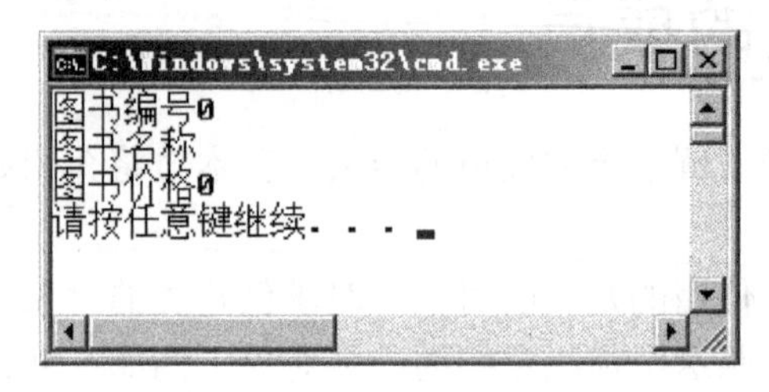

图 3-8　使用类的对象调用方法

从上面的输出效果可以看出，如果没有对自定义的属性赋值，系统会默认为属性赋值。如果需要为属性赋值后做输出操作，则要在调用 PrintMsg()前先对属性赋值，赋值并输出的代码如下。

```
class Program
    {
        static void Main(string[] args)
        {
            Book book=new Book();
            //为属性赋值
            book.Id=1;
            book.Name="计算机基础";
            book.Price=34.5;
            book.PrintMsg();
        }
    }
```

执行上面的代码，效果如图 3-9 所示。

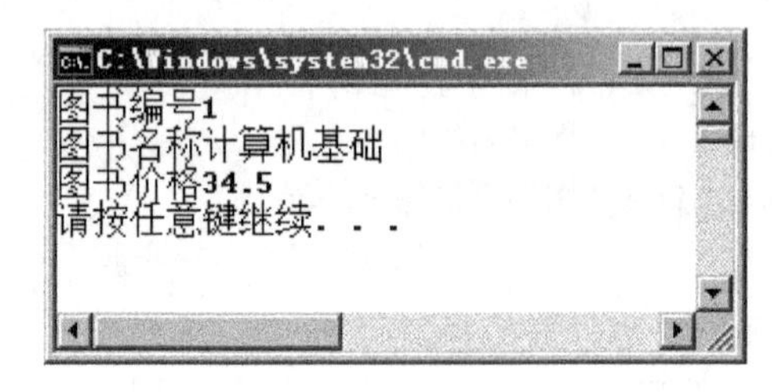

图 3-9　为属性赋值并输出

例 3-7　在例 3-6 的 Book 类中添加一个向属性赋值的方法，并在 Main 方法中调用。

根据题目要求，代码如下。

```
class Book
    {
        public int Id{get; set;}
        public string Name{get; set;}
```

```
        public double Price{get; set;}
        //向属性赋值
        public void SetBook(int id,string name,double price)
        {
            Id=id;
            Name=name;
            Price=price;
        }
        //输出属性值
        public void PrintMsg()
        {
            Console.WriteLine("图书编号"+Id);
            Console.WriteLine("图书名称"+Name);
            Console.WriteLine("图书价格"+Price);
        }
    }
```

在 Main 方法中调用 SetBook 和 PrintMsg 方法，代码如下。

```
class Program
    {
        static void Main(string[] args)
        {
            Book book=new Book();
            book.SetBook(1, "计算机基础", 34.5);
            book.PrintMsg();
        }
    }
```

执行上面的代码，效果与图 3-9 一致。

通过上面的实例可以了解类的对象调用属性和方法的基本用法，给属性赋值的代码如下。

```
类的对象.属性名=值;
```

如果要取得属性的值，直接使用“类的对象.属性名”即可。

使用类的对象调用方法的代码如下。

```
类的对象.方法名(参数);
```

在调用方法时需要传递对应类型的参数，关于方法中的参数类型将在本章 3.3.4 小节中详细讲解。

如果将类中的成员使用修饰符 static 声明，则在访问类成员时直接使用“类名.类成员”的方式即可。需要注意的是，如果将一个方法声明成静态的，在方法中只能直接访问静态类成员，非静态成员通过类的对象调用才能访问。例如将例 3-7 中的方法 PrintMsg 改成静态方法，则无法直接访问属性，而需要通过类的对象才能访问属性或者直接将属性定义成静态的，具体操作见例 3-8。

例 **3-8** 将例 3-7 的 Book 类中的属性和方法更改为静态的。

根据题目要求，将 Book 类中的属性和方法都更改为静态的，更改后的代码如下。

```
public class Book
  {

      public static int Id{get; set;}
      public static string Name{get; set;}
      public static double Price{get; set;}

      public static void SetBook(int id, string name, double price)
      {
          Book.Id=id;
          Book.Name=name;
          Book.Price=price;
      }
      public static void PrintMsg()
      {
          Console.WriteLine("图书编号"+Id);
          Console.WriteLine("图书名称"+Name);
          Console.WriteLine("图书价格"+Price);
      }
  }
```

将 Book 类中的所有属性和方法都改成静态的修饰符，在静态方法中即可直接访问静态属性。在 Main 方法中调用静态方法的代码如下。

```
class Program
  {
      static void Main(string[] args)
      {
          Book.SetBook(1, "计算机基础", 34.5);
          Book.PrintMsg();
      }
  }
```

执行上面的代码，效果与图 3-9 一致。从调用的方式可以看出，在调用 Book 类中的成员时不必再创建类的对象，而是直接通过类名即可调用类中的静态成员。通常将类中经常被调用的方法声明成静态的。

3.3 深入学习方法

在前面的内容中对方法的定义已经有所了解了，程序中方法的定义是非常灵活的。在

C#语言中提供了两个特殊的方法，一个是构造方法，一个是析构方法。此外，为了方便方法的使用还提供了重载方法。本节将详细介绍方法的使用。

3.3.1　构造方法

视频讲解

创建类的对象是使用“类名 对象名=new 类名()”的方式来实现的。实际上，“类名()”的形式调用的是类的构造方法，也就是说构造方法的名字是与类的名称相同的。但是，在前面的 Book 类中并不存在与类名相同的构造方法。没错，在 Book 类中并没有自定义构造方法，而是由系统自动生成了一个构造方法，并且该构造方法不包含参数。

构造方法的定义语法形式如下。

```
访问修饰符 类名(参数列表)
{
    语句块;
}
```

这里构造方法的访问修饰符通常是 public 类型的，这样在其他类中都可以创建该类的对象。如果将访问修饰符设置成 private 类型的，则无法创建该类的对象。构造方法中的参数与其他方法一样，都是 0 到多个参数。此外，构造方法是在创建类的对象时被调用的。通常会将一些对类中成员初始化的操作放到构造方法中去完成。

例 3-9　创建用户类 User，并创建构造方法为用户类中的属性赋值。在 Main 方法中调用输出用户信息的方法，用户属性包括用户名、密码、手机号。

根据题目要求，代码如下。

```
class User
    {
        public User(string name,string password,string tel)
        {
            this.Name=name;
            this.Password=password;
            this.Tel=tel;

        }
       public string Name{get; set;}
       public string Password{get; set;}
       public string Tel{get; set;}

        public void PrintMsg()
        {
            Console.WriteLine("用户名: "+this.Name);
            Console.WriteLine("密码: "+this.Password);
            Console.WriteLine("手机号: "+this.Tel);
        }
    }
```

在上面程序的构造方法中含有 3 个参数，为每一个属性赋值。这里用“this.属性名”的方式调用属性，this 关键字表示当前类的对象。在 Main 方法中调用方法的代码如下。

```
class Program
    {
        static void Main(string[] args)
        {
            User user=new User("小张", "123456", "13112345678");
            user.PrintMsg();
        }
    }
```

执行上面的代码，效果如图 3-10 所示。

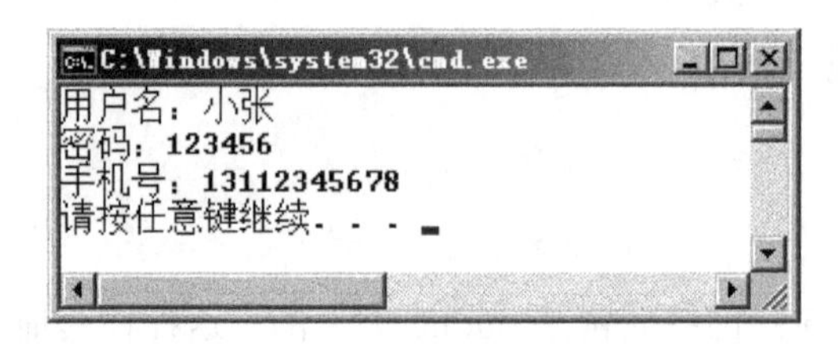

图 3-10　使用构造方法为属性赋值并输出

从上面的输出结果可以看出，在创建类的对象 user 时就调用了带参数的构造方法为属性赋值。

3.3.2　析构方法

视频讲解

构造方法是在创建类的对象时执行的，而析构方法则是在垃圾回收、释放资源时使用的。析构方法的定义语法形式如下。

```
~类名()
{
   语句块;
}
```

在析构方法中不带任何参数，它实际上是保证在程序中会调用垃圾回收方法 Finalize()。

例 **3-10**　在例 3-9 使用的 User 类中添加析构方法并验证析构方法的效果。

根据题目要求，析构方法是在类操作完成后调用的，代码如下。

```
~User()
{
  Console.WriteLine("调用了析构方法");
}
```

仍然执行例 3-9 中的 Main 方法，效果如图 3-11 所示。

图 3-11　使用析构方法

从调用结果可以看出，析构方法是在程序结束后自动被调用的。

视频讲解

3.3.3　方法的重载

在定义构造方法时提到可以定义带 0 到多个参数的构造方法，但构造方法的名称必须是类名。实际上，这就是一个典型的方法重载，即方法名称相同、参数列表不同。参数列表不同主要体现在参数个数或参数的数据类型不同。在调用重载的方法时系统是根据所传递参数的不同判断调用的是哪个方法。

例 3-11　创建一个名为 SumUtils 的类，在类中分别定义计算两个整数、两个小数、两个字符串类型的和，以及从 1 到给定整数的和。在 Main 方法中分别调用定义好的方法。

根据题目要求，分别定义 3 个带两个参数的方法，以及一个带一个整型参数的方法，代码如下。

```
class SumUtils
    {
        public int Sum(int a,int b)
        {
            return a+b;
        }
        public double Sum(double a,double b)
        {
            return a+b;
        }
        public string Sum(string a,string b)
        {
            return a+b;
        }
        public int Sum(int a)
        {
            int sum=0;
            for(int i=1; i<=a; i++)
            {
                sum+=i;
            }
            return sum;
```

```
        }
    }
```

从上面的程序可以看出在该类中定义的方法名称都是 Sum，仅是参数的类型或个数不同而已。在 Main 方法中调用上述定义的方法，代码如下。

```
class Program
    {
        static void Main(string[] args)
        {
            SumUtils s=new SumUtils();
            //调用两个整数求和的方法
            Console.WriteLine("两个整数的和为: "+s.Sum(3, 5));
            //调用两个小数求和的方法
            Console.WriteLine("两个小数的和为: "+s.Sum(3.2, 5.6));
            //调用两个字符串连接的方法
            Console.WriteLine("两个字符串的连接结果: "+s.Sum("新年", "快乐"));
            //输出 1 到 10 的和
            Console.WriteLine("1 到 10 的和为:"+s.Sum(10));
        }
    }
```

在调用 Sum 时只是传递的参数不同，系统会自动识别参数来调用正确的方法。执行上面的代码，效果如图 3-12 所示。

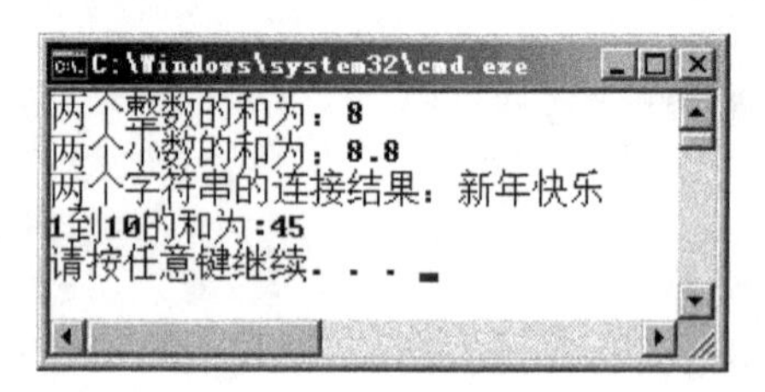

图 3-12　方法重载的应用

在该实例中演示的是一般方法的重载，构造方法也是可以重载的，在一个类中能定义多个构造方法，以方便根据不同的需要完成不同的类成员初始化操作。

例 3-12　定义一个 SayHello 的类，在类中分别定义 3 个构造方法，一个是不带参数的构造方法，用于打印“Hello”；一个是带一个参数的构造方法传递一个用户名，用于打印“Hello Anny”（Anny 为传入的用户名）；一个是带两个参数的构造方法传递一个用户名和年龄，用于打印“Hello Anny,20”（Anny 为传入的用户名、20 为传入的年龄）。在 Main 方法中使用不同的构造器创建 SayHello 类的对象。

根据题目要求，代码如下。

```
class SayHello
    {
        public SayHello()
        {
```

```
            Console.WriteLine("Hello");
        }
        public SayHello(string name)
        {
            Console.WriteLine("Hello"+name);
        }
        public SayHello(string name,int age)
        {
            Console.WriteLine("Hello"+name+","+age);
        }
    }
```

在 Main 方法中分别通过上面定义的构造器创建类的对象，代码如下。

```
class Program
    {
        static void Main(string[] args)
        {
            SayHello sayHello1=new SayHello();
            SayHello sayHello2=new SayHello("小明");
            SayHello sayHello3=new SayHello("小刘", 20);
        }
    }
```

执行上面的代码，效果如图 3-13 所示。

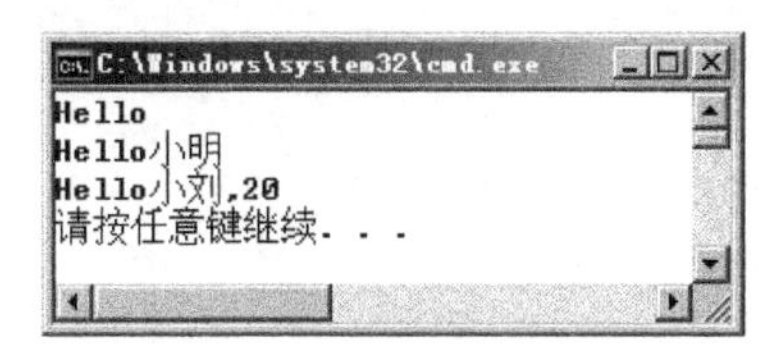

图 3-13　调用重载的构造方法

3.3.4　方法中的参数

视频讲解

方法中的参数分为实际参数和形式参数，实际参数被称为实参，是在调用方法时传递的参数；形式参数被称为形参，是在方法定义中所写的参数。例如：

```
public int Add(int a,int b)
{
   return a+b;
}
```

在上面的方法定义中，a 和 b 是形式参数。在 Print 调用方法时使用如下代码：

```
public void Print()
{
```

```
    Add(3,4);
}
```

在调用 Add 方法时传递的参数 3 和 4 即为实际参数。

在 C#语言中，方法中的参数除了定义数据类型外，还可以定义引用参数和输出参数。引用参数使用 ref 关键字定义，输出参数使用 out 关键字定义。

引用参数在方法中使用时必须为其值，并且必须是由变量赋予的值，不能是常量或表达式。如果需要将方法中的每一个参数都设置为 ref 类型参数，则需要在每一个参数前面加上 ref 关键字修饰。

例 3-13 创建名为 RefClass 的类，在类中定义一个判断所输入整数是否为 5 的倍数的方法，并将方法中传入的整数参数定义为 ref 类型的。

根据题目要求，代码如下。

```
class RefClass
    {
        public bool Judge(ref int num)
        {
            if(num%5==0)
            {
                return true;
            }
            return false;
        }
    }
```

在 Main 方法中调用 Judge 方法，代码如下。

```
class Program
    {
        static void Main(string[] args)
        {
            RefClass refClass=new RefClass();
            int a=20;
            bool result=refClass.Judge(ref a);
            Console.WriteLine("验证结果为："+result);
        }
    }
```

执行上面的代码，效果如图 3-14 所示。

图 3-14　调用带引用参数的方法

从该实例中可以看出，在调用带有引用参数的方法时，实际参数必须是一个变量，并且在传值时必须加上 ref 关键字。

引用参数与我们平时使用的参数有些类似，但输出参数不同，输出参数相当于返回值，即在方法调用完成后可以将返回的结果存放到输出参数中。输出参数多用于一个方法需要返回多个值的情况。需要注意的是，在使用输出参数时，必须在方法调用完成前为输出参数赋值。

例 3-14　创建一个 OutClass 类，在类中定义与例 3-13 类似的方法，只是在方法的参数中增加一个输出参数，用于返回判断的结果。

根据题目要求，代码如下。

```
class OutClass
    {
        public void Judge(int num, out bool result)
        {
            if(num%5==0)
            {
              result=true;
            }
            else
            {
               result=false;
            }
        }
    }
```

在 Main 方法中，调用该方法的代码如下。

```
class Program
    {
        static void Main(string[] args)
        {
            OutClass outClass=new OutClass();
            bool rs;
            outClass.Judge(20, out rs);
            Console.WriteLine(rs);
        }
    }
```

执行上面的代码，效果如图 3-15 所示。

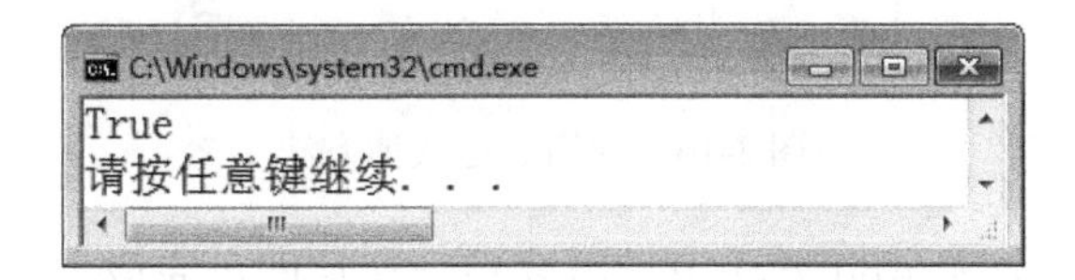

图 3-15　调用带输出参数的方法

从该实例中可以看出，在使用输出参数时，必须在方法操作结束前为带输出参数的形式参数赋值。在调用含有带输出参数的方法时，必须在传递参数时使用 out 关键字，但不必给输出参数赋值。

3.3.5 使用 C# 6.0 的新特性定义方法

视频讲解

在 C#语言中提供了 Lambda 表达式，给编写程序带来了很多的便利，在 C# 6.0 中还提供了表达式体方法（expression-bodied method）的新功能，方法体直接使用=>的形式来实现。具体的语法形式如下。

```
访问修饰符 修饰符 返回值类型 方法名(参数列表)=>表达式;
```

这里需要注意的是，如果在方法定义中定义了返回值类型，在表达式中不必使用 return 关键字，只需要计算值即可。这种形式只能用在方法中只有一条语句的情况下，方便方法的书写。

例 3-15 创建类 LambdaClass，在类中定义一个整数相加的方法，并在 Main 方法中调用。

根据题目要求，在该实例中直接使用=>形式的方法体，为了方便调用将该方法定义成静态的，代码如下。

```
class LambdaClass
    {
        public static int Add(int a, int b)=>a+b;
    }
```

在 Main 方法中调用，代码如下。

```
class Program
    {
        static void Main(string[] args)
        {
            Console.WriteLine(LambdaClass.Add(100, 200));
        }
    }
```

执行效果如图 3-16 所示。

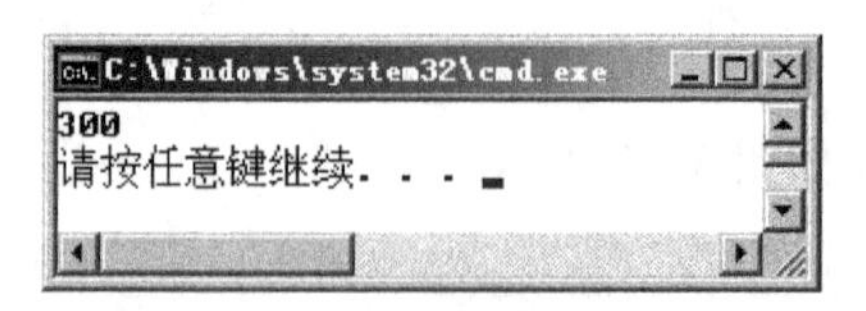

图 3-16 使用表达式体方法

从该实例可以看出，在 Add 方法中只需要写一句话即可完成方法的需求。如果将 Add 方法中的返回值更改成 void，则 Add 方法的定义语句如下。

```
public static void Add(int a, int b)=>Console.WriteLine(a+b);
```

这样在调用 Add 方法时直接调用即可，不需要再使用 Console.WriteLine 语句输出结果。

3.3.6　方法的递归调用

视频讲解

递归是经常在企业笔试中考到的问题，也是一种特殊的执行程序，它是用方法调用自身的形式实现的，让程序代码循环执行。下面通过一个实例来演示方法递归调用的实现。

例 3-16　使用递归实现计算所输入数的阶乘。

例如计算 5 的阶乘，则是 5*4*3*2*1 的结果。根据题目要求，实现的代码如下。

```
class FactorialClass
    {
        public static int Factorial(int n)
        {
            if(n==0)
            {
                return 1;
            }
            return n*Factorial(n-1);
        }
    }
```

在 Main 方法中调用该静态方法，代码如下。

```
class Program
    {
        static void Main(string[] args)
        {
            int rs=FactorialClass.Factorial(3);
            Console.WriteLine("结果是: "+rs);
        }
    }
```

执行上面的代码，效果如图 3-17 所示。

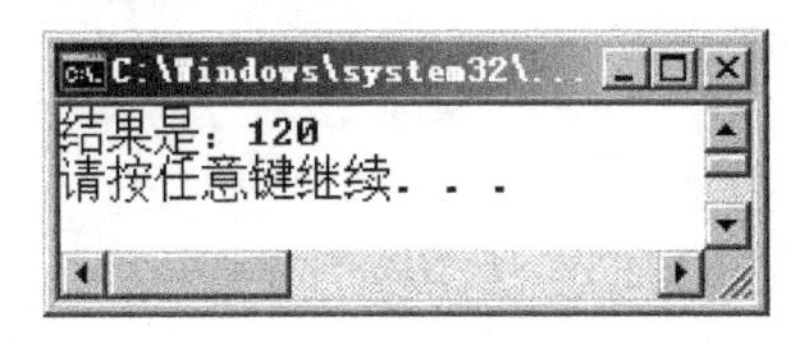

图 3-17　使用递归计算阶乘

从该代码可以看出，实现递归的部分是由 n * Factorial(n−1)语句实现的，即在 Factorial 方法中再次调用该方法，每次只需要将 n 的值减 1 即可。上面的实例也可以通过循环的方法直接计算阶乘。实现计算 n 的阶乘的代码如下。

```
int rs=1;  //存放阶乘的结果
```

```
for(int i=1;i<=n;i++)
{
   rs=rs*i;
}
```

循环计算完成后，变量 rs 中即为阶乘的结果。

3.4 嵌套类与部分类

3.4.1 嵌套类

在类中除了能编写前面提到的类成员以外，还能直接定义类。将一个类定义在另一个类的内部，即可将在类内部定义的类称为嵌套类。嵌套类相当于类中的成员，能使用类成员的访问修饰符和修饰符。但是，在访问嵌套类中的成员时必须加上外层类的名称。

视频讲解

例 3-17 定义名为 OuterClass 的类，在其中定义名为 InnerClass 的类，并在类中定义两个属性，即卡号和密码，而且定义方法输出属性的值。

根据题目要求，代码如下。

```
class OuterClass
  {
      public class InnerClass
      {
          public string CardId{get; set;}
          public string Password{get; set;}

          public void PrintMsg()
          {
              Console.WriteLine("卡号为:"+CardId);
              Console.WriteLine("密码为:"+Password);
          }
      }
  }
```

在 Main 方法中调用嵌套类的成员，代码如下。

```
class Program
    {
        static void Main(string[] args)
        {
            OuterClass.InnerClass outInner=new OuterClass.InnerClass();
            outInner.CardId="622211100";
            outInner.Password="123456";
```

```
            outInner.PrintMsg();
        }
    }
```

执行上面的代码，效果如图 3-18 所示。

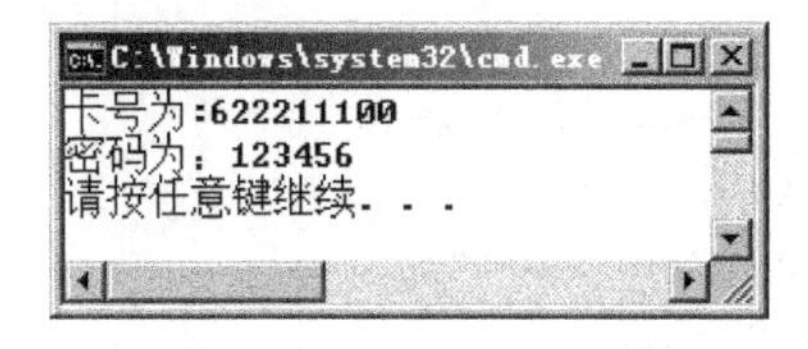

图 3-18　调用嵌套类中的成员

从该实例中可以看出，如果在其他类中调用嵌套类的成员，需要使用“外部类.嵌套类”的方式创建嵌套类的对象，从而通过嵌套类的对象调用其成员。如果调用的是嵌套类中的静态成员，直接通过“外部类.嵌套类.静态成员”的方式调用即可。

3.4.2　部分类

视频讲解

在 C#语言中提供了一个部分类，正如字面上的意思，它用于表示一个类中的一部分。一个类可以由多个部分类构成，定义部分类的语法形式如下。

```
访问修饰符 修饰符 partial class 类名{…}
```

在这里，partial 即为定义部分类的关键字。部分类主要用于当一个类中的内容较多时将相似类中的内容拆分到不同的类中，并且部分类的名称必须相同。

例 3-18　定义名为 Course 的类，分别使用两个部分类实现定义课程属性并输出的操作。在一个部分类中设定课程的属性，在一个部分类中定义方法输出课程的属性。

根据题目要求，课程的属性包括课程编号、课程名称、课程学分，代码如下。

```
public partial class Course
   {
       public int Id{get; set;}
       public string Name{get; set;}
       public double Points{get; set;}
   }
   public partial class Course
   {
       public void PrintCourse()
       {
           Console.WriteLine("课程编号: "+Id);
           Console.WriteLine("课程名称: "+Name);
           Console.WriteLine("课程学分: "+Points);
       }
   }
```

在 Main 方法中为属性赋值并调用 PrintCourse 方法，代码如下。

```
class Program
    {
        static void Main(string[] args)
        {
            Course course=new Course();
            course.Id=1001;
            course.Name="C#编程基础";
            course.Points=3;
            course.PrintCourse();
        }
    }
```

执行上面的代码，效果如图 3-19 所示。

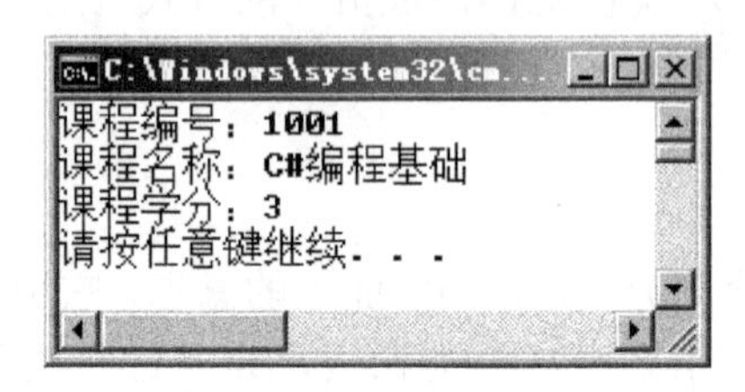

图 3-19　部分类的应用

从该实例可以看出，在不同的部分类中可以直接互相访问其成员，相当于所有的代码都写到一个类中。此外，在访问类成员时也非常方便，直接通过类的对象即可访问不同部分类的成员。

除了定义部分类外，还可以在部分类中定义部分方法，实现的方式是在一个部分类中定义一个没有方法体的方法，在另一个部分类中完成方法体的内容。由于部分方法用的不是特别多，读者了解即可。使用部分方法需要注意如下 3 点：

（1）部分方法必须是私有的，并且不能使用 virtual、abstract、override、new、sealed、extern 等修饰符。

（2）部分方法不能有返回值。

（3）在部分方法中不能使用 out 类型的参数。

例 3-19　在例 3-18 的基础上添加部分方法，在第一个部分类中添加一个没有方法体的 PrintCourse 方法。

根据题目要求，添加部分方法后的代码如下。

```
public partial class Course
    {
        public int Id{get; set;}
        public string Name{get; set;}
        public double Points{get; set;}
         partial void PrintCourse();
```

```
        //调用 PrintCourse 方法
        public void PrintMsg()
        {
            PrintCourse();
        }
    }
    public partial class Course
    {
         partial void PrintCourse()
        {
            Console.WriteLine("课程编号: "+Id);
            Console.WriteLine("课程名称: "+Name);
            Console.WriteLine("课程学分: "+Points);
        }
    }
```

由于部分方法是私有的，因此在 Course 类中添加一个打印方法 PrintMsg 来调用 PrintCourse 方法，以方便在其他类中调用。在 Main 方法中调用 PrintMsg 方法的代码如下。

```
class Program
    {
        static void Main(string[] args)
        {
            Course course=new Course();
            course.Id=1001;
            course.Name="C#编程基础";
            course.Points=3;
            course.PrintMsg();
        }
    }
```

执行上面的代码，效果与图 3-19 类似。

从上面的实例可以看出，在第一个部分类中 PrintCourse 方法并没有方法体，直接通过 PrintMsg 方法调用 PrintCourse 方法，也可以直接输出属性值，即调用第二个部分类中的 PrintCourse 方法实现的内容。

3.5　常用类介绍

3.5.1　Console 类

视频讲解

Console 类主要用于控制台应用程序的输入和输出操作，在前面的实例中使用了该类，本节具体介绍该类中常用的 4 个方法，如表 3-2 所示。

表 3-2　Console 类中常用的方法

方　法	描　述
Write	向控制台输出内容后不换行
WriteLine	向控制台输出内容后换行
Read	从控制台上读取一个字符
ReadLine	从控制台上读取一行字符

此外，在向控制台中输出内容时也可以对输出的内容进行格式化，格式化时使用的是占位符的方法，语法形式如下。

```
Console.Write(格式化字符串,输出项1,输出项2,…;
```

其中，在格式化字符串中使用{索引号}的形式，索引号从 0 开始。输出项 1 填充{0}位置的内容，依此类推。

下面通过实例来学习 Console 类的用法。

例 3-20　从控制台依次输入姓名和所在学校，并在输出时组成一句话"xx 同学在 xx 学习"。

根据题目要求，代码如下。

```
class Program
    {
        static void Main(string[] args)
        {
            Console.WriteLine("请输入学生姓名：");
            string name=Console.ReadLine();
            Console.WriteLine("请输入所在学校：");
            string school=Console.ReadLine();
            Console.WriteLine("{0}同学在{1}学习", name, school);
        }
    }
```

执行上面的代码，效果如图 3-20 所示。

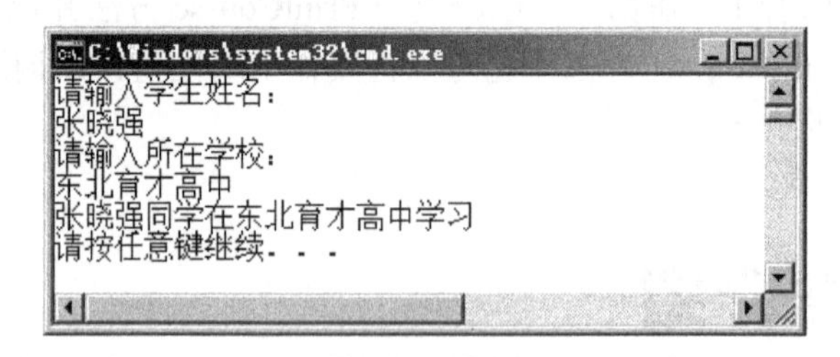

图 3-20　Console 类的使用

3.5.2　Math 类和 Random 类

视频讲解

Math 类主要用于一些与数学相关的计算，并提供了很多静态方法方便访问，常用的方法如表 3-3 所示。

表 3-3　Math 类中常用的方法

方　法	描　述
Abs	取绝对值
Ceiling	返回大于或等于指定的双精度浮点数的最小整数值
Floor	返回小于或等于指定的双精度浮点数的最大整数值
Equals	返回指定的对象实例是否相等
Max	返回两个数中较大数的值
Min	返回两个数中较小数的值
Sqrt	返回指定数字的平方根
Round	返回四舍五入后的值

下面通过实例来演示 Math 类的使用。

例 **3-21**　从控制台输入两个数，分别使用 Max 和 Min 方法输出其中的最大值和最小值。

根据题目要求，代码如下。

```
class Program
    {
        static void Main(string[] args)
        {
            Console.WriteLine("请输入第一个数：");
            double num1=Double.Parse(Console.ReadLine());
            Console.WriteLine("请输入第二个数：");
            double num2=Double.Parse(Console.ReadLine());
            Console.WriteLine("两个数中较大的数为{0}", Math.Max(num1, num2));
            Console.WriteLine("两个数中较小的数为{0}", Math.Min(num1, num2));
        }
    }
```

执行上面的代码，效果如图 3-21 所示。

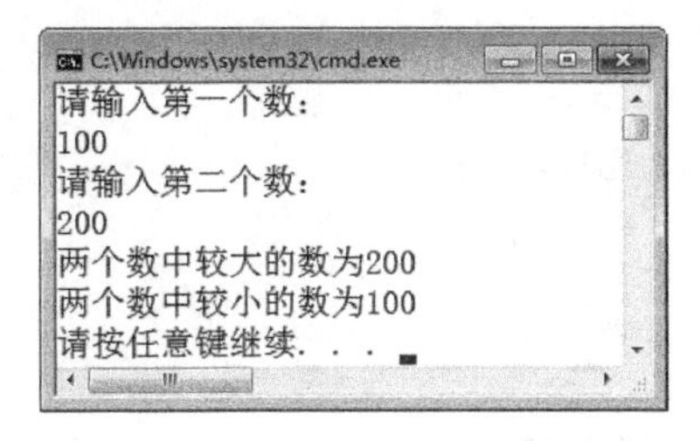

图 3-21　Max 和 Min 方法的使用

从上面的代码可以看出，通过 Math 类中的 Max 和 Min 方法很容易实现获取两个数中最大值和最小值的操作。对于 Math 类中的其他方法请读者尝试练习。

Random 类是专门用于生成伪随机数的类，该类提供了两个构造方法。

```
new Random();
new Random(int seed)
```

其中，第 1 个方法不指定随机种子，系统会自动获取当前时间作为随机种子；第 2 个方法中的整数类型参数即为随机种子。

Random 类中提供的 Next、NextBytes 以及 NextDouble 方法可以生成整数类型、byte 数组类型以及双精度浮点型的随机数，详细说明如表 3-4 所示。

表 3-4　Random 类中的方法

方　法	描　述
Next()	每次产生一个不同的随机正整数
Next(int maxValue)	产生一个比maxValue小的正整数
Next(int minValue,int maxValue)	产生一个minValue～maxValue的正整数，但不包含maxValue
NextDouble()	产生一个0.0～1.0的浮点数
NextBytes(byte[] buffer)	用随机数填充指定字节数的数组

下面通过实例来演示 Random 类中方法的使用。

例 3-22　分别使用 Next、NextDouble 以及 NextBytes 方法生成随机数。

根据题目要求，代码如下。

```
class Program
    {
        static void Main(string[] args)
        {
            Random rd=new Random();
            Console.WriteLine("产生一个 10 以内的数：{0}", rd.Next(0, 10));
            Console.WriteLine("产生一个 0 到 1 之间的浮点数：{0}",rd.NextDouble());
            byte[] b=new byte[5];
            rd.NextBytes(b);
            Console.WriteLine("产生的 byte 类型的值为：");
            foreach (byte i in b)
            {
                Console.Write(i+" ");
            }
            Console.WriteLine();

        }
    }
```

执行上面的代码，效果如图 3-22 所示。

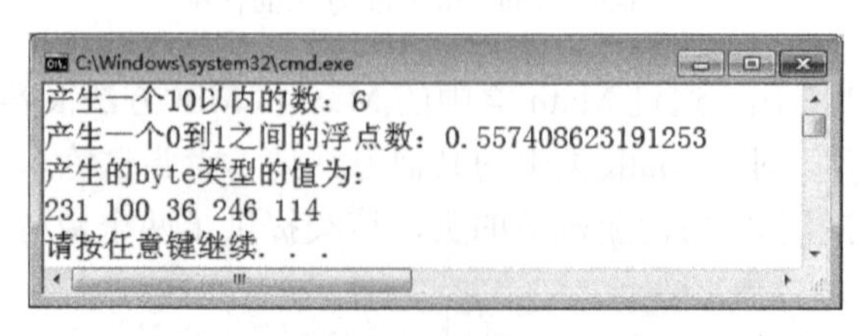

图 3-22　Random 类中方法的使用

从结果可以看出，通过 Random 类中的方法产生了不同类型的随机数。

3.5.3　DateTime 类

视频讲解

DateTime 类用于表示时间，所表示的范围是从 0001 年 1 月 1 日 0 点到 9999 年 12 月 31 日 24 点。在 DateTime 类中提供了静态属性 Now，用于获取当前的日期和时间，即 DateTime.Now。DateTime 类提供了 12 个构造方法来创建该类的实例，但经常使用不带参数的方法创建 DateTime 类的实例。在 DateTime 类中提供了常用的属性和方法用于获取或设置日期和时间，如表 3-5 所示。

表 3-5　DateTime 类中常用的属性和方法

方　法	描　述
Date	获取实例的日期部分
Day	获取该实例所表示的日期是一个月的第几天
DayOfWeek	获取该实例所表示的日期是一周的星期几
DayOfYear	获取该实例所表示的日期是一年的第几天
Add(Timespan value)	在指定的日期实例上添加时间间隔值value
AddDays(double value)	在指定的日期实例上添加指定天数value
AddHours(double value)	在指定的日期实例上添加指定的小时数value
AddMinutes(double value)	在指定的日期实例上添加指定的分钟数value
AddSeconds(double value)	在指定的日期实例上添加指定的秒数value
AddMonths(int value)	在指定的日期实例上添加指定的月份value
AddYears(int value)	在指定的日期实例上添加指定的年份value

下面通过实例来演示 DateTime 类的使用。

例 3-23　使用 DateTime 类获取当前时间，分别输出该日是当月的第几天、星期几以及一年中的第几天，并计算 30 天后的日期。

根据题目要求，代码如下。

```
class Program
    {
        static void Main(string[] args)
        {
            DateTime dt=DateTime.Now;
            Console.WriteLine("当前日期为：{0}", dt);
            Console.WriteLine("当前是本月的第{0}天",dt.Day);
            Console.WriteLine("当前是", dt.DayOfWeek);
            Console.WriteLine("当前是本年度第{0}天", dt.DayOfYear);
            Console.WriteLine("30 天后的日期是{0}",dt.AddDays(30));
        }
    }
```

执行上面的代码，效果如图 3-23 所示。

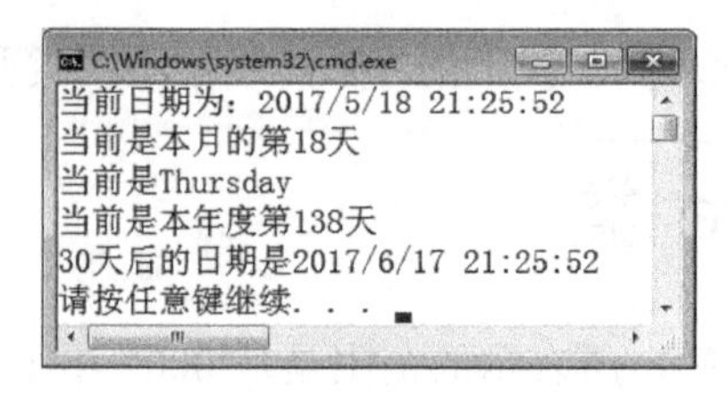

图 3-23　DateTime 类的使用

在使用 DateTime 类中的 Add 方法时需要使用时间间隔类 TimeSpan，该类允许表示的时间间隔范围是 0 到 64 位整数。两个日期的差可由时间间隔类 TimeSpan 的对象来存放。假设计算现在距离 2018 年 6 月 1 日儿童节的天数，代码如下。

```
DateTime dt1=DateTime.Now;
DateTime dt2=new DateTime(2018,6,1);
TimeSpan ts=dt2-dt1;
Console.WriteLine("间隔的天数为{0}",ts.Days);
```

3.6　本章小结

通过本章的学习，读者能掌握面向对象编程的基本思想、类和类成员的定义，并了解嵌套类和部分类的使用。类中的成员包括字段、属性以及方法的定义，在属性部分学习了 C# 6.0 中的新特性，自动属性由原来的必须提供 get 和 set 访问器到目前的可以省略 set 访问器，并可以在访问器前面加 private 修饰符控制属性值的存取。在方法部分学习了构造方法、析构方法的作用，以及应用方法的递归实现循环的操作。此外还介绍了常用类的使用，包括 Console 类、Math 类、Random 类以及 DateTime 类。

3.7　本章习题

❶ 填空题

习题答案

（1）面向对象语言的 3 个特征是________________________。

（2）类成员的访问修饰符包括________________________。

（3）在一个类中至少有________个构造方法。

（4）声明部分类的关键字是______________。

（5）方法的递归调用是指________________________________。

❷ 编程题

（1）创建控制台应用程序，在其中创建一个名为 Person 的类，并按照以下要求完成操作。

① 在该类中定义身份证号、姓名、年龄、性别 4 个字段，并将字段封装成属性。

② 在第①题的基础上将身份证号的属性设置为只读的。

③ 在第①题的基础上将年龄的属性更改为如果输入的年龄值小于 0 则将年龄字段的值设置为 0。

④ 在 Person 类中添加一个方法，用于输出所有的属性值。

⑤ 在项目的 Main 方法中为上述属性赋值并调用输出属性的方法。

（2）创建控制台应用程序，并在其中创建一个名为 AreaClass 的类，在类中分别定义计算圆面积、长方形面积重载的方法 Area，在 Main 方法中分别调用。

（3）（选做题）使用方法递归的方式实现斐波那契数列前 n 项的输出（斐波那契数列是指数列的第一项是 1、第二项是 1，以后各项都是前两项的和，即 1、1、2、3、5、…）。

第4章

字符串和数组

在编程时字符串是比较常用的一种数据类型，例如用户名、邮箱、家庭住址、商品名称等信息都需要使用字符串类型来存取。在 C#语言中提供了对字符串类型数据操作的方法，例如截取字符串中的内容、查找字符串中的内容等。

一个变量只能存放一个值，如果需要计算 10 个变量中的最大值，则需要定义 10 个变量，非常麻烦。数组的引入给编程带来了很多方便，它能通过一个变量存放多个相同类型的值，在存取数组中的值时直接根据数组中的下标即可完成。

枚举和结构体是两个特殊的值类型，枚举类型用于定义某些列只能设置指定的值，结构体是一种特殊的类型，在结构体中允许定义字段、属性、方法等成员。

本章的主要知识点如下：

- 字符串中的常用方法
- 数据类型的转换
- 数组的定义
- 数组中的常用操作
- 使用枚举类型
- 使用结构体

4.1 字符串

在任何一个软件中对字符串的操作都是必不可少的，掌握好字符串的操作将会在编程中起到事半功倍的作用。本节将介绍常见的字符串操作、数据类型的转换，以及字符串操作在实际工作中的应用。

4.1.1　常用的字符串操作

视频讲解

常用的字符串操作包括获取字符串的长度、查找某个字符在字符串中的位置、替换字符串中的内容、拆分字符串等。在字符串操作中常用的属性或方法如表 4-1 所示。

表 4-1　字符串操作中常用的属性或方法

编　号	属性或方法名	作　　用
1	Length	获取字符串的长度，即字符串中字符的个数
2	IndexOf	返回整数，得到指定的字符串在原字符串中第一次出现的位置
3	LastIndexOf	返回整数，得到指定的字符串在原字符串中最后一次出现的位置
4	StartsWith	返回布尔型的值，判断某个字符串是否以指定的字符串开头
5	EndsWith	返回布尔型的值，判断某个字符串是否以指定的字符串结尾
6	ToLower	返回一个新的字符串，将字符串中的大写字母转换成小写字母
7	ToUpper	返回一个新的字符串，将字符串中的小写字母转换成大写字母
8	Trim	返回一个新的字符串，不带任何参数时表示将原字符串中前后的空格删除。参数为字符数组时表示将原字符串中含有的字符数组中的字符删除
9	Remove	返回一个新的字符串，将字符串中指定位置的字符串移除
10	TrimStart	返回一个新的字符串，将字符串中左侧的空格删除
11	TrimEnd	返回一个新的字符串，将字符串中右侧的空格删除
12	PadLeft	返回一个新的字符串，从字符串的左侧填充空格达到指定的字符串长度
13	PadRight	返回一个新的字符串，从字符串的右侧填充空格达到指定的字符串长度
14	Split	返回一个字符串类型的数组，根据指定的字符数组或者字符串数组中的字符或字符串作为条件拆分字符串
15	Replace	返回一个新的字符串，用于将指定字符串替换给原字符串中指定的字符串
16	Substring	返回一个新的字符串，用于截取指定的字符串
17	Insert	返回一个新的字符串，将一个字符串插入到另一个字符串中指定索引的位置
18	Concat	返回一个新的字符串，将多个字符串合并成一个字符串

下面通过实例来演示字符串中方法的使用。

❶ 取得字符串中的指定字符

字符串实际上是由多个字符组成的，字符串中的第一个字符使用“字符串[0]”即可得到。[0]中的 0 称为下标，在本章后面介绍数组时还将学到。获取字符串中的第一个字符使用的下标是 0，则字符串中最后一个字符的下标是字符串的长度减 1。如果要获取字符串的长度，使用 Length 属性即可，获取的方法如下。

```
字符串.Length
```

例 4-1　在 Main 方法中从控制台输入一个字符串，输出该字符串的长度，以及字符串中的第一个字符和最后一个字符。

根据题目要求，代码如下。

```
class Program
    {
```

```
        static void Main(string[] args)
        {
            string str=Console.ReadLine();
            Console.WriteLine("字符串的长度为: "+str.Length);
            Console.WriteLine("字符串中的第一个字符为: "+str[0]);
            Console.WriteLine("字符串中的最后一个字符为: " + str[str.Length-1]);
        }
    }
```

执行上面的代码，效果如图 4-1 所示。

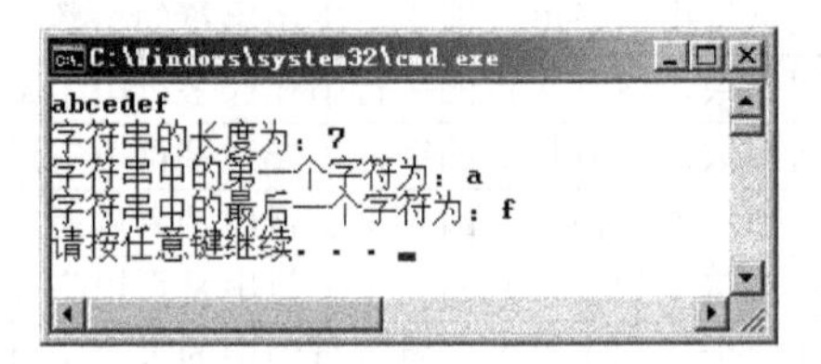

图 4-1　字符串中字符的存取

从该实例可以看出，获取字符串中的某个字符只需要通过下标即可完成。

例 4-2　在 Main 方法中从控制台输入一个字符串，并将字符串中的字符逆序输出。

根据题目要求，代码如下。

```
class Program
    {
        static void Main(string[] args)
        {
            string str=Console.ReadLine();
            for(int i=str.Length-1;i>=0;i--)
            {
                Console.WriteLine(str[i]);
            }
        }
    }
```

执行上面的代码，效果如图 4-2 所示。

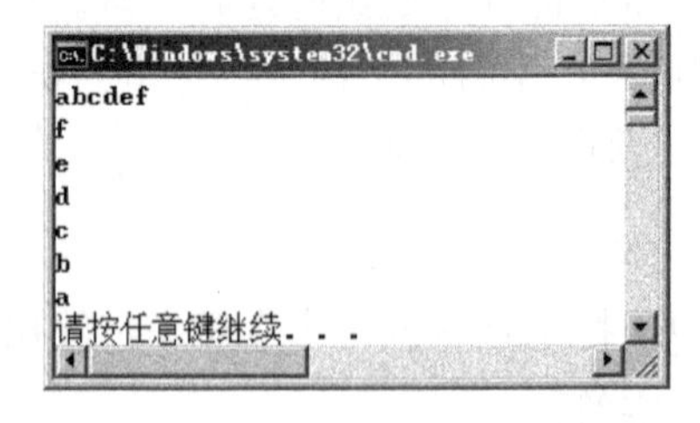

图 4-2　逆序输出字符串中的字符

❷ 在字符串中查找指定的字符串

在字符串中查找是否含有某个字符串是常见的一个应用，例如在输入的字符串中查找特殊字符、获取某个字符串在原字符串中的位置等。字符串的查找方法有 IndexOf、LastIndexOf，IndexOf 方法得到的是指定字符串在原字符串中第一次出现的位置，LastIndexOf 方法得到的是指定字符串在查找的字符串中最后一次出现的位置，需要注意的是字符串中的每个字符的位置是从 0 开始的。无论是哪个方法，只要指定的字符串在查找的字符串中不存在，结果都为-1。如果要判断字符串中是否仅含有一个指定的字符串，则需要将 IndexOf 和 LastIndexOf 方法一起使用，只要通过这两个方法得到的字符串出现的位置是同一个即可。

例 4-3　在 Main 方法中从控制台输入一个字符串，然后判断字符串中是否含有@，并输出@的位置。

根据题目要求，使用 IndexOf 方法查找的代码如下。

```
class Program
{
    static void Main(string[] args)
    {
        string str=Console.ReadLine();
        if(str.IndexOf("@")!=-1)
        {
            Console.WriteLine("字符串中含有@，其出现的位置是" +( str.IndexOf("@")+1));
        }
        else
        {
            Console.WriteLine("字符串中不含有@");
        }
    }
}
```

执行上面的代码，效果如图 4-3 所示。

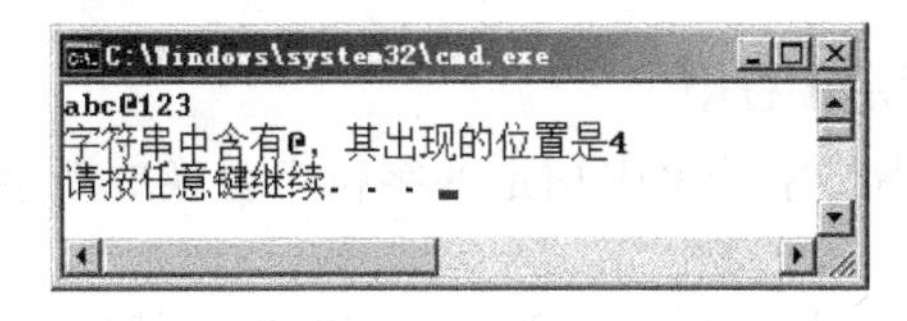

图 4-3　IndexOf 方法的使用

例 4-4　在 Main 方法中从控制台输入一个字符串，判断该字符串中是否仅含有一个@。

根据题目要求，使用 IndexOf 方法查找第一个@出现的位置与使用 LastIndexOf 方法查找@在字符串中最后一次出现的位置相同即可，实现的代码如下。

```
class Program
    {
        static void Main(string[] args)
        {
            string str=Console.ReadLine();
```

```
            int firstIndex=str.IndexOf("@");
            int lastIndex=str.LastIndexOf("@");
            if(firstIndex!=-1)
            {
                if(firstIndex==lastIndex)
                {
                    Console.WriteLine("在该字符串中仅含有一个@");
                }
                else
                {
                    Console.WriteLine("在该字符串中含有多个@");
                }
            }
            else
            {
                Console.WriteLine("在字符串中不存在@");
            }
        }
    }
```

执行上面的代码，效果如图 4-4 所示。

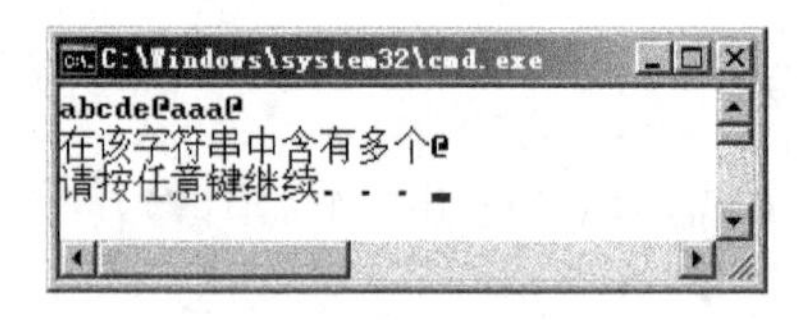

图 4-4　判断字符串中是否仅含有一个@

从上面的执行效果可以看出，在字符串中包含了两个@，因此提示的结果是“在该字符串中含有多个@”。

❸ 替换字符串中的指定字符串

字符串的替换操作是指将字符串中指定的字符串替换成新字符串。替换字符串的方法是 Replace 方法。

例 4-5　在 Main 方法中从控制台输入一个字符串，然后将字符串中所有的,替换成_。

根据题目要求，代码如下。

```
class Program
    {
        static void Main(string[] args)
        {
            string str=Console.ReadLine();
            if(str.IndexOf(",")!=-1)
            {
                str=str.Replace(",", "_");
            }
```

```
            Console.WriteLine("替换后的字符串:"+str);
        }
    }
```

执行上面的代码，效果如图 4-5 所示。

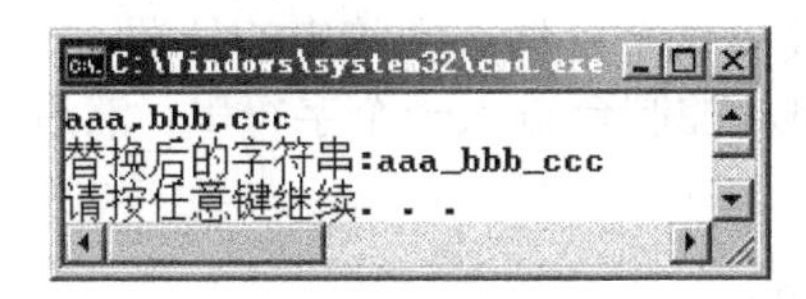

图 4-5　字符串的替换

从上面的执行效果可以看出，通过 Replace 方法将字符串中所有的,换成了_。

❹ **截取字符串**

在一个字符串中截取一部分字符串也是经常用到的，例如从身份证号码中取得出生年月日、截取手机号码的前 3 位、截取给定邮箱的用户名等。截取字符串的方法是 Substring 方法，在使用该方法时有以下两种方法传递参数。

```
Substring(指定位置)                      //从字符串中的指定位置开始截取到字符串结束
Substring(指定位置,截取的字符的个数)     //从字符串中的指定位置开始截取指定字符个数的字符
```

例 4-6　在 Main 方法中从控制台输入邮箱，要求邮箱中仅含有一个@，然后截取邮箱中的用户名输出。

根据题目要求，代码如下。

```
class Program
    {
        static void Main(string[] args)
        {
            string str=Console.ReadLine();
            int firstIndex=str.IndexOf("@");
            int lastIndex=str.LastIndexOf("@");
            if(firstIndex!=-1&&firstIndex==lastIndex)
            {
                str=str.Substring(0,firstIndex);
            }
            Console.WriteLine("邮箱中的用户名是: "+str);
        }
    }
```

执行上面的代码，效果如图 4-6 所示。

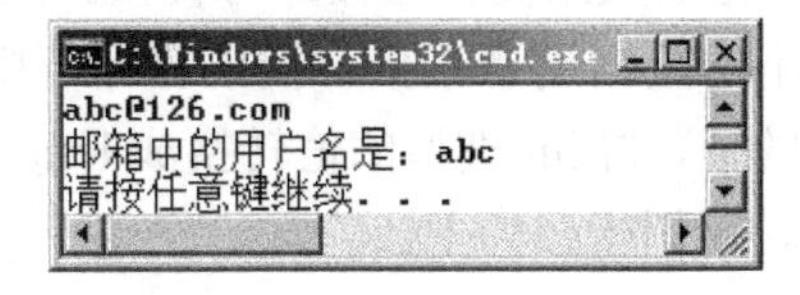

图 4-6　截取指定字符串

在上面的代码中，在截取邮箱中的用户名时得到@的位置即可清楚需要截取的字符的个数。

❺ 向指定的字符串中插入字符串

在一个字符串中可以在指定位置插入另一个字符串，插入字符串使用的方法是 Insert，在 Insert 方法中需要两个参数，一个是插入字符串的位置，一个是字符串。

例 4-7 在 Main 方法中从控制台输入一个字符串，然后将@@@插入到字符串的第 2 个字符的位置。

根据题目要求，代码如下。

```
class Program
    {
        static void Main(string[] args)
        {
            string str=Console.ReadLine();
            str=str.Insert(1, "@@@");
            Console.WriteLine("新字符串为: "+str);
        }
    }
```

执行上面的代码，效果如图 4-7 所示。

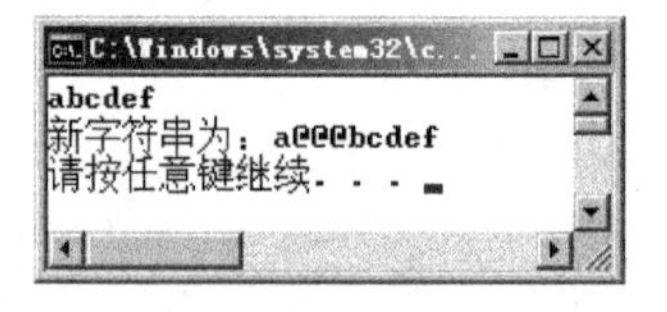

图 4-7　插入字符串

从上面的执行效果可以看出，已经将@@@插入到第 2 个字符的位置。

除了上面介绍的字符串的操作方法外，字符串的拆分方法也是非常重要的，由于在 Split 方法中需要用到数组，将在本章 4.2 节的数组部分详细介绍。

4.1.2　数据类型转换

视频讲解

在实际应用中数据类型的转换操作是随处可见的，也是必不可少的。在 C#语言中，数据类型转换包括隐式转换、强制类型转换以及 Parse 方法、Convert 方法、toString 方法等。

❶ 隐式转换

隐式转换是指不需要其他方法数据类型直接即可转换。隐式转换主要是在整型、浮点型之间的转换，将存储范围小的数据类型直接转换成存储范围大的数据类型。例如将 int 类型的值转换成 double 类型的值，将 int 类型的值转换成 long 类型的值，或者将 float 类型的值转换成 double 类型的值。示例代码如下。

```
int a=100;
```

```
double d=a;        //将 int 类型转换为 double 类型
float f=3.14f;
d=f;               //将 float 类型转换为 double 类型
```

如果需要将 double 类型的值转换为 int 类型，可以吗？不可以，示例代码如下。

```
double d=3;
int i=d;           //将 double 类型的值转换成 int 类型，出现错误
```

上面的代码是无法编译的，不能实现隐式转换。

❷ **强制类型转换**

强制类型转换主要用于将存储范围大的数据类型转换成存储范围小的，但数据类型需要兼容。例如，整数类型和浮点类型之间的转换是允许的，但字符串类型与整数类型之间是无法进行强制类型转换的。强制类型转换的语法如下。

```
数据类型 变量名=(数据类型)变量名或值
```

这里要求等号左、右两边的数据类型是一致的。例如将 double 类型转换成 int 类型，代码如下。

```
int a=(int)3.14;
```

通过上面的语句即可将 3.14 转换成整数 3。这样虽然能将值进行类型的转换，但损失了数据的精度，造成了数据的不准确，因此在使用强制类型转换时还需要注意数据的准确性。

❸ **Parse 方法**

Parse 方法用于将字符串类型转换成任意类型，具体的语法形式如下。

```
数据类型 变量=数据类型.Parse(字符串类型的值)
```

这里要求等号左、右两边的数据类型兼容。

例 4-8 在 Main 方法中从控制台输入 3 个数，并将其中的最大数输出。

根据题目要求，代码如下。

```
class Program
    {
        static void Main(string[] args)
        {
            Console.WriteLine("请输入第三个数：");
            int num1=int.Parse(Console.ReadLine());
            int num2=int.Parse(Console.ReadLine());
            int num3=int.Parse(Console.ReadLine());
            int maxvalue=num1;    //使用 maxvalue 存放最大值
            if(num2>maxvalue)
            {
                maxvalue=num2;
            }
            if(num3>maxvalue)
```

```
                {
                    maxvalue=num3;
                }
                Console.WriteLine("三个数中最大值是："+maxvalue);
            }
        }
```

执行上面的代码，效果如图 4-8 所示。

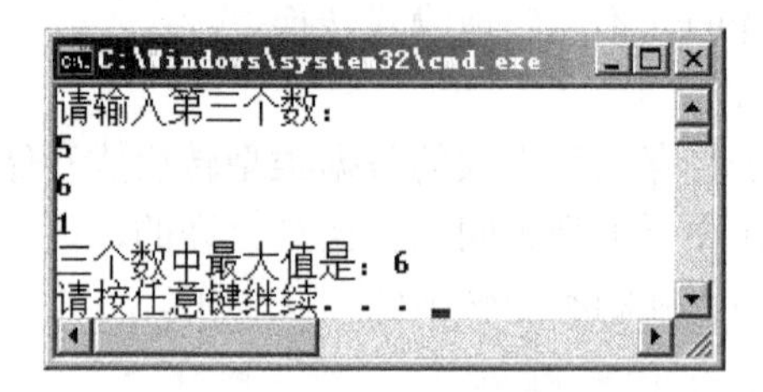

图 4-8　求 3 个数中的最大值

在上面的实例中使用 Parse 方法将字符串类型转换成了整数类型 int，但输入的字符串必须是数字并且不能超出 int 类型的取值范围。

❹ **Convert 方法**

Convert 方法是数据类型转换中最灵活的方法，它能够将任意数据类型的值转换成任意数据类型，前提是不要超出指定数据类型的范围。具体的语法形式如下。

```
数据类型 变量名=Convert.To 数据类型(变量名);
```

这里 Convert.To 后面的数据类型要与等号左边的数据类型相匹配。但是在转换成整数类型时需要注意，转换成 int 类型可以写成 Convert.ToInt32()，即 Int32 代表的是 int 类型。如果转换成 short 类型，则写成 Convert.ToInt16()；如果转换成 long 类型，则写成 Convert.ToInt64()。

对于整型和浮点型的强制数据类型操作也可以使用 Convert 方法代替，但是依然会损失存储范围大的数据类型的精度。

❺ **ToString 方法**

ToString 方法用于将任意的数据类型转换成字符串类型，例如将整数类型转换成字符串类型。

```
int a=100;
string str=a.ToString();
```

这样整型变量 a 即可被转换成字符串类型。

在 C#语言中数据类型分为值类型和引用类型，将值类型转换为引用类型的操作称为装箱，相应地将引用类型转换成值类型称为拆箱。在上面的转换中 int 类型是值类型，而 string 类型是引用类型，当将值类型变量 a 的值转换成引用类型变量 str 时就是一个装箱的操作，而拆箱操作则是将引用类型变量 str 的值再转换成整型的过程，转换的代码如下。

```
a=int.Parse(str);
```

这样就完成了一个简单的装箱和拆箱操作。在后面的应用中还将多次用到该操作，读者可以慢慢体会其用法。

4.1.3　正则表达式

视频讲解

正则表达式的主要作用是验证字符串的值是否满足一定的规则，在页面输入数据验证方面的应用比较多。例如验证输入的邮箱是否合法、输入的身份证号码是否合法、输入的用户名是否满足条件等。正则表达式并不是 C#语言独有的，在大多数的编程语言中都是支持的，包括一些脚本语言也支持，例如 JavaScript、JQuery 等。

正则表达式是专门处理字符串操作的，其本身有固定的写法。正则表达式的符号主要分为元字符和表示重复的字符，分别如表 4-2 和表 4-3 所示。元字符表示在正则表达式中有特殊意义的字符。

表 4-2　正则表达式中的元字符

编　　号	字　　符	描　　述
1	.	匹配除换行符以外的所有字符
2	\w	匹配字母、数字、下画线
3	\s	匹配空白符（空格）
4	\d	匹配数字
5	\b	匹配表达式的开始或结束
6	^	匹配表达式的开始
7	$	匹配表达式的结束

表 4-3　正则表达式中表示重复的字符

编　　号	字　　符	描　　述
1	*	0次或多次字符
2	?	0次或1次字符
3	+	1次或多次字符
4	{n}	n次字符
5	{n,M}	n到M次字符
6	{n, }	n次以上字符

此外，在正则表达式中使用|分隔符表示多个正则表达式之间的或者关系，也就是在匹配某一个字符串时满足其中一个正则表达式即可。例如使用正则表达式来验证身份证信息，第一代身份证是由 15 个数字构成的，第二代身份证是由 18 个数字构成的，正则表达式可以写成“\d{15}|\d{18}”。

在 C#语言中使用正则表达式时要用到 Regex 类，该类在 System.Text.RegularExpression 名称空间中。在 Regex 类中使用 IsMatch 方法判断所匹配的字符串是否满足正则表达式的要求。

例 4-9　在 Main 方法中从控制台输入一个邮箱，使用正则表达式判断其正确性。

根据题目要求，在本例中邮箱验证的正则表达式的写法是包含@，在@前面是字母或者数字、下画线，在@后面也是字母或者数字、下画线，并且字母后面要含有.，在.后面还要加上字母或者数字、下画线。具体的代码如下。

```
class Program
    {
        static void Main(string[] args)
        {
            Console.WriteLine("请输入一个邮箱");
            string email=Console.ReadLine();
            Regex regex=new Regex(@"^(\w)+(\.\w+)*@(\w)+((\.\w+)+)$");
            if(regex.IsMatch(email))
            {
                Console.WriteLine("邮件格式正确");
            }
            else
            {
                Console.WriteLine("邮箱格式不正确");
            }
        }
    }
```

执行上面的代码，效果如图 4-9 所示。

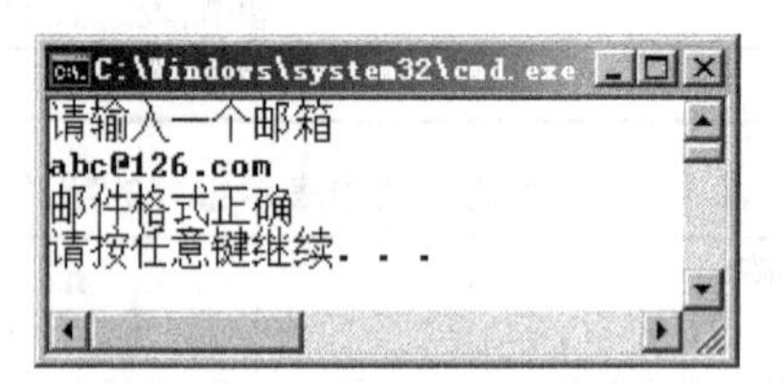

图 4-9　正则表达式的使用

邮箱的正则表达式也有多种写法，上面的写法只是其中的一种，例如将实例中的\w 替换成[a-zA-Z0-9_]。此外，在 Regex 类中还提供了很多方法来操作正则表达式，如果用户需要查看更多的方法可以参考微软的 MSDN 文档。

除了邮箱的正则表达式以外，还有一些常用的正则表达式，如表 4-4 所示。

表 4-4　常用的正则表达式

编　　号	正则表达式	作　　用
1	\d{15}|\d{18}	验证身份证号码（15位或18位）
2	\d{3}-\d{8}|\d{4}-\d{7}	验证国内的固定电话（区号有3位或4位，并在区号和电话号码之间加上-）
3	^[1-9]\d*$	验证字符串中都是正整数
4	^-[1-9]\d*$	验证字符串中都是负整数
5	^-?[1-9]\d*$	验证字符串中是整数

续表

编　号	正则表达式	作　用
6	^[A-Za-z]+$	验证字符串中全是字母
7	^[A-Za-z0-9]+$	验证字符串由数字和字母构成
8	[\u4e00-\u9fa5]	匹配字符串中的中文
9	[^\x00-\xff]	匹配字符串中的双字节字符（包括汉字）

4.2 数组

数组从字面上理解就是存放一组数，但在 C#语言中数组存放的并不一定是数字，也可以是其他数据类型。在一个数组中存放的值都是同一数据类型的，并且可以通过循环以及数据操作的方法对数组的值进行运算或操作。本节将介绍一维数组、多维数组以及与数组相关的一些操作。

4.2.1 一维数组

视频讲解

一维数组在数组中最常用，即将一组值存放到一个数组中，并为其定义一个名称，通过数组中元素的位置来存取值。创建一维数组的语法形式如下。

```
//定义数组
数据类型[] 数组名;
//初始化数组中的元素
数据类型[]数组名=new 数据类型[长度];
数据类型[]数组名={值1,值2,…};
数据类型[]数组名=new 数据类型[长度]{值1,值2,…}
```

在定义数组时定义的数据类型代表了数组中每个元素的数据类型。在使用数组前必须初始化数据，即为数组赋初值。在初始化数组时指定了数组中的长度，也就是数组中能存放的元素个数。在指定数组的长度后，数组中的元素会被系统自动赋予初始值，与类中字段的初始化类似，数值类型的值为 0、引用类型的值为 null。

如果在初始化数组中直接对数组赋值了，那么数组中值的个数就是数组的长度。由于在数组中存放了多个元素，在存取数组中的元素时要使用下标来存取，类似于取字符串中的字符。例如有一个 int 类型的数组，输出数组中的第一个元素和最后一个元素，语句如下。

```
//定义 int 类型的数组
int[] a={1,2,3};
//输出数组中的一个元素
Console.WriteLine(a[0]);
//输出数组中的最后一个元素
Console.WriteLine(a[a.Length-1]);
```

获取数组的长度使用的是数组的 Length 属性，数组的下标仍然从 0 开始，数组中的最后一个元素是数组的长度减 1。

例 4-10 在 Main 方法中创建一个字符串类型的数组，并存入 5 个值，然后将数组中下标是偶数的元素输出。

根据题目要求，代码如下。

```
class Program
    {
        static void Main(string[] args)
        {
            string[] strs={ "aaa", "bbb", "ccc", "ddd", "eee" };
            for(int i=0; i<strs.Length; i=i+2)
            {
                Console.WriteLine(strs[i]);
            }
        }
    }
```

执行上面的代码，效果如图 4-10 所示。

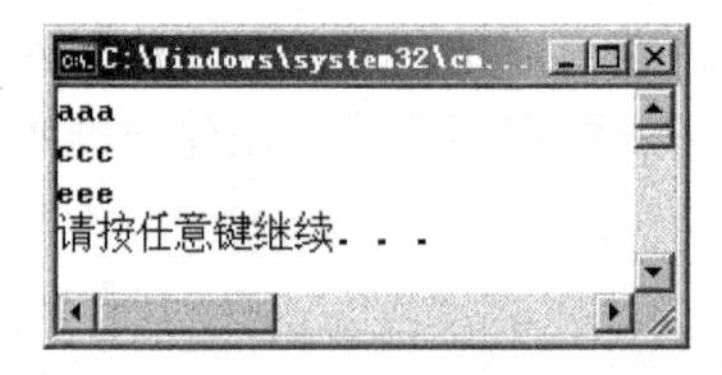

图 4-10　输出数组中下标是偶数的元素

从上面的执行效果可以看出，输出的是数组中的第 1 个、第 3 个、第 5 个元素，但是下标却是 0、2、4。

例 4-11 在 Main 方法中创建 int 类型数组，并从控制台输入 5 个值存入该数组中，最后将数组中的最大数输出。

根据题目要求，代码如下。

```
class Program
    {
        static void Main(string[] args)
        {
            int[] a=new int[5];
            Console.WriteLine("请输入 5 个整数：");
            for(int i=0;i<a.Length;i++)
            {
                a[i]=int.Parse(Console.ReadLine());   //将字符串类型转换成整型
            }
            int max=a[0];  //定义存放最大值的变量，其初值为数组中的第一个元素 a[0]
            for(int i=1;i<a.Length;i++)
```

```
            {
                if(a[i]>max)
                {
                    max=a[i];
                }
            }
            Console.WriteLine("数组中的最大值为："+max);

        }
    }
```

执行上面的代码，效果如图 4-11 所示。

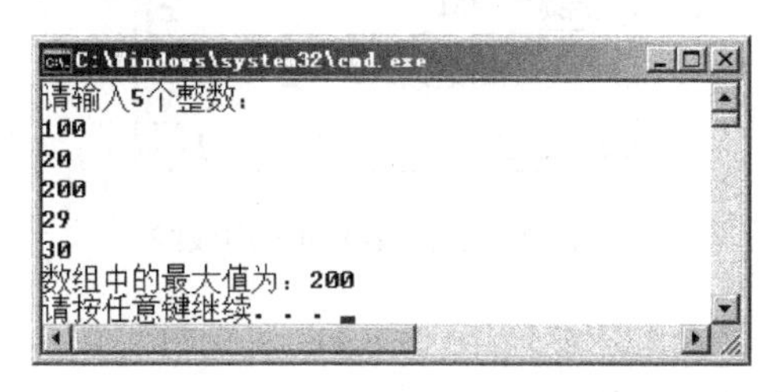

图 4-11　输出数组中的最大值

在对数组进行操作时需要注意不能对数组整体输入、输出，需要通过数组中元素的下标来存取值。此外，在 C#语言中提供了 foreach 语句遍历数组中的元素，具体的语法形式如下。

```
foreach(数据类型 变量名  in 数组名)
{
    //语句块;
}
```

这里变量名的数据类型必须与数组的数据类型相兼容。在 foreach 循环中，如果要输出数组中的元素，不需要使用数组中的下标，直接输出变量名即可。foreach 语句仅能用于数组、字符串或集合类数据类型。

例 4-12　在 Main 方法中创建一个 double 类型的数组，并在该数组中存入 5 名学生的考试成绩，计算总成绩和平均成绩。

根据题目要求，使用 foreach 语句实现该功能，代码如下。

```
class Program
    {
        static void Main(string[] args)
        {
            double[] points={ 80, 88.5, 98, 78.5, 86};
            double sum=0;           //定义存放总成绩的变量
            double avg=0;           //定义存放平均成绩的变量
            foreach(double point in points)
            {
```

```
            sum=sum+point;
        }
        avg=sum/points.Length;
        Console.WriteLine("总成绩为:"+sum);
        Console.WriteLine("平均成绩为: "+avg);
    }
}
```

在计算平均成绩时，通过数组的Length属性即可得到数组中元素的个数，使用总成绩除以元素的个数即为结果。执行上面的语句，效果如图4-12所示。

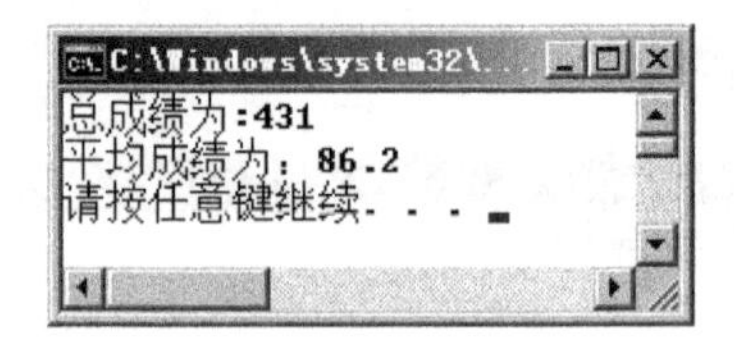

图4-12　求总成绩和平均成绩

从上面的执行效果可以看出，在使用 foreach 语句时可以免去使用下标的麻烦，这也给遍历数组中的元素带来很多方便。

4.2.2　多维数组

视频讲解

在访问一维数组中的元素时使用的是一个下标，例如 a[0]，而多维数组使用多个下标来访问，例如 a[0,0]、a[1,0,0]等。在多维数组中比较常用的是二维数组，这也是本书中对多维数组介绍的重点。定义多维数组的语法形式如下。

```
//定义多维数组
数据类型[,,…] 数组名;
//创建多维数组并初始化
数据类型[,,…] 数组名=new 数据类型[m,n,…]{{ , ,… },{, ,… }}
```

从上面定义的语法可以看出，它与一维数组的定义非常类似，每多一个维度则在定义时的[]中增加一个“,”。存取数组中的值也是将下标用“,”隔开。

例4-13　在Main方法中定义一个存放学生成绩的二维数组，并将该数组中每个学生的成绩输出。

根据题目要求，定义二维数组为double类型的，代码如下。

```
class Program
    {
        static void Main(string[] args)
        {
            double[,] points={ { 90, 80 }, { 100, 89 }, { 88.5,86} };
            for(int i=0; i<points.GetLength(0); i++)
            {
```

```
                Console.WriteLine("第"+(i+1)+"个学生成绩：");
                for(int j=0; j<points.GetLength(1); j++)
                {
                    Console.Write( points[i, j]+" ");
                }
                Console.WriteLine();
            }
        }
    }
```

执行上面的代码，效果如图 4-13 所示。

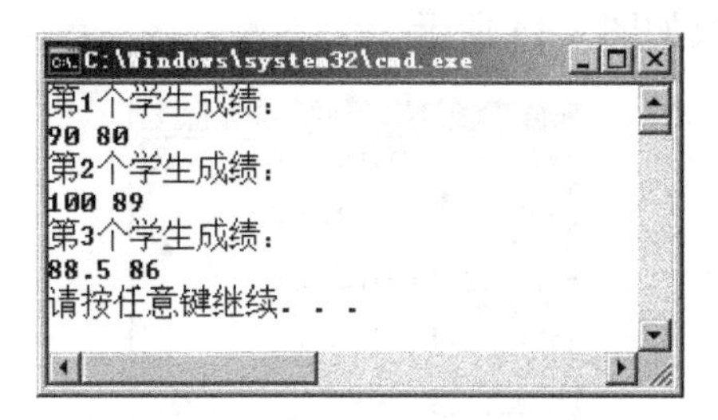

图 4-13　输出二维数组中的学生成绩

在遍历多维数组元素时使用 GetLength（维度）方法能获取多维数组中每一维的元素，维度也是从 0 开始的，因此在该实例中获取数组中第一维的值时使用的是 points.GetLength(0)。

在 C#语言中不仅支持上面给出的多维数组，也支持锯齿型数组，即在多维数组中的每一维中所存放值的个数不同。锯齿型数组也被称为数组中的数组。定义锯齿型数组的语法形式如下。

```
数据类型 [ ] [ ] 数组名=new 数据类型[数组长度][ ];
数组名[0]=new 数据类型 [数组长度] ;
```

在这里，数据类型指的是整个数组中元素的类型，在定义锯齿型数组时必须要指定维度。

例 4-14　在 Main 方法中创建一个锯齿型数组，第一维数组的长度是 2、第二维数组的长度是 3、第三维数组的长度是 4，并直接向数组中赋值，最后输出数组中的元素。

根据题目要求，代码如下。

```
class Program
    {
        static void Main(string[] args)
        {
            int[][] arrays=new int[3][];
            arrays[0]=new int[] { 1, 2 };
            arrays[1]=new int[] { 3, 4, 5 };
            arrays[2]=new int[] { 6, 7, 8, 9};

            for(int i=0; i<arrays.Length; i++)
```

```
            {
                Console.WriteLine("输出数组中第"+(i+1)+"行的元素: ");
                for(int j=0;j<arrays[i].Length;j++)
                {
                    Console.Write(arrays[i][j]+" ");
                }
                Console.WriteLine();
            }
        }
    }
```

执行上面的代码，效果如图 4-14 所示。

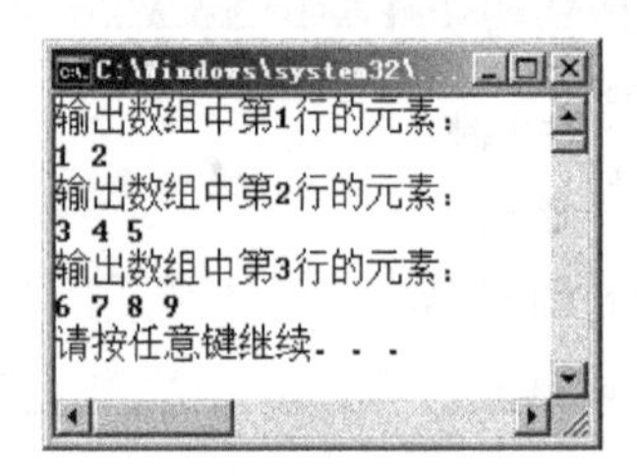

图 4-14　输出锯齿型数组中的元素

锯齿型数组中的值也可以通过循环语句来赋值，与输出语句类似。在上面的实例中，arrays 数组中的元素从控制台输入的具体语句如下。

```
int[][] arrays=new int[3][];
            arrays[0]=new int[2];
            arrays[1]=new int[3];
            arrays[2]=new int[4];

            for(int i=0; i<arrays.Length; i++)
            {
                Console.WriteLine("输入数组中第"+(i+1)+"行的元素: ");
                for(int j=0; j<arrays[i].Length; j++)
                {
                    arrays[i][j]=int.Parse(Console.ReadLine());
                }
                Console.WriteLine();
            }
```

4.2.3　数组的应用

视频讲解

在 C#语言中，数组应用的场景是非常多的，例如在字符串拆分时用到数组来存放拆分后的结果、对一组值使用数组排序等。

❶ 使用 Split 方法拆分字符串

Split 方法用于按照指定的字符串来拆分原有字符串，并返回拆分后得到的字符串数组。下面用两个实例来演示字符串拆分方法的应用。

例 4-15　在 Main 方法中从控制台输入一个字符串，然后计算该字符串中包含的逗号的个数。

根据题目要求，如果要查询逗号的个数，通过拆分方法 Split 将拆分结果存放到字符串数组中，数组的长度减 1 即为字符串中含有逗号的个数，代码如下。

```
class Program
    {
        static void Main(string[] args)
        {
            Console.WriteLine("请输入一个字符串：");
            string str=Console.ReadLine();
            string[] condition={ ","};
            string[] result=str.Split(condition, StringSplitOptions.None);
            Console.WriteLine("字符串中含有逗号的个数为："+(result.Length - 1));
        }
    }
```

执行上面的代码，效果如图 4-15 所示。

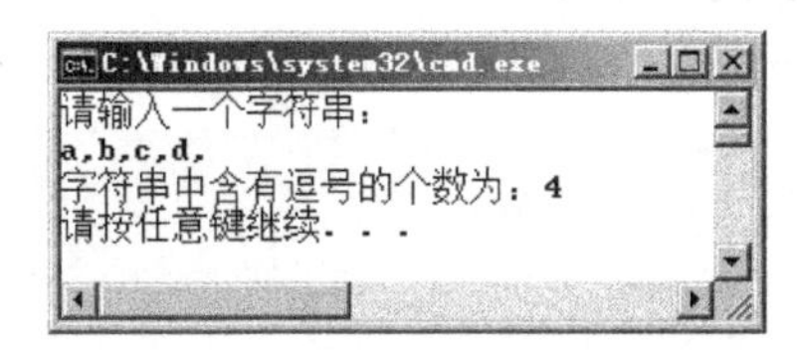

图 4-15　使用 Split 方法拆分字符串

在使用 Split 方法时，需要注意该方法中传递的参数（condition, StringSplitOptions.None），第一个参数是拆分的条件数组，可以在该数组中存放多个字符串作为拆分的条件；第二个参数 StringSplitOptions.None 是拆分的选项，表示如果在拆分时遇到空字符也拆分出一个元素，如果在拆分时不需要包含空字符串，则可以使用 StringSplitOptions.Remove EmptyEntries 选项，例如在上例中将 StringSplitOptions.None 更改成 StringSplitOptions.Remove EmptyEntries，语句如下。

```
class Program
    {
        static void Main(string[] args)
        {
            Console.WriteLine("请输入一个字符串：");
            string str=Console.ReadLine();
            string[] condition={ ","};
            string[] result=str.Split(condition, StringSplitOptions. Remove
            EmptyEntries);
            Console.WriteLine("字符串中含有逗号的个数为："+(result.Length - 1));
        }
    }
```

仍然执行该实例中所输入的字符串，效果如图 4-16 所示。

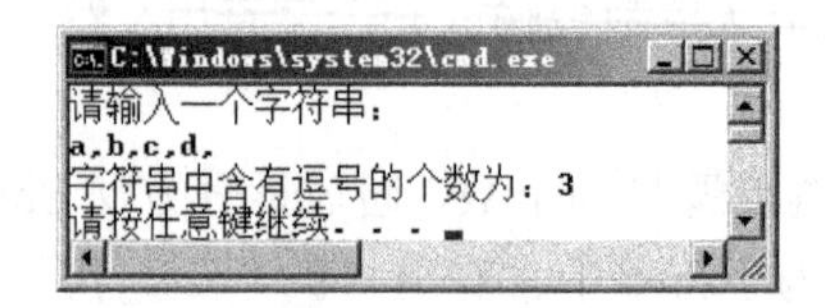

图 4-16　使用 StringSplitOptions. RemoveEmptyEntries 参数拆分字符串

从上面的执行效果可以看出，逗号的个数为 3，而前面的例子中逗号的个数为 4，这是因为当拆分“a,b,c,d,”时，最后一个逗号拆分后逗号后面的值是一个空格，因此拆分结果中数组的元素个数为 4 而不是 5。在实际应用中，用户应根据具体情况选择拆分选项的不同值。

❷ 冒泡排序的应用

冒泡排序在应聘的笔试题目中经常被考到，冒泡排序的原理是将数组元素中相邻两个元素的值进行比较，将较小的数放到前面，每一次交换都将最大的数放到最后，依次交换后最终将数组中的元素从小到大排序。

例 4-16　在 Main 方法中创建一个整型数组，并在该数组中存放 5 个元素，使用冒泡排序算法将数组中的元素从小到大排序。

根据题目要求，代码如下。

```
class Program
    {
        static void Main(string[] args)
        {
            int[] a={ 3, 4, 2, 1, 5 };
            for(int i=0;i<a.Length-1;i++)
            {
                for(int j=0;j<a.Length-i-1;j++)
                {
                    if(a[j]>a[j+1])
                    {
                        int temp=a[j];
                        a[j]=a[j+1];
                        a[j+1]=temp;
                    }
                }
            }
            Console.WriteLine("升序排序后的结果为：");
            foreach(int b in a)
            {
                Console.Write(b+" ");
            }
        }
    }
```

执行上面的代码，效果如图 4-17 所示。

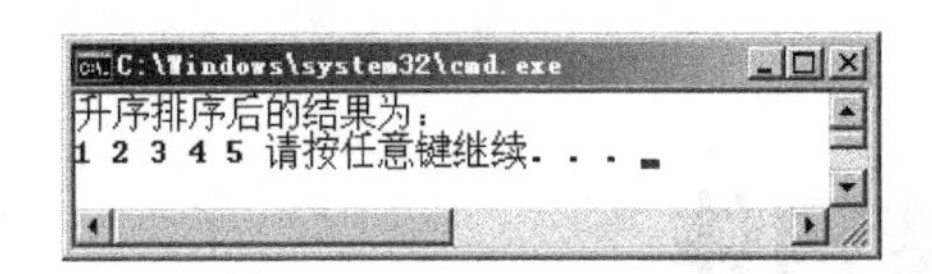

图 4-17　排序后的结果

如果要对数组中的元素从大到小排序，只需要将 if(a[j]>a[j+1])语句更改成 if(a[j]<a[j+1])即可。

System.Array 是所有数组的基类，其提供的属性和方法也可以被用到任何数组中。例如前面使用的 Length 属性也是该基类中提供的。数组中常用的方法如表 4-5 所示。

表 4-5　数组中常用的方法

编　号	方　法	描　述
1	Clear()	清空数组中的元素
2	Sort()	冒泡排序，从小到大排序数组中的元素
3	Reverse()	将数组中的元素逆序排列
4	IndexOf()	查找数组中是否含有某个元素，返回该元素第一次出现的位置，如果没有与之匹配的元素，则返回–1
5	LastIndexOf()	查找数组中是否含有某个元素，返回该元素最后一次出现的位置

例 4-17　使用数组中的 Sort 方法完成对数组元素的排序。

根据题目要求，代码如下。

```
class Program
    { static void Main(string[] args)
        {
            int[] a={ 5, 3, 2, 4, 1 };
            Array.Sort(a);
            Console.WriteLine("排序后的结果为：");
            foreach(int b in a)
            {
                Console.Write(b+" ");
            }
        }
    }
```

执行上面的代码，效果如图 4-18 所示。

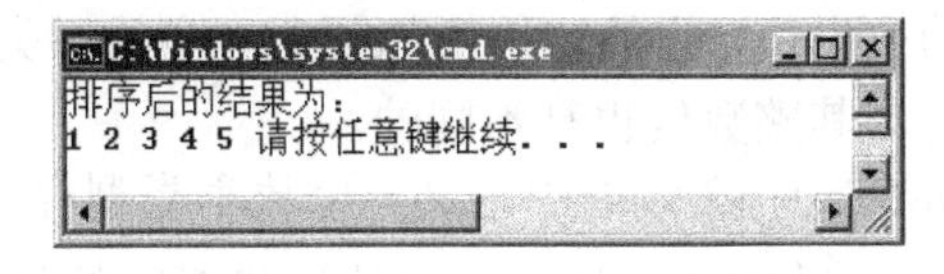

图 4-18　使用 Sort 方法对数组元素排序

虽然在数组中并没有提供对其降序排序的方法，但可以先将数组中的元素使用 Sort 排序，再使用 Reverse 方法将数组中的元素逆序，这样就完成了从大到小的排序。对于数组中提供的其他方法，读者也可以尝试应用。

4.3 枚举与结构体

枚举类型和结构体类型是特殊的值类型，应用也比较广泛。枚举类型与上一节介绍的数组比较接近，它可以将一组值存放到一个变量名下，方便调用。例如，在上一节介绍的拆分方法中的字符串拆分选项 StringSplitOptions 就是一个枚举类型，在该类型中有两个值，分别是 None 和 RemoveEmptyEntries。结构体与类比较相似，由于它是值类型，在使用时会比使用类存取的速度更快，但灵活性方面没有类好。本节将介绍枚举类型和结构体类型的定义及使用。

4.3.1 枚举

视频讲解

枚举类型是一种值类型，定义好的值会存放到栈中。枚举类型在定义时使用 enum 关键字表示，枚举类型的定义与类成员的定义是一样的，或者直接定义在命名空间中，注意不能直接将枚举类型定义到方法中。定义枚举类型的变量的语法形式如下。

```
访问修饰符 enum 变量名:数据类型
{
    值 1,
    值 2,
    …
}
```

其中：

- 访问修饰符：与类成员的访问修饰符一样，省略访问修饰符也是代表使用 private 修饰符的。
- 数据类型：指枚举中值的数据类型。只能是整数类型，包括 byte、short、int、long 等。
- 值 1、值 2、…：在枚举类型中显示的值。但实际上每个值都被自动赋予了一个整数类型值，并且值是递增加 1 的，默认是从 0 开始的，也就是值 1 的值是 0、值 2 的值是 1。如果不需要系统自动为枚举值指定值，也可以直接为其赋一个整数值。每个没有指定值的枚举值，它的初始值都是上一个枚举类型的值加 1。通常设置的枚举值都是不同的，其整数值也是不同的。

例 4-18 创建类 EnumTest，在该类中定义一个枚举类型存放教师职称（助教、讲师、副教授、教授）。在 Main 方法中分别打印出每个枚举值对应的整数值。

根据题目要求，代码如下。

```
class EnumTest
    {
      public enum Title:int
```

```
        {
            助教,
            讲师,
            副教授,
            教授
        }
    }
```

获取并输出枚举值，在 Main 方法中调用的代码如下。

```
class Program
    {
        static void Main(string[] args)
        {

            Console.WriteLine(EnumTest.Title.助教+":"+(int)EnumTest.Title.助教);
            Console.WriteLine(EnumTest.Title.讲师+":"+(int)EnumTest.Title.
            讲师);
            Console.WriteLine(EnumTest.Title.副教授+":"+(int)EnumTest.Title.
            副教授);
            Console.WriteLine(EnumTest.Title.教授+":"+(int)EnumTest.Title.
            教授);
        }
    }
```

从上面的代码可以看出，由于枚举类型定义的类与 Main 方法所在的类不同，因此如果要使用该枚举值，需要使用“类名.枚举变量名”表示。获取枚举类型中设置的值使用的语句是“类名.枚举变量名.枚举值”，在获取枚举类型中的每个枚举值对应的整数值时需要将枚举类型的字符串值强制转换成整型。执行上面的代码，效果如图 4-19 所示。

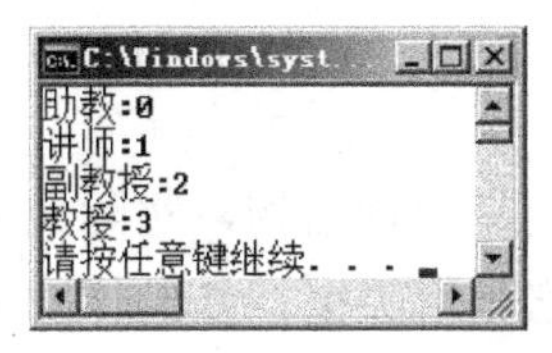

图 4-19　枚举类型的定义与取值

从上面的执行效果可以看出，由于没有给枚举值设置初始的整数值，初始的整数值是从 0 开始的，并且依次递增 1。如果将助教的值设置为 1，将副教授的值设置为 4，代码如下。

```
class EnumTest
    {
       public enum Title:int
        {
            助教=1,
            讲师,
            副教授=4,
```

```
            教授
        }
    }
```

修改后再次运行上面的代码，执行效果如图4-20所示。

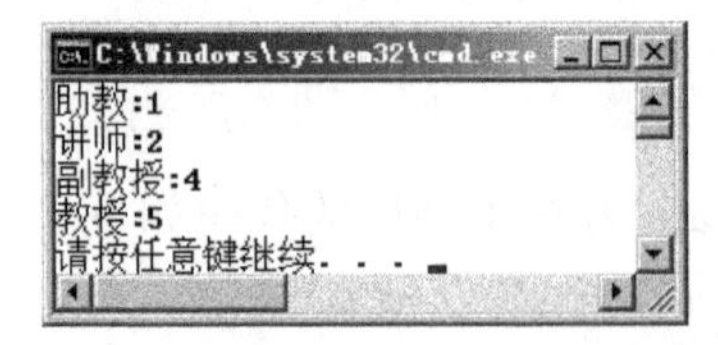

图4-20　自定义枚举值的整数值

从上面的执行效果可以看出，当助教的值为1时，讲师的值为2，而由于副教授的值被设置为4，则教授的值为5。因此，每个枚举值的整数值都是前一个枚举值的整数值加1。

如果将上述枚举类型中的副教授的枚举值的整数值设置为2，则再次执行上面的代码，效果如图4-21所示。

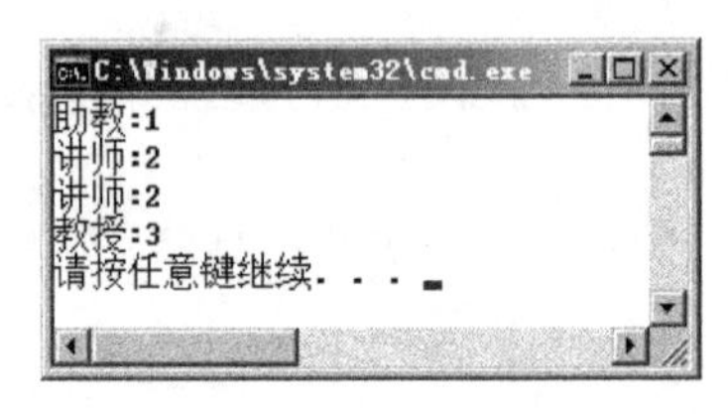

图4-21　枚举值的整数值相同的情况

从上面的执行效果可以看出，如果将枚举值的整数值设置为相同，则输出的值也会与前面的枚举值相同。因此在定义枚举类型时，要保证枚举值的唯一性，以免影响枚举类型的应用。

4.3.2　结构体

视频讲解

结构体从字面上来理解是指定义一种结构，实际上结构体是一种与类的定义非常相似的数据类型，但它是值类型。结构体的定义位置与枚举类型一样，都是在类中定义或者在命名空间下定义，而不能将其定义到方法中。在结构体中能定义字段、属性、方法等成员。定义的语法形式如下。

```
访问修饰符 struct 结构体名称
{
    //结构体成员
}
```

其中：

- 访问修饰符：通常使用public或者省略不写，如果省略不写，代表使用private来修饰。如果结构体中的内容要被其他类中的成员访问，需要将其访问修饰符设置为public。

- 结构体名称：命名规则通常和变量的命名规则相同，即从第二个单词开始每个单词的首字母小写。
- 结构体成员：包括字段、属性、方法以及后面要介绍的事件等。在结构体中也能编写构造器，但必须带参数，并且必须为结构体中的字段赋初值。在调用结构体的成员时，能使用不带参数的构造器，与创建类的对象时类似。

例 4-19　定义名为 student 的结构体，在该结构体中定义学生姓名（name）和年龄（age）的字段，并分别为字段生成属性，要求年龄必须大于 0。

根据题目要求，将结构体 student 定义到 Program 类中，并在 Main 方法中调用该结构体，代码如下。

```
class Program
  {
      struct student
      {
          private string name;
          private int age;
          public string Name
          {
              get
              {
                  return name;
              }

              set
              {
                  name=value;
              }
          }
          public int Age
          {
              get
              {
                  return age;
              }

              set
              {
                  if(value<0)
                  {
                      value=0;
                  }
```

```
                else
                {
                    age=value;
                }
            }
        }
    }
    static void Main(string[] args)
    {
        student stu=new student();
        stu.Name="张三";
        stu.Age=-100;
        Console.WriteLine("学生的信息为: ");
        Console.WriteLine(stu.Name+":"+stu.Age);
    }
}
```

执行上面的代码，效果如图 4-22 所示。

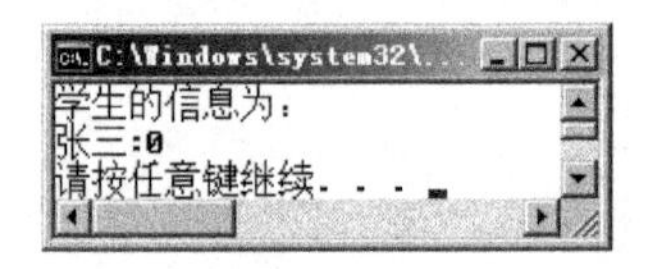

图 4-22　定义并调用结构体

从上面的执行效果可以看出，由于在结构体中将年龄属性设置为如果小于 0，则值为 0 的条件，因此输出结果中年龄为 0。此外，从调用结构体的代码可以看出，调用结构体和调用类是类似的，是通过构造器来实现的。当然，在调用结构体时也可以不用构造器。

例 4-20　在结构体中定义带参数的构造器，并在结构体中定义方法输出字段的值。

根据题目要求，代码如下。

```
public struct student
    {
        public student(string name,int age)
        {
            this.name=name;
            this.age=age;
        }
        private string name;
        private int age;
        public void PrintStudent()
        {
            Console.WriteLine("姓名: "+name);
            Console.WriteLine("年龄: "+age);
```

```
        }
    }
    class Program
    {
        static void Main(string[] args)
        {
            student stu=new student("李四",25);
            stu.PrintStudent();
        }
    }
```

执行上面的代码，效果如图 4-23 所示。

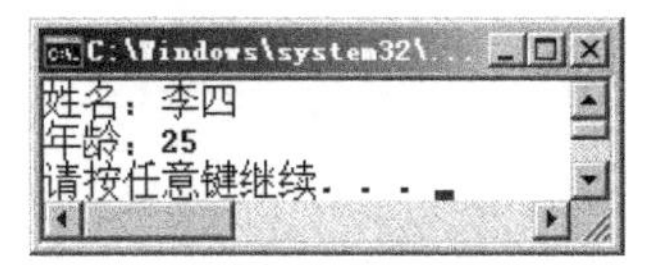

图 4-23　在结构体中使用带参数的构造器

结构体与类有些类似，但其定义却有很大区别，具体如表 4-6 所示。

表 4-6　结构体与类的区别

结　构　体	类
允许不使用new对其实例化	必须使用new实例化
没有默认构造方法	有默认构造方法
不能继承类	能继承类
没有析构方法	有析构方法
不允许使用abstract、protected以及sealed修饰	允许使用abstract、protected以及sealed修饰

4.4　本章小结

通过本章的学习，读者能掌握字符串的常用操作方法、数据类型的转换以及正则表达式的使用；能掌握一维数组的定义、多维数组的定义以及数组的应用；能掌握枚举类型和结构体的定义以及应用。此外，结构体类型与下一章中要介绍的类是比较相似的，读者需要注意它们在使用时的区别。

4.5　本章习题

❶ 填空题

习题答案

（1）拆分字符串的方法是____________________。

（2）匹配全数字的字符串，正则表达式的写法是____________。

（3）取得数组中第一个元素和最后一个元素所对应的下标分别是____和______。

（4）枚举类型和结构体类型属于_______类型。

❷ 编程题

（1）从控制台输入一个字符串，判断该字符串中含有的数字个数。

（2）从控制台不重复地输入 1～10 的 5 个数。

（3）定义枚举类型，存放会议的时间，包括上午、下午、晚上。

（4）创建一个结构体存放员工信息，包括员工的姓名、年龄、联系方式、所在部门。

第5章

继承和多态

继承（Inheritance）和多态（Polymorphism）是面向对象语言中的两个重要特征。在C#语言中仅支持单重继承，主要用于解决代码的重用问题。为了将继承关系灵活运地用到程序设计中，在C#语言中提供了接口来解决多重继承的关系。多态主要是通过类的继承或接口的实现方式来体现的。

本章的主要知识点如下：

- 掌握继承关系
- 掌握虚方法的使用
- 掌握方法的重置
- 掌握 base 关键字的使用
- 掌握接口的定义和实现
- 掌握多态的应用

5.1 继承

在编程中灵活地使用类之间的继承关系能很好地实现类中成员的重用，有利于类的使用。在 C#语言中所有类都是从 Object 类继承而来的，Object 类中的属性和方法可以被用到任何类。本节将介绍继承的作用以及继承的应用。

5.1.1 Object 类

视频讲解

Object 类是所有类的基类，也称为所有类的根。在 Object 类中提供了4 个常用的方法，即 Equals、GetHashCode、GetType 以及 ToString 方法。既然任何一个类都继承了 Object 类，这 4 个方法也可以被任何类使用或重写。

❶ Equals 方法

该方法主要用于比较两个对象是否相等，如果相等则返回 True，否则返回 False。如果是引用类型的对象，则用于判断两个对象是否引用了同一个对象。在 C#语言中，Equals 方法提供了两个，一个是静态的，一个是非静态的，具体的定义如下。

```
Equals(object o1,object o2);    //静态方法
Equals(object o);               //非静态方法
```

下面通过实例演示 Equals 方法的使用。

例 5-1 使用 Equals 方法判断两个对象是否引用了 Student 对象。

根据题目要求，首先创建 Student 类，由于并不需要使用该类的成员，在类中不必写任何代码，创建 Student 类的代码如下。

```
class Student{};
```

创建两个 Student 类的对象，并使用 Equals 方法比较类的对象，代码如下。

```
class Program
    {
        static void Main(string[] args)
        {
            Student stu1=newStudent();
            Student stu2=newStudent();
            bool flag=Equals(stu1, stu2);
            Console.WriteLine("stu1 和 stu2 比较的结果为，{0}",flag);
        }
    }
```

执行上面的代码，效果如图 5-1 所示。

图 5-1　Equals 方法的使用

从上面的执行效果可以看出，stu1 和 stu2 引用的并不是同一个对象。如果将代码更改为：

```
Student stu2=stu1;
```

这样使用 Equals 方法判断的结果才为 True。如果使用 Equals(object o)方法比较 stu1 和 stu2 的值，代码如下。

```
stu1.Equals(stu2);
```

❷ GetHashCode 方法

该方法返回当前 System.Object 的哈希代码，每个对象的哈希值都是固定的。该方法不含有任何参数，并且不是静态方法，因此需要使用实例来调用该方法。由于该方法是在

Object 类中定义的，因此任何对象都可以直接调用该方法。下面通过实例来演示该方法的使用。

例 5-2　创建两个 Student 类的对象，并分别计算其哈希值。

根据题目要求，代码如下。

```
class Program
    {
        static void Main(string[] args)
        {
            Student stu1=new Student();
            Student stu2=new Student();
            Console.WriteLine(stu1.GetHashCode());
            Console.WriteLine(stu2.GetHashCode());
        }
    }
```

执行上面的代码，效果如图 5-2 所示。

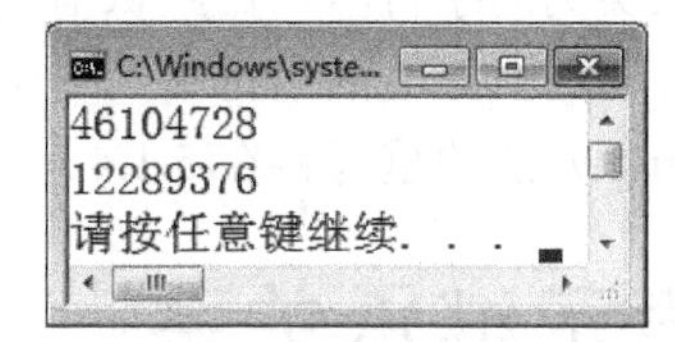

图 5-2　GetHashCode 方法的使用

从上面的执行效果可以看出，不同实例的哈希值是不同的，因此也可以通过该方法比较对象是否相等。

❸ GetType 方法

GetType 方法用于获取当前实例的类型，返回值为 System.Type 类型。该方法不含任何参数，是非静态方法。其调用与 GetHashCode()方法类似，使用任何对象都能直接调用该方法。下面通过实例来演示该方法的使用。

例 5-3　创建字符串类型的变量、整数类型的变量以及 Student 类的对象，并分别使用 GetType 方法获取其类型并输出。

根据题目要求，代码如下。

```
class Program
    {
        static void Main(string[] args)
        {
            int i=100;
            string str="abc";
            Student stu=new Student();
            Console.WriteLine(i.GetType());
            Console.WriteLine(str.GetType());
```

```
            Console.WriteLine(stu.GetType());
        }
    }
```

执行上面的代码，效果如图 5-3 所示。

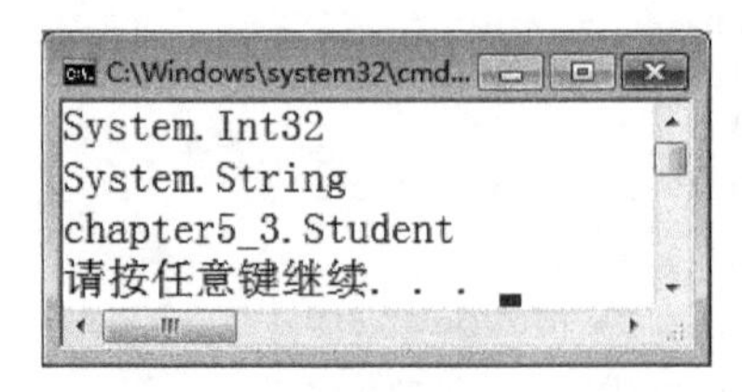

图 5-3　GetType 方法的使用

从上面的执行效果可以看出，每一个变量都通过 GetType 方法获取了其类型，通常可以使用该方法比较某些对象是否为同一类型的。

❹ ToString 方法

ToString 方法返回一个对象实例的字符串，在默认情况下将返回类类型的限定名。任何类都可以重写 ToString 方法，返回自定义的字符串。对于其他的值类型，则为将值转换为字符串类型的值。关于 ToString 方法的重写将在 5.1.4 节中介绍。

5.1.2　使用类图表示继承关系

视频讲解

假设要完成一个学校的校园管理信息系统，在员工管理系统中有不同的人员信息，包括学生信息、教师信息等。学生信息、教师信息会有一些公共的信息，例如人员编号、姓名、性别、身份证号、联系方式都是共有的。

直接为学生信息、教师信息创建两个类，并在两个类中分别定义属性和方法，在学生类中定义编号（Id）、姓名（Name）、性别（Sex）、身份证号（Cardid）、联系方式（Tel）、专业（Major）、年级（Grade）7 个属性，并定义一个方法在控制台输出这些属性的值。学生信息类（Student）的代码如下。

```
public class Student
    {
        public int Id{get; set;}
        public string Name{get; set;}
        public string Sex{get; set;}
        public string Cardid{get; set;}
        public string Tel{get; set;}
        public string Major{get; set;}
        public string Grade{get; set;}
        public void Print()
        {
            Console.WriteLine("编号:"+Id);
```

```
            Console.WriteLine("姓名:"+Name);
            Console.WriteLine("性别:"+Sex);
            Console.WriteLine("身份证号:"+Cardid);
            Console.WriteLine("联系方式:"+Tel);
            Console.WriteLine("专业:"+Major);
            Console.WriteLine("年级:"+Grade);
        }
    }
```

用同样的方法创建教师信息类（Teacher），属性包括编号（Id）、姓名（Name）、性别（Sex）、身份证号（Cardid）、联系方式（Tel）、职称（Title）、工资号（Wageno），并将上述属性输出到控制台。教师信息类（Teacher）的代码如下。

```
class Teacher
    {
        public int Id{get; set;}
        public string Name{get; set;}
        public string Sex{get; set;}
        public string Cardid{get; set;}
        public string Tel{get; set;}
        public string Title{get; set;}
        public string WageNo{get; set;}

        public void Print()
        {
            Console.WriteLine("编号:"+Id);
            Console.WriteLine("姓名:"+Name);
            Console.WriteLine("性别:"+Sex);
            Console.WriteLine("身份证号:"+Cardid);
            Console.WriteLine("联系方式:"+Tel);
            Console.WriteLine("职称:"+Title);
            Console.WriteLine("工资号:"+WageNo);
        }
    }
```

读者从 Student 类和 Teacher 类的代码中会发现很多重复的代码，如果再创建管理人员信息类或者其他的人员信息类，还会出现很多重复的代码，这样会造成大量的代码冗余。

在 Visual Studio 2015 中提供了类图功能，可以将类直接转换成类图的形式，在开发软件时，经常会在详细设计阶段使用类图的形式来表示类。在 Visual Studio 2015 中将类文件转换成类图非常简单，直接右击 Student.cs 文件，在右键菜单中选择“查看类图”命令，效果如图 5-4 所示。

在图 5-4 所示的类图中可以清晰地看到在 Student.cs 文件中定义的属性和方法。同样，Teacher 类对应的类图如图 5-5 所示。

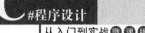

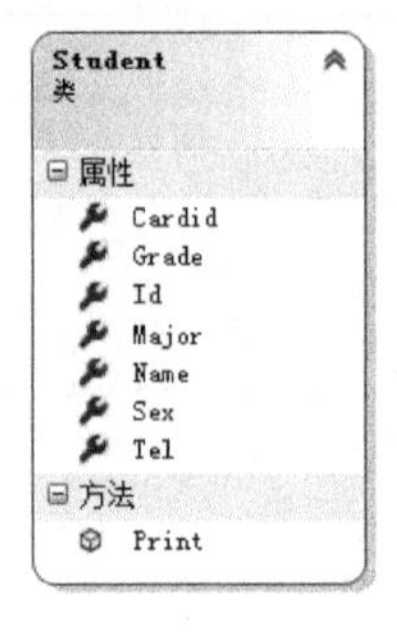

图 5-4　Student 类对应的类图

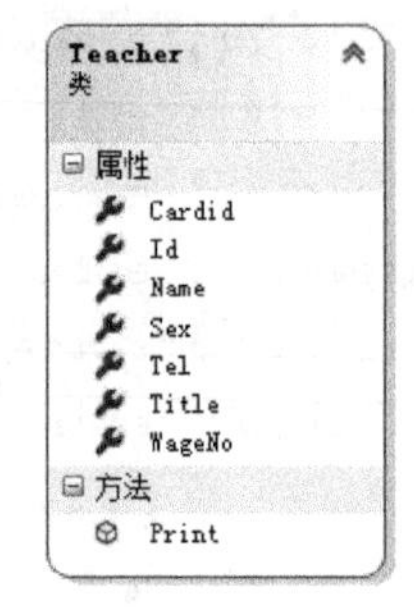

图 5-5　Teacher 类对应的类图

从 Student 和 Teacher 类的类图中可以看到它们有很多重复的属性，如果将这些属性单独写到一个文件中，Student 和 Teacher 类在使用这些属性和方法时直接复制这个文件中的内容就方便多了。

在 C#语言中提供的继承特性就是解决上述问题的，将 Student 和 Teacher 类中共有的属性抽取出来定义为一个类，然后 Student 和 Teacher 类都继承这个共有属性类即可。假设将共有属性类定义为 Person，在类中定义属性和方法的代码如下。

```
class Person
    {
        public int Id{get; set;}
        public string Name{get; set;}
        public string Sex{get; set;}
        public string Cardid{get; set;}
        public string Tel{get; set;}
        public void Print()
        {
            Console.WriteLine("编号:"+Id);
            Console.WriteLine("姓名:"+Name);
            Console.WriteLine("性别:"+Sex);
            Console.WriteLine("身份证号:"+Cardid);
            Console.WriteLine("联系方式:"+Tel);
        }
    }
```

创建后的 Person 类对应的类图如图 5-6 所示。

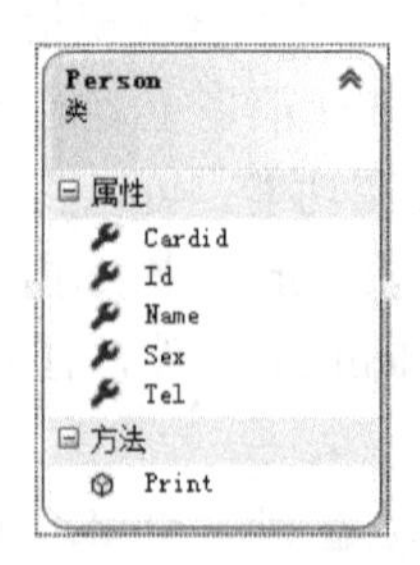

图 5-6　Person 类的类图

如果已经创建了 Person 类，则 Student 和 Teacher 类中仅保留不同的属性和方法即可。将 Student 类的代码更改为如下代码。

```
class Student
{       public string Major{get; set;}
        public string Grade{get; set;}
        public void Print()
        {
            Console.WriteLine("专业:"+Major);
            Console.WriteLine("年级:"+Grade);
        }
    }
```

将 Teacher 类的代码更改为如下代码。

```
class Teacher
    {
        public string Title{get; set;}
        public string WageNo{get; set;}
        public void Print()
        {
            Console.WriteLine("职称:"+Title);
            Console.WriteLine("工资号:"+WageNo);
        }
    }
```

Person、Student、Teacher 类的类图如图 5-7 所示。

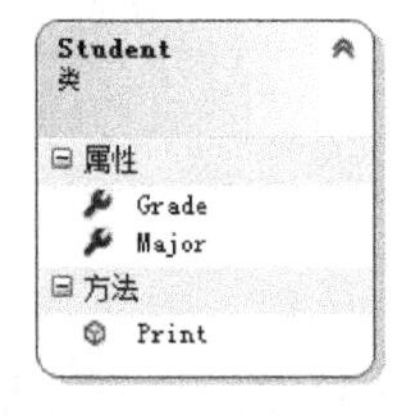

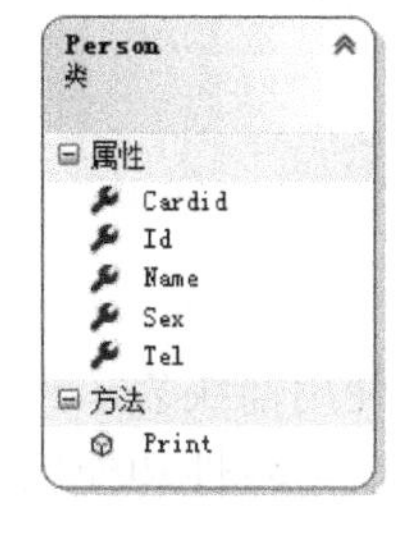

图 5-7　去除冗余代码后的类图

现在需要借助类的继承功能分别完成 Student 类和 Teacher 类继承 Person 类的操作。在 C#语言中实现继承非常容易，只需要用:符号即可完成类之间继承的表示。

类之间的继承关系的定义语法形式如下。

```
访问修饰符 class  ClassA:ClassB
{
     //类成员
}
```

其中：

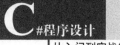

- 访问修饰符：包括 public、internal。
- ClassA：称为子类、派生类，在子类中能直接使用 ClassB 中的成员。
- ClassB：称为父类、基类。

注意：一个类只能有一个父类，但是一个父类可以有多个子类，并且在 C#语言中继承关系具有传递性，即 A 类继承 B 类、C 类继承 A 类，则 C 类也相当于继承了 B 类。

Student 类继承 Person 类的代码如下。

```
class Student:Person
    {
        public string Major{get; set;}
        public string Grade{get; set;}
        public void Print()
        {
            Console.WriteLine("专业:"+Major);
            Console.WriteLine("年级:"+Grade);
        }
    }
```

同样，将 Teacher 类继承 Person 类，生成的类图如图 5-8 所示。

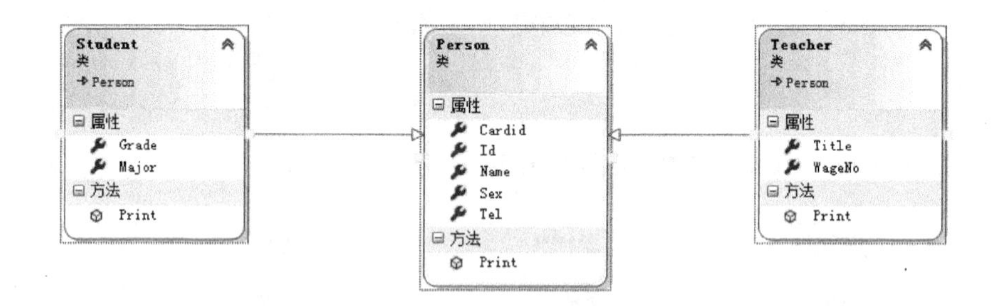

图 5-8　继承关系的类图表示

在类图中使用箭头表示继承关系，箭头的三星形端指向父类，另一端是子类。关于子类和父类继承后的特性和使用将在后面的小节中详细介绍。

5.1.3　方法隐藏——new 关键字

从图 5-8 所示的继承关系的类图中可以看出，在每个类中都有 Print 方法，即子类和父类中有同名的方法，那么这种方式是方法的重载吗？答案是否定的，方法重载是指方法名相同而方法的参数不同的方法。图 5-8 在子类中定义的同名方法相当于在子类中重新定义了一个方法，在子类中的对象是调用不到父类中的同名方法的，调用的是子类中的方法，因此也经常说成是将父类中的同名方法隐藏了。在 C#语言中，为了明确表示子类中的方法是与父类同名的方法，在子类的方法返回值前面加上 new 关键字。

视频讲解

例 5-4 在 Main 方法中分别创建前面编写过的 Person、Teacher 以及 Student 类的对象，并调用其中的 Print 方法。

根据题目要求，代码如下。

```
class Program
    {
        static void Main(string[] args)
        {
            Person person=new Person();
            Console.WriteLine("Person 类的 Print 方法打印内容：");
            person.Print();
            Student student=new Student();
            Console.WriteLine("Student 类的 Print 方法打印内容：");
            student.Print();
            Teacher teacher=new Teacher();
            Console.WriteLine("Teacher 类的 Print 方法打印内容：");
            teacher.Print();
        }
    }
```

执行上面的代码，效果如图 5-9 所示。

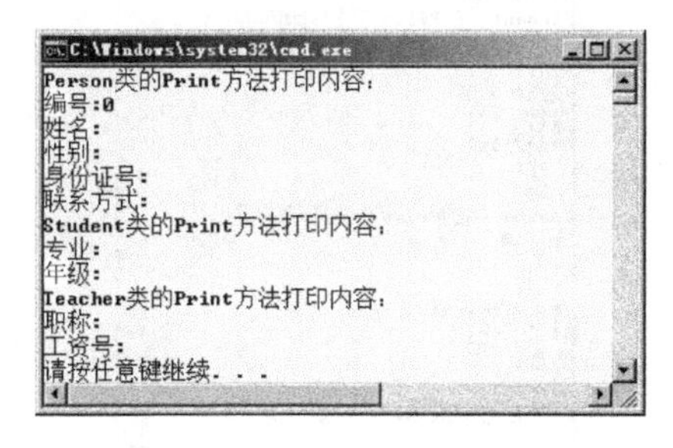

图 5-9 使用不同类的对象调用 Print 方法

从上面的执行效果可以看出，在创建不同类的对象后，调用同名的方法 Print 效果是不同的。创建子类的对象仅能调用子类中的 Print 方法，而与父类中的 Print 方法无关。在继承的关系中，子类如果需要调用父类中的成员可以借助 base 关键字来完成，具体的用法如下。

```
base.父类成员
```

如果在同名的方法中使用 base 关键字调用父类中的方法，则相当于把父类中的方法内容复制到该方法中。

例 5-5 改写例 5-4 中的 Student 和 Teacher 类中同名的 Print 方法，使用 base 关键字调用父类中的 Print 方法。

根据题目要求，更改后的代码如下。

```
class Student:Person
    {
        public new void Print()
```

```
        {
            base.Print();
            Console.WriteLine("专业:"+Major);
            Console.WriteLine("年级:"+Grade);
        }
    }
class Teacher:Person
    {
        public new void Print()
        {
            base.Print();
            Console.WriteLine("职称:"+Title);
            Console.WriteLine("工资号:"+WageNo);
        }
    }
```

在例 5-4 的 Main 方法中创建子类对象调用 Print 方法的代码不用修改，重新执行后效果如图 5-10 所示。

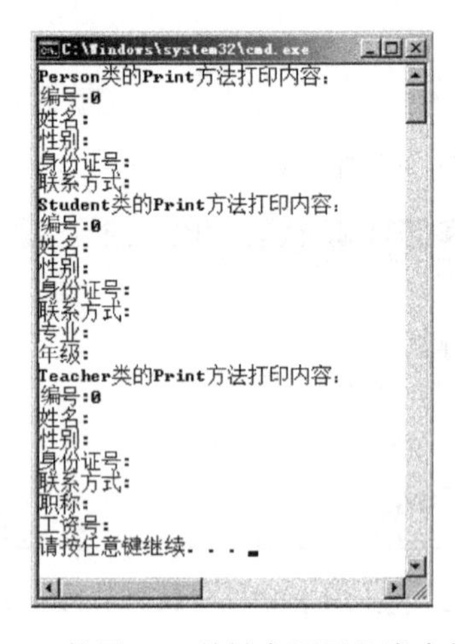

图 5-10　使用 base 关键字调用父类中的方法

从上面的执行效果可以看出，通过 base 关键字调用 Print 方法即可调用在父类中定义的语句。

说明：用户在程序中会遇到 this 和 base 关键字，this 关键字代表的是当前类的对象，而 base 关键字代表的是父类中的对象。

5.1.4　virtual 关键字

virtual 是虚拟的含义，在 C#语言中，默认情况下类中的成员都是非虚拟的，通常将类中的成员定义成虚拟的，表示这些成员将会在继承后重写其中的内容。virtual 关键字能修饰方法、属性、索引器以及事件等，用到父类的成员中。在本节中只讨论如何使用 virtual 关键字修饰属性和方法，

其语法形式如下。

```
//修饰属性
public virtual 数据类型 属性名{get;set;}
//修饰方法
访问修饰符 virtual 返回值类型 方法名
{
    语句块;
}
```

需要注意的是，virtual 关键字不能修饰使用 static 修饰的成员。此外，virtual 关键字既可以添加到访问修饰符的后面，也可以添加到访问修饰符的前面，但实际应用中习惯将该关键字放到访问修饰符的后面。

子类继承父类后能重写父类中的成员，重写的关键字是 override。所谓重写是指子类和父类的成员定义一致，仅在子类中增加了 override 关键字修饰成员。例如在父类中有一个求长方形面积的方法，方法定义如下。

```
public int Area(int x,int y)
{
   return x*y
}
```

在子类中重写该方法的代码如下。

```
public override int Area(int x,int y)
{
    语句块;
    return 整数类型的值;
}
```

在子类中重写父类中的方法后能改变方法体中的内容，但是方法的定义不能改变。

例 5-6　将上一节定义的 Person 类中的 Print 方法更改为虚拟的方法，分别用 Student 类和 Teacher 类继承 Person 类，并重写 Print 方法，打印出学生信息和教师信息。

为了减少重复的代码，在每个类中省略了属性部分的定义内容，仅保留 Print 方法部分的内容，读者可以参考前面相关类的代码。实现的代码如下。

```
class Person
{    public virtual void Print()
     {
         Console.WriteLine("编号:"+Id);
         Console.WriteLine("姓名:"+Name);
         Console.WriteLine("性别:"+Sex);
         Console.WriteLine("身份证号:"+Cardid);
         Console.WriteLine("联系方式:"+Tel);
     }
}
class Student:Person
```

```
 {
    public override void Print()
    {
      Console.WriteLine("编号:"+Id);
      Console.WriteLine("姓名:"+Name);
      Console.WriteLine("性别:"+Sex);
      Console.WriteLine("身份证号:"+Cardid);
      Console.WriteLine("联系方式:"+Tel);
      Console.WriteLine("专业:"+Major);
      Console.WriteLine("年级:"+Grade);
    }
 }
class Teacher:Person
 {
    public override void Print()
    {
      Console.WriteLine("编号:"+Id);
      Console.WriteLine("姓名:"+Name);
      Console.WriteLine("性别:"+Sex);
      Console.WriteLine("身份证号:"+Cardid);
      Console.WriteLine("联系方式:"+Tel);
      Console.WriteLine("专业:"+Major);
      Console.WriteLine("年级:"+Grade);
    }
 }
```

通过上面的代码即可完成对 Person 类中 Print 方法的重写，在重写后的 Print 方法中能直接调用在 Person 类中定义的成员。但读者会发现在 Person 类的 Print 中已经对 Person 中的相关属性编写了输出操作的代码，而每一个子类中又重复地编写了代码，造成代码的冗余，也没有体现出代码重用的特点。如果能在重写父类方法的同时直接使用父类中已经编写过的内容就会方便很多。在重写 Print 方法后仍然需要使用 base 关键字调用父类中的 Print 方法执行相应的操作。

例 5-7 改写例 5-6 中的 Student 和 Teacher 类中重写的 Print 方法，使用 base 关键字调用父类中的 Print 方法。

根据题目要求，更改后的代码如下。

```
class Student:Person
{
    public override void Print()
    {
        base.Print();
        Console.WriteLine("专业:"+Major);
        Console.WriteLine("年级:"+Grade);
    }
}
```

```
class Teacher:Person
    {
        public override void Print()
        {
            base.Print();
            Console.WriteLine("职称:"+Title);
            Console.WriteLine("工资号:"+WageNo);
        }
    }
```

从上面的代码可以看出继承给程序带来的好处，不仅减少了代码的冗余，还增强了程序的可读性。

方法隐藏和重写方法有区别吗？这是很多初学者常问的问题。观察以下代码，思考结果会是什么？

```
class A
    {
        public virtual void Print()
        {
            Console.WriteLine("A");
        }
    }
    class B :A
    {
        public new void Print()
        {
            Console.WriteLine("B");
        }
    }
    class C:A
    {
        public override void Print()
        {
            Console.WriteLine("C");
        }
    }
    class Program
    {
        static void Main(string[] args)
        {
            A a1=new B();
            a1.Print();
            A a2=new C();
            a2.Print();
        }
    }
```

执行上面的代码，效果如图 5-11 所示。

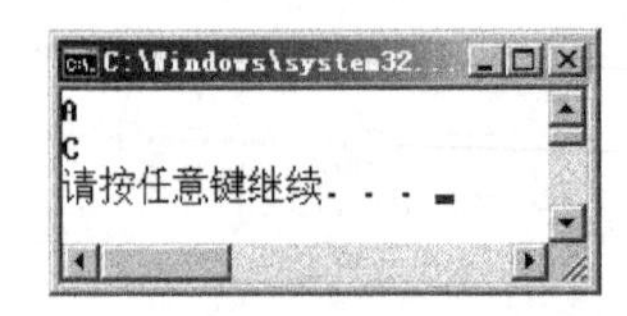

图 5-11　重写方法和方法隐藏的区别

从上面的执行效果可以看出，使用方法隐藏的方法调用的结果是父类 A 中 Print 方法中的内容，而使用方法重写的方法调用的结果是子类 C 中 Print 方法中的内容，因此方法隐藏相当于在子类中定义新方法，而方法重写则是重新定义父类中方法的内容。从上面的代码也可以看出，在“A a1=new B()”语句中 A 类是父类、B 类是子类，相当于将子类转换成父类，即隐式转换。如果需要将父类转换成子类，则需要强制转换，并且在强制转换前需要先将所需的子类转换成父类，示例代码如下。

```
A a2=new C();
C c=(C)a2;
c.Print();
```

在上面的实例中，a2 是父类对象，然后将其强制转换成 C 类对象。Object 类中的 ToString 方法能被类重写，并返回所需的字符串，通常将其用到类中返回类中属性的值。在 Student 类中添加重写的 ToString 方法，代码如下。

```
class Student
{       public string Major{get; set;}
        public string Grade{get; set;}
        public void Print()
        {
            Console.WriteLine("专业:"+Major);
            Console.WriteLine("年级:"+Grade);
        }
        public override string ToString()
        {
            return Major+","+Grade;
        }
    }
```

这样，在调用 Student 类中的 ToString 方法时即可获取专业和年级的值。此外，除了 ToString 方法，在类中也可以重写 Equals 方法、GetHashCode 方法。

5.1.5　abstract 关键字

视频讲解

abstract 关键字代表的是抽象的，使用该关键字能修饰类和方法，修饰的方法被称为抽象方法、修饰的类被称为抽象类。

抽象方法是一种不带方法体的方法，仅包含方法的定义，语法形式如下。

```
访问修饰符 abstract 方法返回值类型  方法名(参数列表);
```

其中，当 abstract 用于修饰方法时，也可以将 abstract 放到访问修饰符的前面。抽象方法定义后面的;符号是必须保留的。需要注意的是，抽象方法必须定义在抽象类中。

在定义抽象类时，若使用 abstract 修饰类，将其放到 class 关键字的前面，语法形式如下。

```
访问修饰符 abstract  class 类名
{
    //类成员
}
```

其中，abstract 关键字也可以放到访问修饰符的前面。在抽象类中可以定义抽象方法，也可以定义非抽象方法。通常抽象类会被其他类继承，并重写其中的抽象方法或者虚方法。此外，尽管在抽象类中仍然能定义构造器，但抽象类不能实例化，即不能使用如下语句。

```
new 抽象类的名称();
```

例 5-8　创建抽象类 ExamResult，并在类中定义数学（Math）、英语（English）成绩的属性，定义抽象方法计算总成绩。分别定义数学专业和英语专业的学生类继承抽象类 ExamResult，重写计算总成绩的方法并根据科目分数的不同权重计算总成绩。其中，数学专业的数学分数占 60%、英语分数占 40%；英语专业的数学分数占 40%、英语分数占 60%。

根据题目要求，代码如下。

```
abstract class ExamResult
  {
      //学号
      public int Id{get; set;}
      //数学成绩
      public double Math{get; set;}
      //英语成绩
      public double English{get; set;}
      //计算总成绩
      public abstract void Total();
  }
  class MathMajor : ExamResult
  {
      public override void Total()
      {
          double total=Math*0.6+English*0.4;
          Console.WriteLine("学号为"+Id+"数学专业学生的成绩为: "+total);
      }
  }
  class EnglishMajor: ExamResult
  {
      public override void Total()
      {
          double total=Math*0.4+English*0.6;
```

```
            Console.WriteLine("学号为"+Id+"英语专业学生的成绩为："+total);
        }
    }
```

在 Main 方法中分别创建 MathMajor 和 EnglishMajor 类的对象，并调用其中的 Total 方法，代码如下。

```
class Program
    {  static void Main(string[] args)
        {
            MathMajor mathMajor=new MathMajor();
            mathMajor.Id=1;
            mathMajor.English=80;
            mathMajor.Math=90;
            mathMajor.Total();
            EnglishMajor englishMajor=new EnglishMajor();
            englishMajor.Id=2;
            englishMajor.English=80;
            englishMajor.Math=90;
            englishMajor.Total();
        }
    }
```

执行上面的语句，代码如图 5-12 所示。

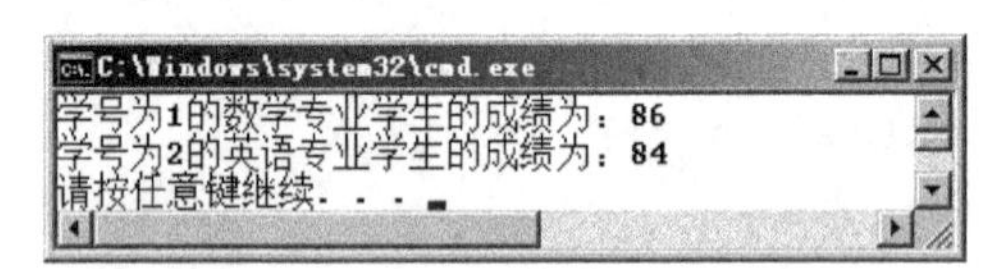

图 5-12　抽象类和抽象方法的应用

在实际应用中，子类仅能重写父类中的虚方法或者抽象方法，当不需要使用父类中方法的内容时，将其定义成抽象方法，否则将方法定义成虚方法。

5.1.6　sealed 关键字

视频讲解

sealed 关键字的含义是密封的，使用该关键字能修饰类或者类中的方法，修饰的类被称为密封类、修饰的方法被称为密封方法，但是密封方法必须出现在子类中，并且是子类重写的父类方法，即 sealed 关键字必须与 override 关键字一起使用。密封类不能被继承，密封方法不能被重写。在实际应用中，在发布的软件产品里有些类或方法不希望再被继承或重写，可以将其定义为密封类或密封方法。

例 **5-9**　创建一个计算面积的抽象类 AreaAbstract，并定义抽象方法计算面积。定义矩形类继承该抽象类，并重写抽象方法，将其定义为密封方法；定义圆类继承该抽象类，并重写抽象方法，将该类定义为密封类。

根据题目要求，代码如下。

```
abstract class AreaAbstract
{
    public abstract void Area();
}
class Rectangle : AreaAbstract
{
    public double Width{get; set;}
    public double Length{get; set;}
    public sealed override void Area()
    {
        Console.WriteLine("矩形的面积是："+Width*Length);
    }
}
sealed class Circle : AreaAbstract
{
    public double R{get; set;}
    public override void Area()
    {
        Console.WriteLine("圆的面积是："+R*R*3.14);
    }
}
```

在上面的实例中，Circle 类不能被继承，Rectangle 类中的 Area 方法不能被重写。

5.1.7　子类实例化的过程

视频讲解

在前面已经介绍了类的继承关系，但一直没有涉及的内容是类中的构造器，在继承关系中构造器之间究竟是什么关系呢？先看一下实例代码，然后观察运行结果。

```
class A
    {
        public A()
        {
            Console.WriteLine("A 类的构造器");
        }
    }
    class B : A
    {
        public B()
        {
            Console.WriteLine("B 类的构造器");
        }
    }
    class Program
```

```
    {
        static void Main(string[] args)
        {
            B b=new B();
        }
    }
```

执行上面的代码，效果如图 5-13 所示。

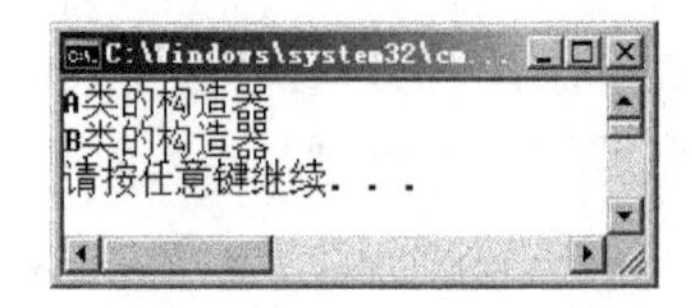

图 5-13　构造器的执行过程

从上面的执行效果可以看出，在创建子类的实例时，先执行父类 A 中的无参构造器，再执行子类 B 中的无参构造器。如果调用子类中带参数的构造器会发生什么呢？还会执行父类中的构造器吗？将上面实例中子类 B 的代码以及 Main 方法的代码更改为如下代码。

```
class B : A
    {
        public B()
        {
            Console.WriteLine("B类的构造器");
        }
        public B(string name)
        {
            Console.WriteLine("B类中带参数的构造器，传入的值为："+name);
        }
    }
class Program
    {
        static void Main(string[] args)
        {
            B b=new B("ok");
        }
    }
```

执行上面的代码，效果如图 5-14 所示。

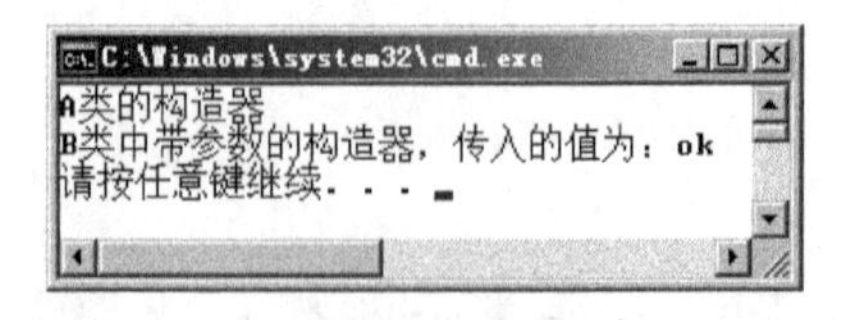

图 5-14　调用子类中带参数的构造器

从上面的执行效果可以看出，尽管在子类中调用了带参数的构造器，也会先调用其父类中的无参构造器。

如果需要在子类中调用父类的构造器应该怎么办呢？直接在构造器后面使用":base(参数)"的形式即可。默认情况下，在子类的构造器中都会自动调用父类的无参构造器，如果需要调用父类中带参数的构造器才使用":base(参数)"的形式。在父类 A 中添加一个带参数的构造器，代码如下。

```
class A
    {   public A()
        {
            Console.WriteLine("A类的构造器");
        }
        public A(string name)
        {
              Console.WriteLine("A类的构造器,传入的值为: "+name);
        }
    }
class B : A
    {
        public B()
        {
            Console.WriteLine("B类的构造器");
        }
        public B(string name):base(name)     //调用父类中带参数的构造器
        {
            Console.WriteLine("B类中带参数的构造器, 传入的值为: "+name);
        }
    }
```

Main 方法中的内容不变，执行效果如图 5-15 所示。

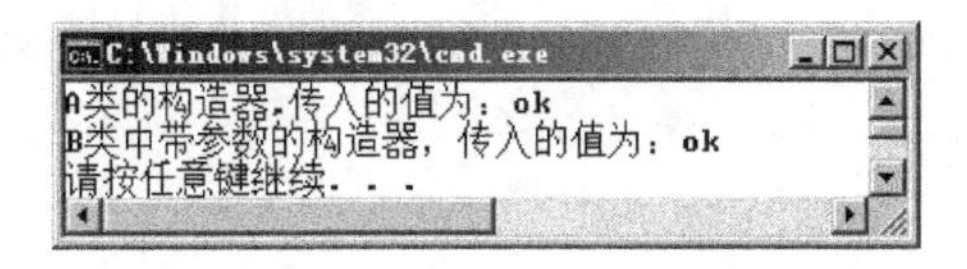

图 5-15　在子类中调用父类的构造器

从上面的执行效果可以看出，通过在子类的构造器中使用":base(参数)"的方式即可调用父类带参数的构造器，实际上这也是子类和父类中构造器的一种继承关系表示。

需要注意的是，如果在父类中没有无参构造器，必须在子类的构造器中继承父类的构造器，否则程序无法成功编译。

5.1.8　使用继承实现多态

视频讲解

使用继承实现多态，实际上是指子类在继承父类后，重写了父类的虚方法或抽象方法，在创建父类的对象指向每一个子类的时候，根据调用的不同子类中重写的方法产生了不同的执行效果。总而言之，使用继承实现多态必须满足以下两个条件。

（1）子类在继承父类时必须有重写的父类的方法。

（2）在调用重写的方法时，必须创建父类的对象指向子类（即子类转换成父类）。在C#语言中多态称为运行时多态，也就是在程序运行时自动让父类的实例调用子类中重写的方法，它并不是在程序编译阶段完成的。

例5-10 根据不同层次（本科生、研究生）的学生打印出不同的专业要求。

根据题目要求，创建专业信息的抽象类（Major），并在其中定义学号（Id）、姓名（Name），以及打印专业要求的抽象方法（Requirement）。分别使用本科生和研究生类继承专业信息类，并重写其中的打印专业要求的方法。实现的代码如下。

```
abstract class Major
    {
        public int Id { get; set; }
        public string Name { get; set; }
        public abstract void Requirement();
    }
    class Undergraduate : Major
    {
        public override void Requirement()
        {
            Console.WriteLine("本科生学制 4 年，必须修满 48 学分");
        }
    }
    class Graduate : Major
    {
        public override void Requirement()
        {
            Console.WriteLine("研究生学制 3 年，必须修满 32 学分");
        }
    }
    class Program
    {
        static void Main(string[] args)
        {
            Major major1=new Undergraduate();
            major1.Id=1;
            major1.Name="张晓";
            Console.WriteLine("本科生信息：");
            Console.WriteLine("学号:"+major1.Id+"姓名:"+major1.Name);
            major1.Requirement();
            Major major2=new Graduate();
            major2.Id=2;
            major2.Name="李明";
```

```
            Console.WriteLine("研究生信息: ");
            Console.WriteLine("学号:"+major2.Id+"姓名:"+major2.Name);
            major2.Requirement();
        }
    }
```

执行上面的代码，效果如图 5-16 所示。

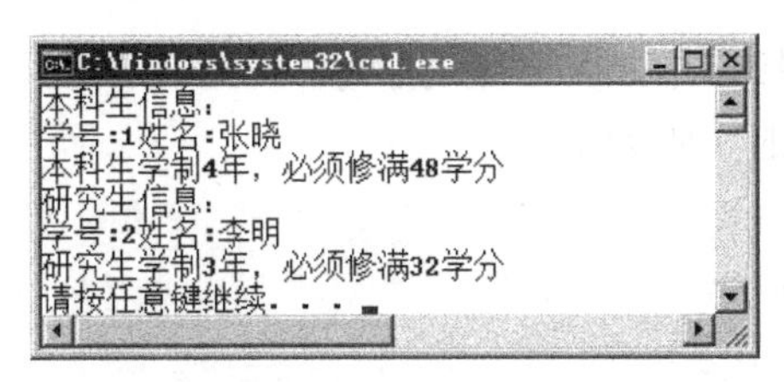

图 5-16　使用继承实现多态应用样式

从上面的执行效果可以看出，创建父类的实例指向了不同的子类，在程序运行时会自动调用子类中重写后的方法内容，显示出本科生和研究生的要求信息。

5.2　接口

在日常生活中，手机、笔记本电脑、平板电脑等电子产品提供了不同类型的接口用于充电或者连接不同的设备。不同类型接口的标准不一样，例如电压、尺寸等。在 C#语言中，接口也会定义一种标准，如果需要使用接口，必须满足接口中所定义的内容。本节将介绍接口的定义及其使用。

5.2.1　接口的定义

视频讲解

在 C#语言中，类之间的继承关系仅支持单重继承，而接口是为了实现多重继承关系设计的。一个类能同时实现多个接口，还能在实现接口的同时再继承其他类，并且接口之间也可以继承。

无论是表示类之间的继承还是类实现接口、接口之间的继承，都使用:来表示。接口定义的语法形式如下。

```
interface 接口名称
{
    接口成员;
}
```

其中：

- 接口名称：通常是以 I 开头，再加上其他的单词构成。例如创建一个计算的接口，可以命名为 ICompute。
- 接口成员：接口中定义的成员与类中定义的成员类似，但接口中定义的成员必须满足以下要求。

① 接口中的成员不允许使用 public、private、protected、internal 访问修饰符。

② 接口中的成员不允许使用 static、virtual、abstract、sealed 修饰符。

③ 在接口中不能定义字段。

④ 在接口中定义的方法不能包含方法体。

例 5-11 创建一个接口计算学生成绩的接口 ICompute，并在接口中分别定义计算总成绩、平均成绩的方法。

根据题目要求，在该接口中定义学生的学号、姓名的属性，并定义计算成绩的总分和平均分的方法。定义接口的代码如下。

```
interface ICompute
  {
      int Id{get; set;}
      string Name{get; set;}
       void Total();
       void Avg();
  }
```

通过上面的代码即可完成一个接口的定义，但是由于接口中的方法并没有具体的内容，直接调用接口中的方法没有任何意义，在 C#语言中规定不能直接创建接口的实例，只能通过类实现接口中的方法，关于接口的实现将在下一节中详细介绍。

5.2.2 接口的实现

视频讲解

所谓接口的实现，实际上和类之间的继承是一样的，也是重写了接口中的方法，让其有了具体的实现内容。但需要注意的是，在类实现一个接口时必须将接口中的所有成员都实现，否则该类必须声明为抽象类，并将接口中未实现的成员以抽象方式实现。实现接口的具体语法形式如下。

```
class 类名:接口名
{
   //类中的成员以及实现接口中的成员
}
```

以抽象方式实现接口中的成员是指将接口中未实现的成员定义为抽象成员，示例代码如下。

```
interface ITest
{
   string name{get;set;}
   void Print();
}
abstract class Test: ITest
{
   public abstract string name{ get;set;}
   public abstract void Print();
```

```
    }
```

从上面的代码可以看出，在实现类 Test 中将未实现的属性和方法分别定义为抽象属性和抽象方法，并将实现类定义为抽象类。这是一种特殊的实现方式，在实际应用中通常是将接口中的所有成员全部实现。

在实现接口的成员时有两种方式，一种是隐式实现接口成员，一种是显式实现接口成员。在实际应用中隐式实现接口的方式比较常用，由于在接口中定义的成员默认是 public 类型的，隐式实现接口成员是将接口的所有成员以 public 访问修饰符修饰。

显式实现接口是指在实现接口时所实现的成员名称前含有接口名称作为前缀，需要注意的是使用显式实现接口的成员不能再使用修饰符修饰，即 public、abstract、virtual、override 等。

在编程中隐式实现接口与显式实现接口的区别将通过例 5-12 来演示。

例 5-12　将例 5-11 中定义的接口分别使用隐式和显式方式实现。

根据题目要求，首先使用隐式方式来实现接口 ICompute 的成员，以计算机专业的学生类（ComputerMajor）实现 ICompute 接口，为其添加英语（English）、编程（Programming）、数据库（Database）学科成绩属性，代码如下。

```
class ComputerMajor : ICompute
    {
        public int Id{get; set;}                    //隐式实现接口中的属性
        public string Name{get; set;}               //隐式实现接口中的属性
        public double English{get; set;}
        public double Programming{get; set;}
        public double Database{get; set; }
        public void Avg()                           //隐式实现接口中的方法
        {
            double avg=(English+Programming+Database)/3;
            Console.WriteLine("平均分为: "+avg);
        }
        public void Total()                         //隐式实现接口中的方法
        {
            double sum=English+Programming+Database;
            Console.WriteLine("总分为: "+sum);
        }
    }
```

从上面的代码可以看出，所有接口中的成员在实现类 ComputerMajor 中都被 public 修饰符修饰。在 Main 方法中调用该实现类的成员，代码如下。

```
class Program
    {
        static void Main(string[] args)
        {
            ComputerMajor computerMajor=new ComputerMajor();
            computerMajor.Id=1;
```

```
            computerMajor.Name="李明";
            computerMajor.English=80;
            computerMajor.Programming=90;
            computerMajor.Database=85;
            Console.WriteLine("学号: "+computerMajor.Id);
            Console.WriteLine("姓名: "+computerMajor.Name);
            Console.WriteLine("成绩信息如下: ");
            computerMajor.Total();
            computerMajor.Avg();
        }
    }
```

执行上面的代码，效果如图 5-17 所示。

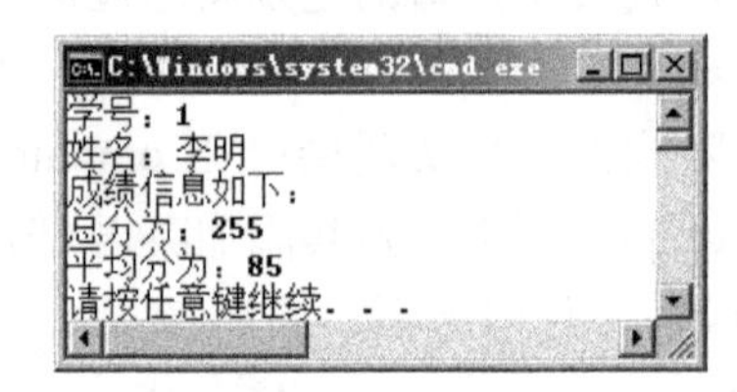

图 5-17　使用隐式方式实现的接口成员

使用显式方式来实现接口成员的代码如下。

```
class ComputerMajor : ICompute
    {
        public double English{get; set;}
        public double Programming{get; set;}
        public double Database{get; set;}
        int ICompute.Id{get; set;}              //显式实现接口中的属性
        string ICompute.Name{get; set;}         //显式实现接口中的属性
        void ICompute.Total()                   //显式实现接口中的方法
        {
            double sum=English+Programming+Database;
            Console.WriteLine("总分为: " + sum);
        }
        void ICompute.Avg()                     //显式实现接口中的方法
        {
            double avg=(English+Programming+Database)/3;
            Console.WriteLine("平均分为: "+avg);
        }
    }
```

从上面的代码可以看出，在使用显式方式实现接口中的成员时，所有成员都会加上接口名称 ICompute 作为前缀，并且不加任何修饰符。在 Main 方法中调用实现类中的成员，代码如下。

```
class Program
```

```
        {
            static void Main(string[] args)
            {
                ComputerMajor computerMajor=new ComputerMajor();
                ICompute computer=computerMajor;        //创建接口的实例
                computer.Id=1;
                computer.Name="李明";
                computerMajor.English=80;
                computerMajor.Programming=90;
                computerMajor.Database=85;
                Console.WriteLine("学号: "+computer.Id);
                Console.WriteLine("姓名: "+computer.Name);
                Console.WriteLine("成绩信息如下: ");
                computer.Total();
                computer.Avg();
            }
        }
```

执行上面的代码，效果与图 5-17 一致。从调用的代码可以看出，在调用显式方式实现接口的成员时，必须使用接口的实例来调用，而不能使用实现类的实例来调用。与类之间的继承类似，实现类的实例也可以隐式转换为其所实现接口的接口类型。

接口与抽象类的区别：

（1）在接口中仅能定义成员，但不能有具体的实现；抽象类除了抽象成员以外，其他成员允许有具体的实现。

（2）在接口中不能声明字段，并且不能声明任何私有成员，成员不能包含任何修饰符；在抽象类中能声明任意成员，并能使用任何修饰符来修饰。

（3）接口能使用类或者结构体来继承，但抽象类仅能使用类继承。

（4）在使用类来实现接口时，必须隐式或显式地实现接口中的所有成员，否则需要将实现类定义为抽象类，并将接口中未实现的成员以抽象的方式实现；在使用类来继承抽象类时允许实现全部或部分成员，但仅实现其中的部分成员，其实现类必须也定义为抽象类。

（5）一个接口允许继承多个接口，一个类只能有一个父类。

5.2.3　使用接口实现多态

视频讲解

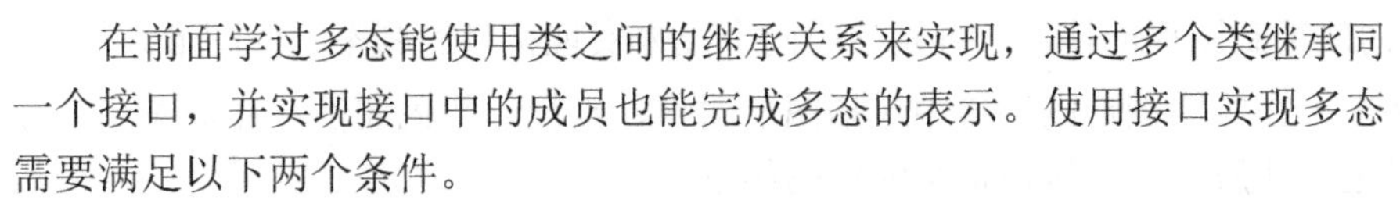

在前面学过多态能使用类之间的继承关系来实现，通过多个类继承同一个接口，并实现接口中的成员也能完成多态的表示。使用接口实现多态需要满足以下两个条件。

（1）定义接口并使用类实现了接口中的成员。

（2）创建接口的实例指向不同的实现类对象。

假设接口名称为 ITest，分别定义两个实现类来实现接口的成员，示例代码如下。

```
interface ITest
{
```

```
    void methodA();
}
class Test1:ITest
{
    public void methodA()
    {
        Console.WriteLine("Test1 类中的 methodA 方法");
    }
}
class Test2:ITest
{
    public void methodA()
    {
        Console.WriteLine("Test2 类中的 methodA 方法");

    }
}
```

使用多态的方式调用实现类中的方法，Main 方法中的代码如下。

```
class Program
{
static void Main(string[] args)
{
ITest test1=new Test1();    //创建接口的实例 test1 指向实现类 Test1 的对象
test1.methodA();
ITest test2=new Test2();    //创建接口的实例 test2 指向实现类 Test2 的对象
test2.methodA();
}
}
```

执行上面的代码，效果如下。

```
Test1 类中的 methodA 方法
Test2 类中的 methodA 方法
```

从上面的执行效果可以看出，使用不同类实现同一接口的方法输出的内容各不相同，这就是使用接口的方式实现多态的方法。

例 5-13 创建绘制图形的接口，分别使用两个类来实现接口绘制不同的图形。

根据题目要求，在绘制图形的接口中包括图形面积、坐标、颜色属性，并编写一个方法输出图形的描述，即属性值。接口定义的代码如下。

```
interface IShape
 {
    double Area{get;}    //计算面积的属性，不提供 set 访问器
    double X{get; set;}
    double Y{get; set;}
```

```
        string Color{get; set;}
      void Draw();
  }
```

下面分别使用矩形类（Rectangle）和圆类（Circle）实现该接口，并实现接口中的所有成员，代码如下。

```
  class Rectangle : IShape
      {
          //为矩形的长和宽赋值
          public Rectangle(double length,double width)
          {
              this.Length=length;
              this.Width=width;
          }
          public double Length{get; set;} //定义长方形的长度
          public double Width{get; set;}  //定义长方形的宽度
          public double Area
          {
              get
              {
                  return Length*Width;       //计算长方形的面积
              }
          }
          public string Color{get; set;}
          public double X{get; set;}
          public double Y{get; set;}
          public void Draw()
          {
            Console.WriteLine("绘制图形如下：");
      Console.WriteLine("在坐标为{0},{1}的位置绘制面积为{2}颜色为{3}的矩形", X,
      Y, Area, Color);
          }
      }
    class Circle : IShape
      {
          //为圆的半径赋值
          public Circle(double radius)
          {
              this.Radius=radius;
          }
          public double Radius{get; set;}
          public double Area
          {
              get
              {
```

```
                return Radius*Radius*3.14;
            }
        }
        public string Color{get; set;}
        public double X{get; set;}
        public double Y{get; set;}
        public void Draw()
        {
            Console.WriteLine("绘制图形如下：");
            Console.WriteLine("在坐标为{0},{1}的位置绘制面积为{2}颜色为{3}的圆
            形", X, Y, Area, Color);
        }
    }
```

在 Main 方法中分别调用实现类中的属性和方法，代码如下。

```
class Program
    {
        static void Main(string[] args)
        {
            IShape shape1=new Rectangle(10,20);
            shape1.X=100;
            shape1.Y=200;
            shape1.Color="红色";
            shape1.Draw();
            IShape shape2=new Circle(10);
            shape2.X=300;
            shape2.Y=500;
            shape2.Color="蓝色";
            shape2.Draw();
        }
    }
```

执行上面的代码，效果如图 5-18 所示。

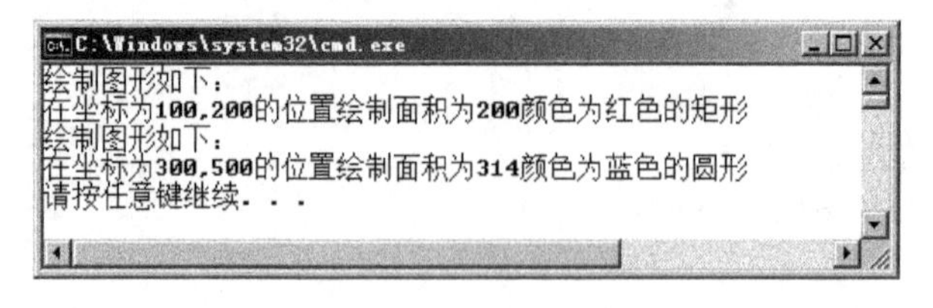

图 5-18　使用接口实现多态

在该实例中，接口的每个实现类中都设置了带参数的构造方法为实现类中新增加的属性赋值，这样在创建实现类的实例时即可为相应的属性赋值。如果不使用构造方法为实现类中新增加的属性赋值，则需要先创建实现类的实例，并对其新增加的属性赋值，再将实现类的实例赋给接口的实例。与“IShape shape1 = new Rectangle(10,20);”等效的代码如下。

```
Rectangle rectangle=new Rectangle();
rectangle. Length=10;
rectangle.Width=20;
IShape shape1=rectangle;
```

为了简化代码，在接口的实现类中定义了新的属性，通常是通过实现类的构造方法为属性赋值的。

5.3 本章小结

通过本章的学习，读者能掌握面向对象中继承和多态的概念以及实现的方法；掌握 Object 类的使用，以及 new、virtual、abstract、sealed 关键字的使用，掌握子类实例化的过程，并能使用继承实现多态编程；掌握接口的定义与实现的方法，并能使用接口实现多态编程。

5.4 本章习题

❶ 填空题

（1）实现多态的两种方式分别是________________________________。

（2）定义抽象类的关键字是______________________________。

（3）当一个类使用 sealed 关键字修饰时表示该类______继承。

（4）在继承关系中实例化子类时需要先实例化____________类的构造方法。

（5）接口中的方法______________方法体。

习题答案

❷ 简答题

（1）简述抽象类和接口的区别。

（2）简述 sealed 关键字的用法。

（3）简述虚方法和抽象方法的区别。

（4）如何实现多态？

第6章

集合与泛型

数组是一种指定长度和数据类型的对象，在实际应用中有一定的局限性。集合正是为这种局限性而生的，集合的长度能根据需要更改，也允许存放任何数据类型的值。此外，为了避免集合中的元素在转换时出现异常的情况，C#语言提供了泛型集合来规范集合中的数据类型。泛型不仅可以在集合中使用，也可以定义泛型方法和泛型类等。

本章的主要知识点如下：

- 集合的定义
- 使用 ArrayList 类
- 使用 Queue 类和 Stack 类
- 使用 Hashtable 类和 SortedList 类
- 泛型的作用
- 使用泛型方法和泛型类
- 使用泛型集合

6.1 集合

本节将介绍 C#语言中的集合类所在的命名空间 System.Collection，以及常用集合类的使用，包括 ArrayList、队列（Queue）、栈（Stack）以及 Hashtable、SortedList 集合等。

6.1.1 集合的概述

视频讲解

集合与数组比较类似，都用于存放一组值，但集合中提供了特定的方法能直接操作集合中的数据，并提供了不同的集合类来实现特定的功能。所有集合类或与集合相关的接口命名空间都是 System.Collections，在该命名空间中提供的常用接口如表 6-1 所示。

表 6-1　集合中的常用接口

接 口 名 称	作　用
IEnumerable	用于迭代集合中的项，该接口是一种声明式的接口
IEnumerator	用于迭代集合中的项，该接口是一种实现式的接口
ICollection	.NET 提供的标准集合接口，所有的集合类都会直接或间接地实现这个接口
IList	继承自 IEnumerable 和 ICollection 接口，用于提供集合的项列表，并允许访问、查找集合中的项
IDictionary	继承自 IEnumerable 和 ICollection 接口，与 IList 接口提供的功能类似，但集合中的项是以键值对的形式存取的
IDictionaryEnumerator	用于迭代 IDictionary 接口类型的集合

针对表 6-1 中的接口有一些常用的接口实现类，如表 6-2 所示。

表 6-2　集合中的常用的实现类

类 名 称	实 现 接 口	特　点
ArrayList	ICollection、IList、IEnumerable、ICloneable	集合中元素的个数是可变的，提供添加、删除等方法
Queue	ICollection、IEnumerable、ICloneable	集合实现了先进先出的机制，即元素将在集合的尾部添加、在集合的头部移除
Stack	ICollection、IEnumerable、ICloneable	集合实现了先进后出的机制，即元素将在集合的尾部添加、在集合的尾部移除
Hashtable	IDictionary、ICollection、IEnumerable、ICloneable 等接口	集合中的元素是以键值对的形式存放的，是 DictionaryEntry 类型的
SortedList	IDictionary、ICollection、IEnumerable、ICloneable 等接口	与 Hashtable 集合类似，集合中的元素以键值对的形式存放，不同的是该集合会按照 key 值自动对集合中的元素排序

6.1.2　ArrayList 类

视频讲解

ArrayList 类是一个最常用的集合类，与数组的操作方法也是最类似的。但 ArrayList 类中所提供的属性和方法能更容易地操作集合中的元素，并且其容量也能根据需要自动扩展。

创建 ArrayList 类的对象需要使用该类的构造方法，如表 6-3 所示。

表 6-3　ArrayList 类中的构造方法

构 造 方 法	作　用
ArrayList()	创建 ArrayList 的实例，集合的容量是默认初始容量
ArrayList(ICollection c)	创建 ArrayList 的实例，该实例包含从指定实例中复制的元素，并且初始容量与复制的元素个数相同
ArrayList(int capacity)	创建 ArrayList 的实例，并设置其初始容量

下面分别使用 ArrayList 类的构造器创建 ArrayList 实例，代码如下。

```
ArrayList list1=new ArrayList();
ArrayList list2=new ArrayList(list1);
ArrayList list3=new ArrayList(20);
```

在创建 ArrayList 类的实例后，集合中还未存放值。在 C#语言中提供了集合初始化器，允许在创建集合实例时向集合中添加元素，代码如下。

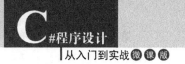

```
ArrayList list4= new ArrayList(){1,3,3,4};
```

在{}中的值即集合中存入的值。集合与数组一样也能使用 foreach 语句遍历元素。由于在集合中存放的值允许是任意类型，能使用 var 关键字来定义任意类型的变量。遍历 list4 集合中的数据的代码如下。

```
foreach(var v in list4)
{
   Console.WriteLine(v);
}
```

执行上面的代码，即可将集合 list4 中的元素输出。在 ArrayList 类中提供了很多属性和方法供开发人员调用，以便简化更多的操作。ArrayList 类中常用的属性和方法如表 6-4 所示。

表 6-4　ArrayList 类中常用的属性和方法

属性或方法	作　用
int Add(object value)	向集合中添加 object 类型的元素，返回元素在集合中的下标
void AddRange(ICollection c)	向集合中添加另一个集合 c
Capacity	属性，用于获取或设置集合中可以包含的元素个数
void Clear()	从集合中移除所有元素
bool Contains(object item)	判断集合中是否含有 item 元素，若含有该元素则返回 True，否则返回 False
void CopyTo(Array array)	从目标数组 array 的第 0 个位置开始，将整个集合中的元素复制到类型兼容的数组 array 中
void CopyTo(Array array,int arrayIndex)	从目标数组 array 的指定索引 arrayIndex 处，将整个集合中的元素赋值到类型兼容的数组 array 中
void CopyTo(int index,Array array,int arrayIndex,int count)	从目标数组 array 的指定索引 arrayIndex 处，将集合中从指定索引 index 开始的 count 个元素复制到类型兼容的数组 array 中
Count	属性，用于获取集合中实际含有的元素个数
int IndexOf(object value)	返回 value 值在集合中第一次出现的位置
int IndexOf(object value,int startIndex)	返回 value 值在集合的 startIndex 位置开始第一次出现的位置
int IndexOf(object value,int startIndex,int count)	返回 value 值在集合的 startIndex 位置开始 count 个元素中第一次出现的位置
int LastIndexOf(object value)	返回 value 值在集合中最后一次出现的位置
int LastIndexOf(object value,int startIndex)	返回 value 值在集合的 startIndex 位置开始最后一次出现的位置
int LastIndexOf(object value,int startIndex,int count)	返回 value 值在集合的 startIndex 位置开始 count 个元素中最后一次出现的位置
void Insert(int index,object value)	向集合中的指定索引 index 处插入元素 value
void InsertRange(int index,ICollection c)	向集合中的指定索引 index 处插入一个集合
void Remove(object obj)	将指定元素 obj 从集合中移除
void RemoveAt(int index)	移除集合中指定位置 index 处的元素
void RemoveRange(int index,int count)	移除集合中从指定位置 index 处的 count 个元素

续表

属性或方法	作　用
void Reverse()	将集合中的元素顺序反转
void Reverse(int index,int count)	将集合中从指定位置 index 处的 count 个元素反转
void Sort()	将集合中的元素排序，默认从小到大排序
void Sort(IComparer comparer)	将集合中的元素按照比较器 comparer 的方式排序
void Sort(int index,int count,IComparer comparer)	将集合中的元素从指定位置 index 处的 count 个元素按照比较器 comparer 的方式排序
void TrimToSize()	将集合的大小设置为集合中元素的实际个数

下面通过实例来演示 ArrayList 类中属性和方法的使用。

例 6-1 定义 ArrayList 集合，在集合中存入任意值，完成如下操作。

（1）查找集合中是否含有 abc 元素。

（2）将集合中元素下标是偶数的元素添加到另一个集合中。

（3）在集合中第一个元素的后面任意插入 3 个元素。

（4）将集合中的元素使用 Sort 方法排序后输出。

题目（1）的要求是查找集合中的元素，使用 IndexOf 或者 LastIndexOf 都可以，代码如下。

```
class Program
    {
        static void Main(string[] args)
        {
            ArrayList list=new ArrayList() { "aaa", "bbb", "abc", 123, 456 };
            int index=list.IndexOf("abc");
            if(index!=-1)
            {
                Console.WriteLine("集合中存在 abc 元素！");
            }
            else
            {
                Console.WriteLine("集合中不存在 abc 元素！");
            }
        }
    }
```

执行上面的代码，效果如图 6-1 所示。

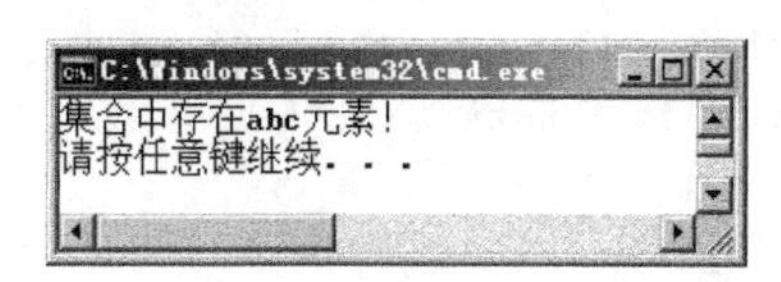

图 6-1　查找集合中是否含有 abc 元素

题目（2）的要求是将集合中下标为偶数的元素添加到另一个集合中，由于集合中共有 5 个元素，则所添加元素的下标分别为 0、2、4。向集合中添加元素使用 Add 方法即可，代码如下。

```
class Program
    {
        static void Main(string[] args)
        {
            ArrayList list=new ArrayList() { "aaa", "bbb", "abc", 123, 456 };
            ArrayList newList=new ArrayList();
            for(int i=0;i<list.Count;i=i+2)
            {
                newList.Add(list[i]);
            }
            foreach(var v in newList)
            {
                Console.WriteLine(v);
            }
        }
    }
```

执行上面的代码，效果如图 6-2 所示。

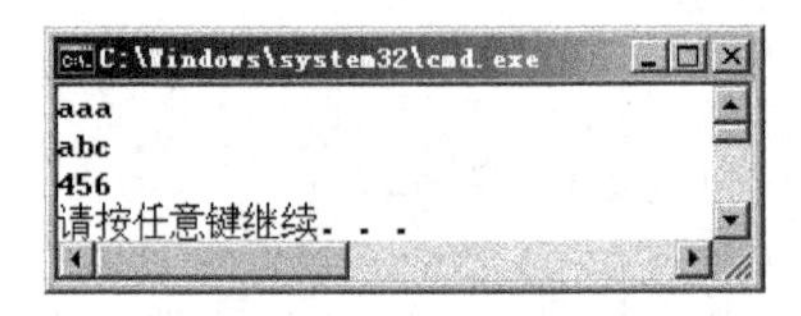

图 6-2　向集合中添加元素

从上面的执行效果可以看出，newList 集合中的元素是 list 集合中下标为偶数的元素。

题目（3）要求的是在集合中的第一个元素后面添加元素，使用 Insert 方法每次只能添加一个元素，但使用 InsertRange 方法能直接将一个集合插入到另一个集合中。在本例中使用的是 InsertRange 方法，代码如下。

```
class Program
    {
        static void Main(string[] args)
        {
            ArrayList list=new ArrayList(){"aaa", "bbb", "abc", 123, 456};
            ArrayList insertList=new ArrayList(){"A", "B", "C"};
            list.InsertRange(1, insertList);
            foreach(var v in list)
            {
                Console.WriteLine(v);
            }
        }
    }
```

执行上面的代码，效果如图 6-3 所示。

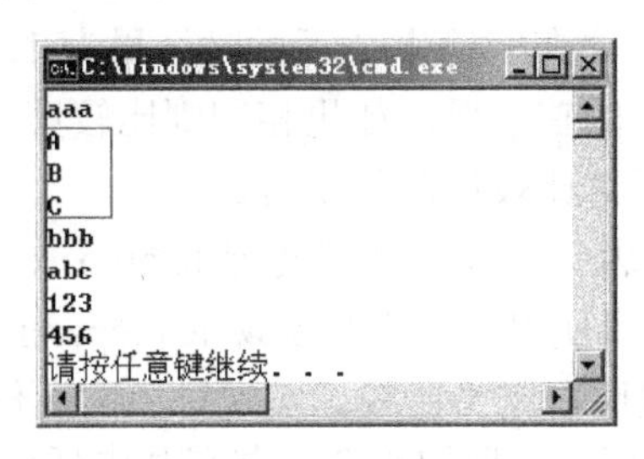

图 6-3　向集合中的指定位置插入元素

从上面的执行效果可以看出，已经在原有集合 list 中的第一个元素后面加入了 3 个元素。

题目（4）要求将集合中的元素使用 Sort 方法排序后输出，如果使用 Sort 方法对集合中的元素排序，则需要将集合中的元素转换为同一类型才能比较，否则会出现无法比较的异常。这里创建一个 ArrayList，并在其中存入字符串类型的值，再使用 Sort 方法排序，代码如下。

```
class Program
    {
        static void Main(string[] args)
        {
            ArrayList list=new ArrayList(){"aaa", "bbb", "abc"};
            list.Sort();
            foreach(var v in list)
            {
                Console.WriteLine(v);
            }
        }
    }
```

执行上面的代码，效果如图 6-4 所示。

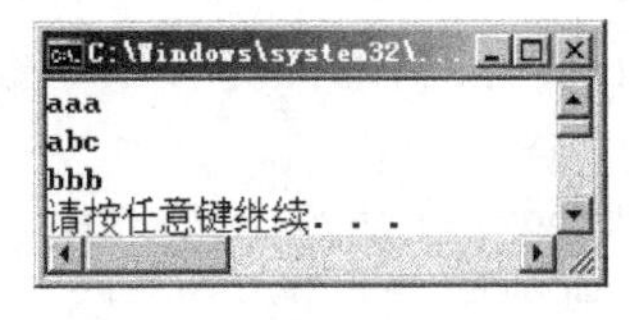

图 6-4　对集合中的元素排序

从上面的执行效果可以看出，Sort 方法将集合中的元素按照字母的 ASCII 码从小到大排序，相当于字母的顺序。如果需要将所得到的值按照从大到小的顺序排序，则可以在使用过 Sort 方法后再使用 Reverse 方法将元素倒置。

字符串类型的值不能直接使用大于、小于的方式比较，要使用字符串的 CompareTo 方法，该方法的返回值是 int 类型，语法形式如下。

```
字符串 1.CompareTo(字符串 2)
```

当字符串 1 与字符串 2 相等时结果为 0；当字符串 1 的字符顺序在字符串 2 前面时结果为-1；当字符串 1 的字符顺序在字符串 2 后面时结果为 1。在由多个字符组成的字符串中，首先比较的是两个字符串的首字母，如果相同则比较第二个字符，依此类推，如果两个字符串的首字母不同，则不再比较后面的字符。

在表 6-4 列出的 Sort 方法中，Sort 方法能传递 IComparer 类型的参数，IComparer 类型的参数是自定义的比较器，要求使用一个类来实现 IComparer 接口，并实现其中的 Compare 方法。下面通过例 6-2 来完成用自定义比较器实现排序的操作。

例 6-2 定义一个 ArrayList 类型的集合，并在其中任意存放 5 个值，使用 Sort 方法完成排序并输出结果。

根据题目要求，由于没有在集合中指定统一的数据类型，需要用自定义比较器来完成排序，自定义比较器类 MyCompare，代码如下。

```
class MyCompare : IComparer
    {
        public int Compare(object x, object y)
        {
            string str1=x.ToString();
            string str2=y.ToString();
            return str1.CompareTo(str2);
        }
    }
```

在上面的代码中，对于 Compare 方法，当比较的两个值 x 和 y 相等时返回 0，当 x>y 时返回值大于 0，当 x<y 时返回值小于 0。由于 CompareTo 方法的返回值与 Compare 方法的返回值的计算方法相同，因此，直接返回 CompareTo 的比较结果即可满足对两个值从小到大的比较操作，如果需要返回的是从大到小的比较结果，则只需要将比较的两个值调换顺序即可，即“return str2.CompareTo(str1);”。

在 ArrayList 集合中使用带自定义比较器的 Sort 方法，代码如下。

```
class Program
    {
        static void Main(string[] args)
        {
            ArrayList list=new ArrayList(){"a", "b", "c", 1, 2};
            MyCompare myCompare=new MyCompare();  //创建自定义比较器的实例
            list.Sort(myCompare);
            foreach(var v in list)
            {
                Console.WriteLine(v);
            }
        }
    }
```

执行上面的代码，效果如图 6-5 所示。

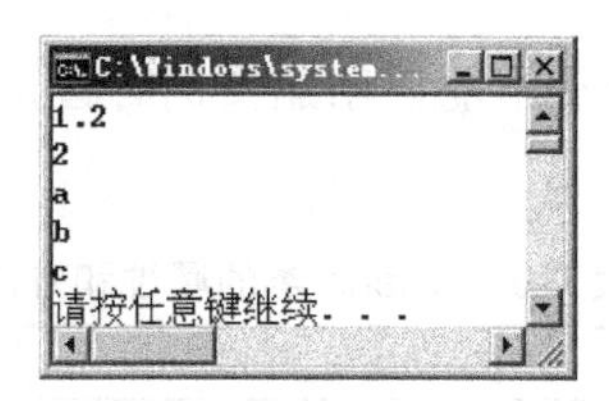

图 6-5　使用带自定义比较器的 Sort 方法

从上面的执行效果可以看出，虽然在 ArrayList 集合中存放了不同类型的值，但通过在自定义比较器中将所有的值转换为字符串类型并进行比较，使用 Sort 方法即可完成排序操作。

6.1.3　Queue 类和 Stack 类

视频讲解

Queue（队列）和 Stack（栈）是常见的数据结构，队列是一种先进先出的结构，即元素从队列尾部插入，从队列的头部移除，类似于日常生活中的站队，先到先得的效果。集合中的 Queue 类模拟了队列操作，提供了队列中常用的属性和方法。栈是一种先进后出的结构，即元素从栈的尾部插入，从栈的尾部移除，类似于日常生活中搬家的时候装车，先装上车的东西要后拿下来。集合中的 Stack 类模拟了栈操作，提供了栈中常用的属性和方法。

❶ Queue 类的操作

Queue 类提供了 4 个构造方法，如表 6-5 所示。

表 6-5　Queue 类的构造方法

构 造 方 法	作　　用
Queue ()	创建 Queue 的实例，集合的容量是默认初始容量 32 个元素，使用默认的增长因子
Queue (ICollection col)	创建 Queue 的实例，该实例包含从指定实例中复制的元素，并且初始容量与复制的元素个数、增长因子相同
Queue (int capacity)	创建 Queue 的实例，并设置其指定的元素个数，默认增长因子
Queue(int capacity, float growFactor)	创建 Queue 的实例，并设置其指定的元素个数和增长因子

增长因子是指当需要扩大容量时，以当前的容量（capacity）值乘以增长因子（growFactor）的值来自动增加容量。

下面使用表 6-5 中的构造方法来创建 Queue 的实例，代码如下。

```
//第 1 种构造器
Queue queue1=new Queue();
//第 2 种构造器
Queue queue2=new Queue(queue1);
//第 3 种构造器
Queue queue3=new Queue(30);
//第 4 种构造器
Queue queue4=new Queue(30,2);
```

与 ArrayList 类不同，Queue 类不能在创建实例时直接添加值。Queue 类中常用的属性和方法如表 6-6 所示。

表 6-6　Queue 类的属性和方法

属性或方法	作　用
Count	属性，获取 Queue 实例中包含的元素个数
void Clear()	清除 Queue 实例中的元素
bool Contains(object obj)	判断 Queue 实例中是否含有 obj 元素
void CopyTo(Array array, int index)	将 array 数组从指定索引处的元素开始复制到 Queue 实例中
object Dequeue()	移除并返回位于 Queue 实例开始处的对象
void Enqueue(object obj)	将对象添加到 Queue 实例的结尾处
object Peek()	返回位于 Queue 实例开始处的对象但不将其移除
object[] ToArray()	将 Queue 实例中的元素复制到新数组
void TrimToSize()	将容量设置为 Queue 实例中元素的实际数目
IEnumerator GetEnumerator()	返回循环访问 Queue 实例的枚举数

下面通过实例来演示 Queue 类的使用。

例 6-3　创建 Queue 类的实例，模拟排队购电影票的操作。

根据题目要求，先向队列中加入 3 个元素，然后再依次购票。实现代码如下。

```
class Program
    {
        static void Main(string[] args)
        {
            Queue queue=new Queue();
            //向队列中加入 3 位购票人
            queue.Enqueue("小张");
            queue.Enqueue("小李");
            queue.Enqueue("小刘");
            Console.WriteLine("购票开始：");
            //当队列中没有人时购票结束
            while (queue.Count!=0)
            {
                Console.WriteLine(queue.Dequeue()+"已购票！");
            }
            Console.WriteLine("购票结束!");
        }
    }
```

执行上面的代码，效果如图 6-6 所示。

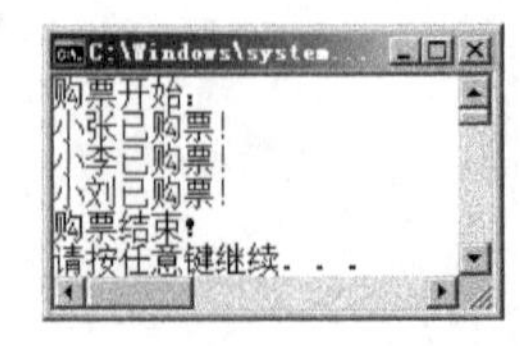

图 6-6　Queue 类的使用

从上面的执行效果可以看出，在从队列中取值时与存入队列中的值顺序是相同的。

例 6-4 向 Queue 类的实例中添加 3 个值，在不移除队列中元素的前提下将队列中的元素依次输出。

根据题目要求，可以使用 ToArray()方法将 Queue 类的实例中存放的值复制到数组后再遍历数组。实现的代码如下。

```
class Program
    {
        static void Main(string[] args)
        {
            Queue queue=new Queue();
            queue.Enqueue("aaa");
            queue.Enqueue("bbb");
            queue.Enqueue("ccc");
            object[] obj=queue.ToArray();
            foreach(var v in obj)
            {
                Console.WriteLine(v);
            }
        }
    }
```

执行上面的代码，效果如图 6-7 所示。

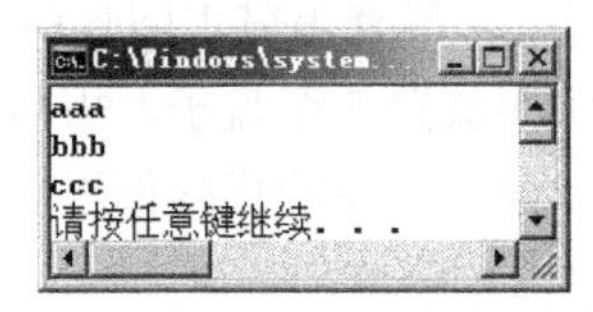

图 6-7 使用 ToArray()方法

除了使用 ToArray()方法以外，还可以使用 GetEnumerator()方法来遍历，实现的代码如下。

```
class Program
  {
      static void Main(string[] args)
      {
          Queue queue=new Queue();
          queue.Enqueue("aaa");
          queue.Enqueue("bbb");
          queue.Enqueue("ccc");
          IEnumerator enumerator=queue.GetEnumerator();
          while (enumerator.MoveNext())
          {
              Console.WriteLine(enumerator.Current);
          }
```

```
    }
}
```

执行上面的代码，效果与图 6-7 所示的效果相同。在实际应用中，用户可以自由选择上面两种方法。

❷ Stack 类的操作

Stack 类提供了 3 种构造方法，如表 6-7 所示。

表 6-7　Stack 类的构造方法

构造方法	作　用
Stack ()	使用初始容量创建 Stack 的对象
Stack (ICollection col)	创建 Stack 的实例，该实例包含从指定实例中复制的元素，并且初始容量与复制的元素个数、增长因子相同
Stack (int capacity)	创建 Stack 的实例，并设置其初始容量

Stack 类中的常用属性和方法如表 6-8 所示，这里仅列出与其他集合中不同的方法。

表 6-8　Stack 类的属性和方法

属性或方法	作　用
Push(object obj)	向栈中添加元素，也称入栈
object Peek()	用于获取栈顶元素的值，但不移除栈顶元素的值
object Pop()	用于返回栈顶元素的值，并移除栈顶元素

下面通过实例来演示 Stack 类的使用。

例 6-5　创建一个栈（Stack），模拟餐馆盘子的存取。

根据题目要求，先在栈中按顺序放置 5 个盘子，再将所有盘子取出，取盘子时应先取最上面的盘子，与栈的存取原理一致。具体的代码如下。

```
class Program
    {
        static void Main(string[] args)
        {
            Stack stack=new Stack();
            //向栈中存放元素
            stack.Push("1 号盘子");
            stack.Push("2 号盘子");
            stack.Push("3 号盘子");
            stack.Push("4 号盘子");
            stack.Push("5 号盘子");
            Console.WriteLine("取出盘子：");
            //判断栈中是否有元素
            while(stack.Count!=0)
            {
                //取出栈中的元素
                Console.WriteLine(stack.Pop());
            }
```

```
        }
    }
```

执行上面的代码，效果如图 6-8 所示。

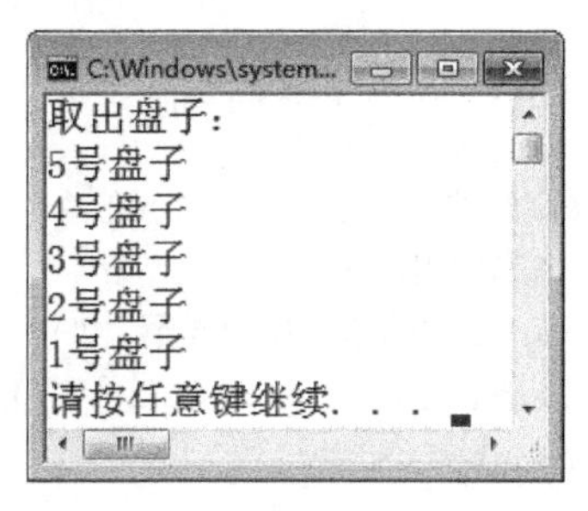

图 6-8　Stack 类的使用

从上面的执行效果可以看出，通过 Stack 类提供的 Pop 方法可以依次从栈顶取出栈中的每一个元素。

6.1.4　Hashtable 类和 SortedList 类

视频讲解

Hashtable 类和 SortedList 类都实现了 IDictionary 接口，集合中的值都是以键值对的形式存取的。下面分别介绍 Hashtable 类和 SortedList 类的使用。

❶ Hashtable 类

Hashtable 称为哈希表，也称为散列表，在该集合中使用键值对（key/value）的形式存放值。换句话说，在 Hashtable 中存放了两个数组，一个数组用于存放 key 值，一个数组用于存放 value 值。此外，还提供了根据集合中元素的 key 值查找其对应的 value 值的方法。Hashtable 类提供的构造方法有很多，最常用的是不含参数的构造方法，即通过如下代码来实例化 Hashtable 类。

```
Hashtable 对象名=new Hashtable();
```

Hashtable 类中常用的属性和方法如表 6-9 所示。

表 6-9　Hashtable 类的属性和方法

属性或方法	作　　用
Count	集合中存放的元素的实际个数
void Add(object key,object value)	向集合中添加元素
void Remove(object key)	根据指定的 key 值移除对应的集合元素
void Clear()	清空集合
ContainsKey(object key)	判断集合中是否包含指定 key 值的元素
ContainsValue(object value)	判断集合中是否包含指定 value 值的元素

下面通过实例演示 Hashtable 类的使用。

例 6-6　使用 Hashtable 集合实现图书信息的添加、查找以及遍历的操作。

根据题目要求，先向 Hashtable 集合中添加 3 个值，再根据所输入的 key 值查找图书名称，最后遍历所有的图书信息，代码如下。

```
class Program
    {
        static void Main(string[] args)
        {
            Hashtable ht=new Hashtable();
            ht.Add(1, "计算机基础");
            ht.Add(2, "C#高级编程");
            ht.Add(3, "数据库应用");
            Console.WriteLine("请输入图书编号：");
            int id=int.Parse(Console.ReadLine());
            bool flag=ht.ContainsKey(id);
            if (flag)
            {
                Console.WriteLine("您查找的图书名称为：{0}", ht[id].ToString());
            }
            else
            {
                Console.WriteLine("您查找的图书编号不存在！");
            }
            Console.WriteLine("所有的图书信息如下：");
            foreach (DictionaryEntry d in ht)
            {
                int key=(int)d.Key;
                string value=d.Value.ToString();
                Console.WriteLine("图书编号：{0}，图书名称：{1}", key, value);
            }
        }
    }
```

执行上面的代码，效果如图 6-9 所示。

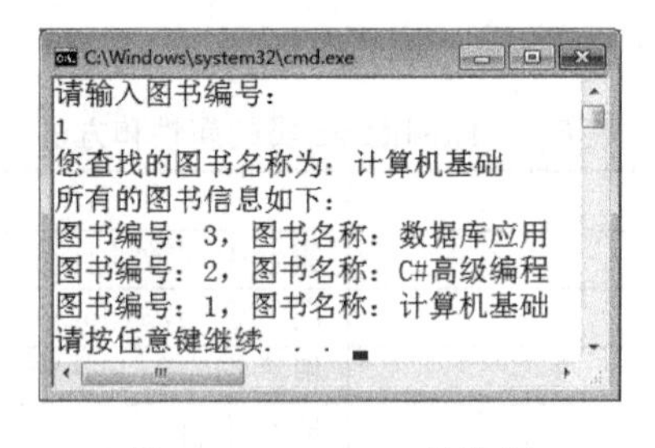

图 6-9　Hashtable 的使用

从上面的执行效果可以看出，在使用 Hashtable 时能同时存放 key/value 的键值对，由于 key 值是唯一的，因此可以根据指定的 key 值查找 value 值。

❷ SortedList

SortedList 称为有序列表，按照 key 值对集合中的元素排序。SortedList 集合中所使用的属性和方法与 Hashtable 比较类似，这里不再赘述。下面通过实例来演示 SortedList 集合的使用。

例 6-7　使用 SortedList 实现挂号信息的添加、查找以及遍历操作。

根据题目要求，向 SortedList 集合中添加 3 位挂号信息（挂号编号、姓名），并根据患者编号查找患者姓名，遍历所有的挂号信息。具体的代码如下。

```
class Program
    {
        static void Main(string[] args)
        {
            SortedList sortList=new SortedList();
            sortList.Add(1, "小张");
            sortList.Add(2, "小李");
            sortList.Add(3, "小刘");
            Console.WriteLine("请输入挂号编号: ");
            int id=int.Parse(Console.ReadLine());
            bool flag=sortList.ContainsKey(id);
            if(flag)
            {
                string name=sortList[id].ToString();
                Console.WriteLine("您查找的患者姓名为: {0}", name);
            }
            else
            {
                Console.WriteLine("您查找的挂号编号不存在! ");
            }
            Console.WriteLine("所有的挂号信息如下: ");
            foreach (DictionaryEntry d in sortList)
            {
                int key=(int)d.Key;
                string value=d.Value.ToString();
                Console.WriteLine("挂号编号:{0},姓名:{1}", key, value);
            }
        }
    }
```

执行上面的代码，效果如图 6-10 所示。

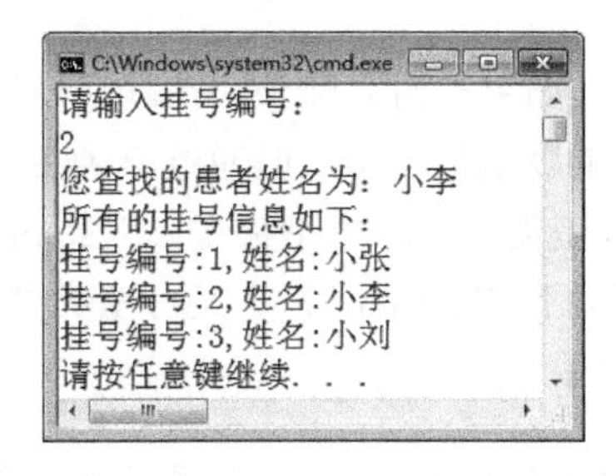

图 6-10　SortedList 的使用

从上面的执行效果可以看出，SortedList 集合中的元素是按 key 值的顺序排序的。

6.2 泛型

泛型是在 System.Collections.Generic 命名空间中的，用于约束类或方法中的参数类型，泛型的应用非常广泛，包括方法、类以及集合等。本节将介绍泛型的概念以及它在类、方法、集合中的应用。

6.2.1 了解泛型

视频讲解

在前面已经介绍了类和方法的定义，那么泛型究竟有什么作用呢？在上一节中介绍了集合，集合中的项允许是 object 类型的值，因此可以存放任意类型的值。例如，在 ArrayList 中以 double 类型存入学生考试成绩，但存入值时并没有做验证，存入了其他数据类型的值，代码如下。

```
ArrayList arrayList=new ArrayList();
arrayList.Add(100);
arrayList.Add("abc");
arrayList.Add(85.5);
```

在输出集合中的元素时，如果使用 double 类型来遍历集合中的元素，代码如下。

```
foreach (int d in arrayList)
{
  Console.WriteLine(d);
}
```

执行上面的代码，由于在集合中存放的并不全是 double 类型的值，因此会出现 System.InvalidCastException 异常，即指定的转换无效。为了避免类似的情况产生，将集合中元素的类型都指定为 double 类型，不能在集合中输入其他类型的值，这种设置方式即为泛型的一种应用。

6.2.2 可空类型

视频讲解

对于引用类型的变量来说，如果未对其赋值，在默认情况下是 Null 值；对于值类型的变量，如果未赋值，整型变量的默认值为 0，但通过 0 判断该变量是否赋值了是不太准确的。在 C#语言中提供了一种泛型类型（即可空类型（System.Nullable<T>））来解决值类型的变量在未赋值的情况下允许为 Null 的情况。定义可空类型变量的语法形式如下。

```
System.Nullable<T> 变量名;
```

这里，Nullable 所在的命名空间 System 在 C#类文件中默认是直接引入的，因此可以省略 System，直接使用 Nullable 即可；T 代表任意类型，例如定义一个存放 int 类型值的变量，代码如下。

```
Nullable<int> a;
```

这样，可以将变量 a 的值设置为 Null。即：

```
Nullable<int> a=Null;
```

除了使用上面的方法定义可空类型变量以外，还可以通过如下语句定义一个 int 类型的可空类型变量。

```
int?a
```

从上面的定义可以看出，int?等同于 Nullable<int>。

此外，在使用可空类型时也可以通过 HasValue 属性判断变量值是否为 Null 值。下面通过实例来演示可空类型的应用。

例 6-8 分别创建一个 int 的可空类型变量和 double 的可空类型变量，并使用 HasValue 属性判断其值是否为空。

根据题目要求，代码如下。

```
class Program
    {
        static void Main(string[] args)
        {
            int? i=null;
            double? d=3.14;
            if (i.HasValue)
            {
                Console.WriteLine("i 的值为{0}",i);
            }
            else
            {
                Console.WriteLine("i 的值为空!");
            }
            if(d.HasValue)
            {
                Console.WriteLine("d 的值为{0}", d);
            }
            else
            {
                Console.WriteLine("d 的值为空! ");
            }
        }
    }
```

执行上面的代码，效果如图 6-11 所示。

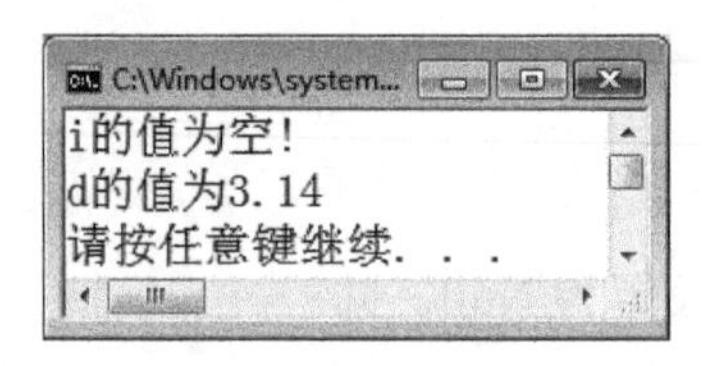

图 6-11　可空类型的使用

从上面的执行效果可以看出，可空类型允许将值类型变量的值设置为 Null，并可以通过 HasValue 属性判断其是否为 Null 值。

6.2.3　泛型方法

视频讲解

所谓泛型方法是指通过泛型来约束方法中的参数类型，也可以理解为对数据类型设置了参数。如果没有泛型，每次方法中的参数类型都是固定的，不能随意更改。在使用泛型后，方法中的数据类型则有指定的泛型来约束，即可以根据提供的泛型来传递不同类型的参数。定义泛型方法需要在方法名和参数列表之间加上<>，并在其中使用 T 来代表参数类型。当然，也可以使用其他的标识符来代替参数类型，但通常都使用 T 来表示。下面通过实例来演示泛型方法的使用。

例 6-9　创建泛型方法，实现对两个数的求和运算。

根据题目要求，代码如下。

```
class Program
    {
        //加法运算
        private static void Add<T>(T a,T b)
        {
            double sum = double.Parse(a.ToString())+double.Parse(b.ToString());
            Console.WriteLine(sum);
        }
        static void Main(string[] args)
        {
            //将 T 设置为 double 类型
            Add<double>(3.3, 4);
            //将 T 设置为 int 类型
            Add<int>(3, 4);
        }
    }
```

执行上面的代码，效果如图 6-12 所示。

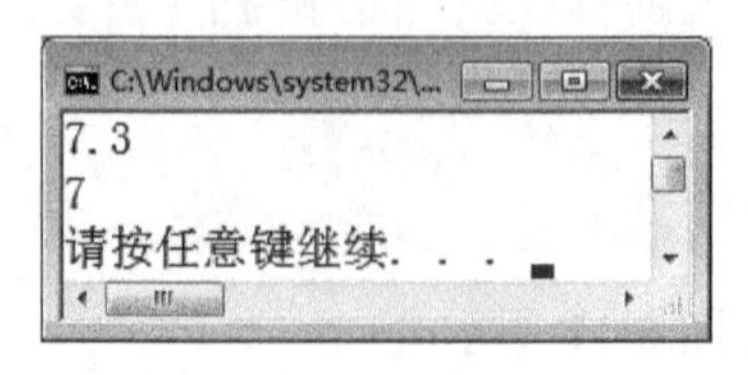

图 6-12　泛型方法的使用

从上面的执行效果可以看出，在调用 Add 方法时能指定不同的参数类型执行加法运算。如果在调用 Add 方法时，没有按照<T>中规定的类型传递参数，则会出现编译错误，这样就可以尽量避免程序在运行时出现异常。

6.2.4　泛型类

视频讲解

泛型类的定义与泛型方法类似，是在泛型类的名称后面加上<T>，当然，也可以定义多个类型，即“<T1,T2,…>”。具体的定义形式如下。

```
class 类名<T1,T2,…>
{
   //类的成员
}
```

这样，在类的成员中即可使用 T1、T2 等类型来定义。

下面通过实例来演示泛型类的使用。

例 6-10　定义泛型类，并在泛型类中定义数组，提供添加和显示数组中全部元素的方法。

根据题目要求，代码如下。

```
class MyTest<T>
    {
       private T[] items=new T[3];
       private int index=0;
        //向数组中添加项
       public void Add(T t)
       {
           if (index<3)
           {
               items[index]=t;
               index++;
           }
           else
           {
               Console.WriteLine("数组已满! ");
           }
       }
        //读取数组中的全部项
       public void Show()
       {
           foreach (T t in items)
           {
               Console.WriteLine(t);
           }
       }
```

```
    }
```

在 Main 方法中调用 MyTest 类中的方法，代码如下。

```
class Program
    {
        static void Main(string[] args)
        {
            MyTest<int> test=new MyTest<int>();
            test.Add(10);
            test.Add(20);
            test.Add(30);
            test.Show();
        }
    }
```

执行上面的代码，效果如图 6-13 所示。

图 6-13　泛型类的使用

从上面的执行效果可以看出，根据泛型类中指定的数据类型创建数组，并实现了对数组元素的添加和显示。

6.2.5　泛型集合

视频讲解

泛型集合是泛型中最常见的应用，主要用于约束集合中存放的元素。由于在集合中能存放任意类型的值，在取值时经常会遇到数据类型转换异常的情况，因此推荐在定义集合时使用泛型集合。前面已经介绍了非泛型集合，非泛型集合中的 ArrayList、Hashtable 在泛型集合中分别使用 List<T>和 Dictionary<K,V>来表示，其他泛型集合均与非泛型集合一致。下面以 List<T>和 Dictionary<K,V>为例介绍泛型集合的使用。

例 6-11　使用泛型集合 List<T>实现对学生信息的添加和遍历。

根据题目要求，将学生信息定义为一个类，并在该类中定义学号、姓名、年龄属性。在泛型集合 List<T>中添加学生信息类的对象，并遍历该集合。实现的代码如下。

```
class Student
    {
        //提供有参构造方法，为属性赋值
        public Student(int id,string name,int age)
        {
            this.id=id;
```

```
            this.name=name;
            this.age=age;
        }
        //学号
        public int id{get; set;}
        //姓名
        public string name{get; set;}
        //年龄
        public int age{get; set;}
        //重写 ToString 方法
        public override string ToString()
        {
            return id+":"+name+":"+age;
        }
    }
class Program
    {
        static void Main(string[] args)
        {
            //定义泛型集合
            List<Student> list=new List<Student>();
            //向集合中存入 3 名学生信息
            list.Add(new Student(1,"章兴",20));
            list.Add(new Student(2,"王明明",21));
            list.Add(new Student(3,"赵芳芳",22));
            //遍历集合中的元素
            foreach(Student stu in list)
            {
                Console.WriteLine(stu);
            }
        }
    }
```

执行上面的代码，效果如图 6-14 所示。

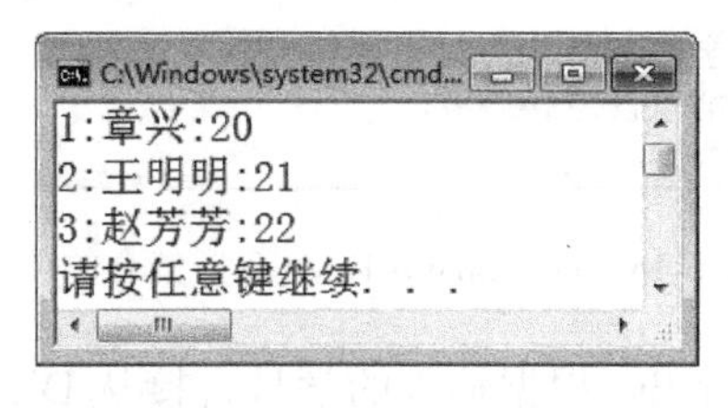

图 6-14　List<T>泛型集合的使用

从上面的执行效果可以看出，在该泛型集合中存放的是 Student 类的对象，当从集合中取出元素时并不需要将集合中元素的类型转换为 Student 类的类型，而是直接遍历集合中的元素即可，这也是泛型集合的一个特点。

例6-12 使用泛型集合 Dictionary<K,V>实现学生信息的添加，并能够按照学号查询学生信息。

根据题目要求，将在例 6-11 中所创建学生信息类的对象作为 Dictionary<K,V>集合中的 value 值部分，key 值部分使用学生信息类中的学号，这样能很容易地通过学号查询学生的信息。实现的代码如下。

```
class Program
    {
        static void Main(string[] args)
        {
            Dictionary<int, Student> dictionary=new Dictionary<int, Student>();
            Student stu1=new Student(1,"章兴",20);
            Student stu2=new Student(2,"王明明", 21);
            Student stu3=new Student(3,"赵芳芳", 22);
            dictionary.Add(stu1.id, stu1);
            dictionary.Add(stu2.id, stu2);
            dictionary.Add(stu3.id, stu3);
            Console.WriteLine("请输入学号: ");
            int id=int.Parse(Console.ReadLine());
            if (dictionary.ContainsKey(id))
            {
                Console.WriteLine("学生信息为: {0}",dictionary[id]);
            }
            else
            {
                Console.WriteLine("您查找的学号不存在! ");
            }
        }
    }
```

执行上面的代码，效果如图 6-15 所示。

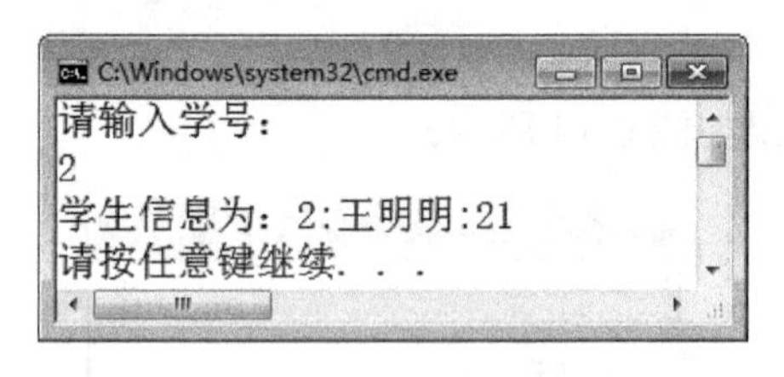

图 6-15 Dictionary<K,V>泛型集合的使用

从上面的执行效果可以看出，根据输入的学号直接从 Dictionary<int,Student>泛型集合中查询出所对应的学生信息，并且在输出学生信息时不需要进行类型转换，直接输出其对应的 Student 类的对象值即可。

除了前面介绍的 List<T>和 Dictionary<K,V>泛型集合以外，其他的 Stack、Queue 以及 SortedList 的泛型集合的使用方法与之类似，有兴趣的读者可以尝试使用。

6.2.6　集合中比较器的使用

视频讲解

在 C#语言中提供了 IComparer 和 IComparable 接口比较集合中的对象值，主要用于对集合中的元素排序。IComparer 接口用于在一个单独的类中实现，用于比较任意两个对象；IComparable 接口用于在要比较的对象的类中实现，可以比较任意两个对象。在比较器中还提供了泛型接口的表示形式，即 IComparer<T>和 IComparable<T>的形式。对于 IComparer<T>接口，方法如表 6-10 所示。

表 6-10　IComparable<T>接口中的方法

方　　法	作　　用
CompareTo(T obj)	比较两个对象值

如果需要对集合中的元素排序，通常使用 CompareTo 方法实现，下面通过实例来演示 CompareTo 方法的使用。

例 6-13　在例 6-11 的基础上将学生信息按照年龄从大到小输出。

根据题目要求，如果不使用比较器，由于集合中的元素是 Student 类型的，不能直接排序，需要按照 Student 学生信息类中的年龄属性排序，因此代码比较烦琐。使用 CompareTo 方法实现比较简单。在 Student 类中添加 CompareTo 方法，代码如下。

```
class Student : IComparable<Student>
    {
        //提供有参构造方法，为属性赋值
        public Student(int id, string name, int age)
        {
            this.id=id;
            this.name=name;
            this.age=age;
        }
        //学号
        public int id{get; set;}
        //姓名
        public string name{get; set;}
        //年龄
        public int age{get; set;}
        public override string ToString()
        {
            return id+":"+name+":"+age;
        }
        //定义比较方法，按照学生的年龄比较
        public int CompareTo(Student other)
```

```
        {
            if (this.age>other.age)
            {
                return -1;
            }
            return 1;
        }
    }
```

在 Main 方法中创建泛型集合，并向集合中添加项以及进行排序的代码如下。

```
class Program
    {
        static void Main(string[] args)
        {
            List<Student> list=new List<Student>();
            list.Add(new Student(1,"章兴",20));
            list.Add(new Student(2,"王明明",21));
            list.Add(new Student(3,"赵芳芳",22));
            list.Sort();
            foreach(Student stu in list)
            {
                Console.WriteLine(stu);
            }
        }
    }
```

执行上面的代码，效果如图 6-16 所示。

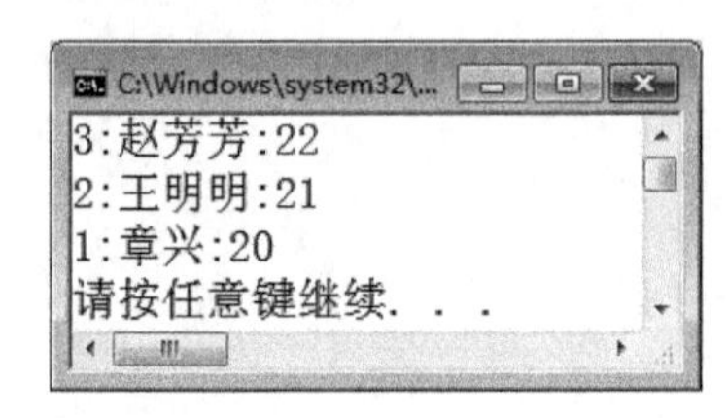

图 6-16　IComparable<T>接口中的 CompareTo 方法的使用

从上面的执行效果可以看出，在使用集合的 Sort 方法后，集合中的元素是按照学生年龄从大到小的顺序输出的。在默认情况下，Sort 方法是将集合中的元素从小到大输出的，由于在 Student 类中重写了 CompareTo 方法，因此会按照预先定义好的排序规则对学生信息排序。需要说明的是，在 CompareTo 方法中返回值大于 0 则表示第一个对象的值大于第二个对象的值，返回值小于 0 则表示第一个对象的值小于第二个对象的值，返回值等于 0 则表示两个对象的值相等。

对于例 6-13 中的操作也可以使用 IComparer<T>接口来实现，IComparer<T>接口中的方法如表 6-11 所示。

表 6-11　IComparer<T>接口中的方法

方　法	作　用
Compare(T obj1,T obj2)	比较两个对象值

在使用 IComparer<T>接口中的 Compare 方法时，需要单独定义一个类来实现该比较方法。下面通过实例演示 IComparer<T>接口的使用。

例 6-14　将例 6-13 改用 IComparer<T>接口实现。

根据题目要求，先定义一个比较器的类，再实现对集合中元素的排序，代码如下。

```
class MyCompare:IComparer<Student>
  {
      //比较方法
      public int Compare(Student x, Student y)
      {
          if(x.age>y.age)
          {
              return -1;
          }
          return 1;
      }
  }
```

在 Main 方法中应用该比较器对集合中的元素排序，代码如下。

```
class Program
  {
      static void Main(string[] args)
      {
          List<Student> list=new List<Student>();
          list.Add(new Student(1,"章兴",20));
          list.Add(new Student(2,"王明明",21));
          list.Add(new Student(3,"赵芳芳",22));
          //在 Sort 方法中传递自定义比较器作为参数
          list.Sort(new MyCompare());
          foreach(Student stu in list)
          {
              Console.WriteLine(stu);
          }
      }
  }
```

执行上面的代码，效果与图 6-16 所示的一致。

从上面两个实例可以看出，不论使用 IComparer<T>接口还是 IComparable<T>接口都能自定义在集合中使用 Sort 方法时的排序，在实际应用中读者可以根据实际情况选择所需的比较器接口。此外，不仅在泛型集合中允许使用比较器，在非泛型集合中也允许使用比较器，并且可以使用非泛型接口的比较器。

6.3 本章小结

通过本章的学习，读者能掌握集合和泛型的概念以及常用的操作，并能根据实际情况选择不同的集合类型。在集合部分主要介绍了 ArrayList 集合、Queue 集合、Stack 集合、Hashtable 集合以及 SortedList 集合；在泛型部分主要介绍了泛型的作用，还介绍了泛型的主要应用，包括可空类型、泛型方法、泛型类以及泛型集合的使用。此外还介绍了在集合中排序时需要用到的比较器的概念，并以实例的方式演示了泛型接口比较器的实现以及应用。

6.4 本章习题

❶ 填空题

（1）Queue 集合的特点是______________________________。

（2）Stack 集合的特点是______________________________。

（3）可空类型的定义是______________________________。

（4）对应集合 Hashtable 的泛型集合是______________________。

（5）在 ArrayList 集合中对其元素进行排序的方法是______________。

习题答案

❷ 简答题

（1）简述集合与数组的区别。

（2）简述 Hashtable 与 SortedList 的区别。

（3）简述可空类型的作用。

（4）简述泛型集合的作用。

（5）简述泛型方法如何定义？

❸ 编程题

（1）使用 Queue 集合模拟排队买票的操作。

（2）使用 Hashtable 集合实现根据商品编号查询商品信息的操作。

（3）使用泛型集合 List<T>实现产品信息按照价格从小到大排序。

第7章

文件和流

在前面操作变量和常量时这些值都是存放到内存中的，当程序运行结束后使用的数据全部被删除。若需要长久保存应用程序中的数据，可以选用文件或数据库来存储。文件通常存放到计算机磁盘上的指定位置，可以是记事本、Word 文档、图片等形式。在 C#语言中提供了相应的类用于直接在程序中实现对文件的创建、移动、读写等操作。

本章的主要知识点如下：

- 查看计算机驱动器的信息
- 创建文件
- 移动和删除文件
- 读取文件中的数据
- 向文件中写入数据

7.1 文件操作

文件操作类在 System.IO 命名空间中，包括 DriveInfo 类、Directory 类、DirectoryInfo 类、File 类、FileInfo 类、Path 类等。其中，DriveInfo 类用于查看计算机驱动器的信息；Directory 类提供了静态方法操作计算机的文件目录；DirectoryInfo 类提供了实例方法操作计算机的文件目录；File 类提供了静态方法操作具体的文件；FileInfo 类提供了实例方法操作具体的文件；Path 类是一个静态类，用于验证文件路径、文件名等字符串类型的值。本节将分别介绍以上文件操作类的使用。

7.1.1 查看计算机驱动器信息

视频讲解

查看计算机驱动器信息主要包括查看磁盘的空间、磁盘的文件格式、磁盘的卷标等，这些操作可以通过 DriveInfo 类来实现。DriveInfo 类是一个密封类，即不能被继承，其仅提供了一个构造方法，语法形式如下。

```
DriveInfo(string driveName)
```

其中，dirveName 参数是指有效驱动器路径或驱动器号，Null 值是无效的。创建 DriveInfo 类的实例的代码如下。

```
DriveInfo driveInfo=new DriveInfo("C");
```

上面的代码创建了磁盘的盘符是 C 的驱动器实例，通过该实例能获取该盘符下的信息，包括磁盘的名称、磁盘的格式等。DriveInfo 类中的常用属和方法如表 7-1 所示。

表 7-1　DriveInfo 类中的常用属性和方法

属性或方法	作　用
AvailableFreeSpace	只读属性，获取驱动器上的可用空闲空间量（以字节为单位）
DriveFormat	只读属性，获取文件系统格式的名称，例如 NTFS 或 FAT32
DriveType	只读属性，获取驱动器的类型，例如 CD-ROM、可移动驱动器、网络驱动器或固定驱动器
IsReady	只读属性，获取一个指示驱动器是否已准备好的值，True 为准备好了，False 为未准备好
Name	只读属性，获取驱动器的名称，例如 C:\
RootDirectory	只读属性，获取驱动器的根目录
TotalFreeSpace	只读属性，获取驱动器上的可用空闲空间总量（以字节为单位）
TotalSize	只读属性，获取驱动器上存储空间的总大小（以字节为单位）
VolumeLabel	属性，获取或设置驱动器的卷标
DriveInfo[] GetDrives()	静态方法，检索计算机上所有逻辑驱动器的驱动器名称

下面通过实例来演练 DriveInfo 类的使用。

例 7-1　获取 D 盘中的驱动器类型、名称、文件系统名称、可用空间以及总空间大小。

根据题目要求，代码如下。

```
class Program
    {
        static void Main(string[] args)
        {
            DriveInfo driveInfo=new DriveInfo("D");
            Console.WriteLine("驱动器的名称: "+driveInfo.Name);
            Console.WriteLine("驱动器类型:"+driveInfo.DriveType);
            Console.WriteLine("驱动器的文件格式:"+driveInfo.DriveFormat);
            Console.WriteLine("驱动器中可用空间大小: " + driveInfo.TotalFreeSpace);
            Console.WriteLine("驱动器总大小:"+driveInfo.TotalSize);
        }
    }
```

执行上面的代码，效果如图 7-1 所示。

驱动器类型中的 Fixed 值代表的本地磁盘、驱动器中可用空间的大小和总大小的单位是字节(B)。如果需要对空间大小的单位进行转换，按照规则进行运算即可，即 1KB=1024B、

1MB=1024KB，1GB=1024MB。

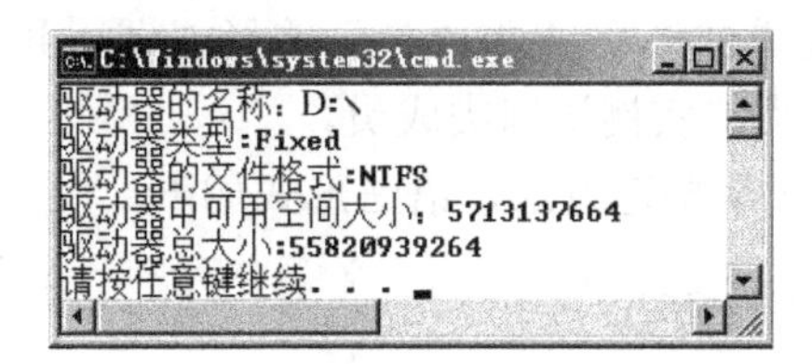

图 7-1　查看驱动器 D 中的信息

例 7-2　获取计算机中所有驱动器的名称和文件格式。

根据题目要求，需要使用 GetDrives 方法获取所有驱动器，代码如下。

```
class Program
    {
        static void Main(string[] args)
        {
            DriveInfo[] driveInfo=DriveInfo.GetDrives();
            foreach(DriveInfo d in driveInfo)
            {
                if(d.IsReady)
                {
                Console.WriteLine("驱动器名称："+d.Name);
                Console.WriteLine("驱动器的文件格式："+d.DriveFormat);
                }
            }
        }
    }
```

执行上面的代码，效果如图 7-2 所示。

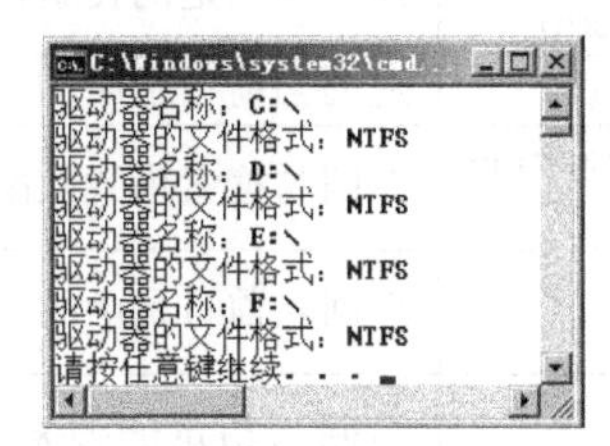

图 7-2　获取所有驱动器的名称和文件格式

从上面的执行效果可以看出，在当前计算机中共有 4 个可用磁盘，文件格式都是 NTFS。

7.1.2　操作文件夹

视频讲解

在 C#语言中操作文件和文件夹用到的类主要有 Directory 类、DirectoryInfo 类、File 类、FileInfo 类、Path 类，本节介绍 Directory 类和 DirectoryInfo 类。

Directory 类和 DirectoryInfo 类都是对文件夹进行操作的，Directory 类是一个静态类，不能创建该类的实例，直接通过“类名.类成员”的形式调用其属性和方法；DirectoryInfo 类能创建该类的实例，通过类的实例访问类成员。

DirectoryInfo 类提供了一个构造方法，语法形式如下。

```
DirectoryInfo(string path)
```

在这里 path 参数用于指定文件的目录，即路径。例如创建路径为 D 盘中的 test 文件夹的实例，代码如下。

```
DirectoryInfo directoryInfo=new DirectoryInfo("D:\\test");
```

需要注意的是路径中如果使用\，要使用转义字符来表示，即\\；或者在路径中将\字符换成/。

DirectoryInfo 类中常用的属性和方法如表 7-2 所示。

表 7-2　DirectoryInfo 类中常用的属性和方法

属性或方法	作　用
Exists	只读属性，获取指示目录是否存在的值
Name	只读属性，获取 DirectoryInfo 实例的目录名称
Parent	只读属性，获取指定的子目录的父目录
Root	只读属性，获取目录的根部分
void Create()	创建目录
DirectoryInfo CreateSubdirectory(string path)	在指定路径上创建一个或多个子目录
void Delete()	如果目录中为空，则将目录删除
void Delete(bool recursive)	指定是否删除子目录和文件，如果 recursive 参数的值为 True，则删除，否则不删除
IEnumerable<DirectoryInfo> EnumerateDirectories()	返回当前目录中目录信息的可枚举集合
IEnumerable<DirectoryInfo> EnumerateDirectories(string searchPattern)	返回与指定的搜索模式匹配的目录信息的可枚举集合
IEnumerable<FileInfo> EnumerateFiles()	返回当前目录中的文件信息的可枚举集合
IEnumerable<FileInfo> EnumerateFiles(string searchPattern)	返回与搜索模式匹配的文件信息的可枚举集合
IEnumerable<FileSystemInfo> EnumerateFileSystemInfos()	返回当前目录中的文件系统信息的可枚举集合
IEnumerable<FileSystemInfo> EnumerateFileSystemInfos(string searchPattern)	返回与指定的搜索模式匹配的文件系统信息的可枚举集合
DirectoryInfo[] GetDirectories()	返回当前目录的子目录
DirectoryInfo[] GetDirectories(string searchPattern)	返回匹配给定的搜索条件的当前目录
FileInfo[] GetFiles()	返回当前目录的文件列表
FileInfo[] GetFiles(string searchPattern)	返回当前目录中与给定的搜索模式匹配的文件列表
FileSystemInfo[] GetFileSystemInfos()	返回所有文件和目录的子目录中的项
FileSystemInfo[] GetFileSystemInfos(string searchPattern)	返回与指定的搜索条件匹配的文件和目录的子目录中的项
void MoveTo(string destDirName)	移动 DirectoryInfo 实例中的目录到新的路径

下面通过实例来演示 DirectoryInfo 类的使用。

例7-3　在 D 盘下创建文件夹 chapter7，并在该文件夹中创建 chapter7-1 和 chapter7-2 两个子文件夹。

根据题目要求，代码如下。

```
class Program
    {
        static void Main(string[] args)
        {
            DirectoryInfo directoryInfo = new DirectoryInfo("D:\\chapter7");
            directoryInfo.Create();
            directoryInfo.CreateSubdirectory("chapter7-1");
            directoryInfo.CreateSubdirectory("chapter7-2");
        }
    }
```

执行上面的代码即可完成相关文件夹的创建。磁盘中的目录结构如图 7-3 所示。

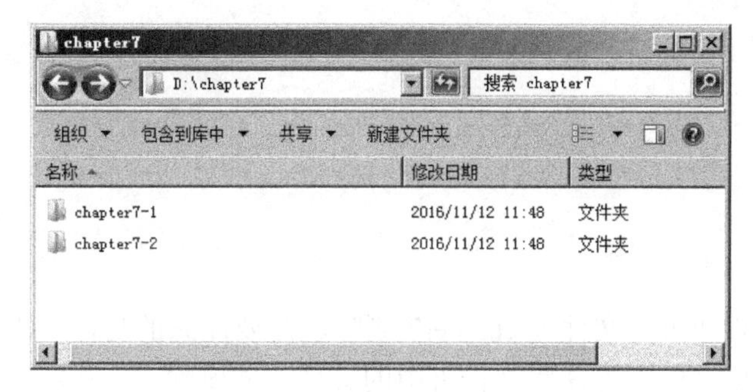

图 7-3　创建后的目录结构

需要注意的是，在创建文件夹时即使磁盘上存在同名文件夹也可以直接创建，不会出现异常。

例7-4　查看 D 盘下 chapter7 文件夹中的文件夹。

根据题目要求，代码如下。

```
class Program
    {
        static void Main(string[] args)
        {
            DirectoryInfo directoryInfo = new DirectoryInfo("D:\\chapter7");
            IEnumerable<DirectoryInfo>dir=directoryInfo.EnumerateDirectories();
            foreach(var v in dir)
            {
                Console.WriteLine(v.Name);
            }
        }
    }
```

执行上面的代码，效果如图 7-4 所示。

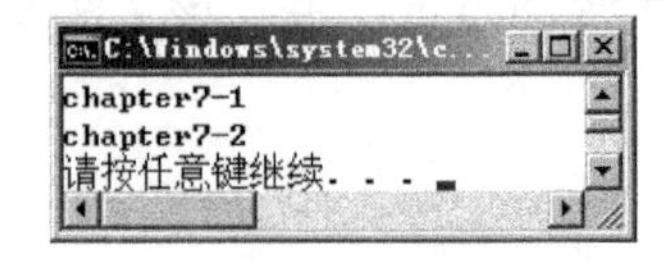

图 7-4 查看文件夹中的所有文件

从上面的执行效果可以看出，在 chapter7 文件夹下共有两个文件。需要注意的是，EnumerateDirectories 方法只用于检索文件夹，不能检索文件。如果需要检索文件夹中的文件，则要使用 GetFiles()方法，关于文件的检索将在 7.1.3 小节中详细讲解。

例 7-5 将 chapter7 文件夹及其含有的子文件夹删除。

根据题目要求，使用 Delete 方法即可完成文件删除的操作，为了演示删除操作的效果，在 chapter7 文件夹中的 chapter7-1 和 chapter7-2 中分别添加一个 Word 文件。具体代码如下。

```
class Program
    {
        static void Main(string[] args)
        {
            DirectoryInfo directoryInfo=new DirectoryInfo("D:\\chapter7");
            directoryInfo.Delete(True);
        }
    }
```

执行上面的代码即可将文件夹 chapter7 删除。需要注意的是，如果要删除一个非空文件夹，则要使用 Delete(True)方法将文件夹中的文件一并删除，否则会出现“文件夹不为空”的异常。

Directory 类与 DirectoryInfo 类的方法比较相似，这里不再详细列出其属性和方法的定义。Directory 类是静态类，省去了创建类实例的步骤，其他操作也类似。下面通过实例来演示 Directory 类的应用。

例 7-6 使用 Directory 类在 D 盘上操作 chapter7 文件夹，要求先判断是否存在该文件夹，如果存在则删除，否则创建该文件夹。

根据题目要求，代码如下。

```
class Program
    {
        static void Main(string[] args)
        {
            bool flag=Directory.Exists("D:\\chapter7");
            if(flag)
            {
                Directory.Delete("D:\\chapter7",true);
            }
            else
            {
```

```
                Directory.CreateDirectory("D:\\chapter7");
            }
        }
    }
```

执行上面的代码，即可完成文件夹 chapter7 的删除或创建操作。

7.1.3　File 类和 FileInfo 类

视频讲解

File 类和 FileInfo 类都是用来操作文件的，并且作用相似，它们都能完成对文件的创建、更改文件的名称、删除文件、移动文件等操作。File 类是静态类，其成员也是静态的，通过类名即可访问类的成员；FileInfo 类不是静态成员，其类的成员需要类的实例来访问。

在 FileInfo 类中提供了一个构造方法，语法形式如下。

```
FileInfo(string fileName)
```

在这里 fileName 参数用于指定新文件的完全限定名或相对文件名。

FileInfo 类中常用的属性和方法如表 7-3 所示。

表 7-3　FileInfo 类中常用的属性和方法

属性或方法	作　用
Directory	只读属性，获取父目录的实例
DirectoryName	只读属性，获取表示目录的完整路径的字符串
Exists	只读属性，获取指定的文件是否存在，若存在返回 True，否则返回 False
IsReadOnly	属性，获取或设置指定的文件是否为只读的
Length	只读属性，获取文件的大小
Name	只读属性，获取文件的名称
FileInfo CopyTo(string destFileName)	将现有文件复制到新文件，不允许覆盖现有文件
FileInfo CopyTo(string destFileName, bool overwrite)	将现有文件复制到新文件，允许覆盖现有文件
FileStream Create()	创建文件
void Delete()	删除文件
void MoveTo(string destFileName)	将指定文件移到新位置，提供要指定新文件名的选项
FileInfo Replace(string destinationFileName, string destinationBackupFileName)	使用当前文件对象替换指定文件的内容，先删除原始文件，再创建被替换文件的备份

下面通过实例来演示 FileInfo 类的应用。

例 7-7　在 D 盘的 chapter7 文件夹下创建名为 test.txt 的文件，并获取该文件的相关属性，然后将其移动到 D 盘下的 chapter7-1 文件夹中。

根据题目要求，代码如下。

```
class Program
    {
        static void Main(string[] args)
```

```
        {
            //在 D 盘下创建 chapter7 文件夹
            Directory.CreateDirectory("D:\\chapter7");
            FileInfo fileInfo=new FileInfo("D:\\chapter7\\test1.txt");
            if(!fileInfo.Exists)
            {
                //创建文件
                fileInfo.Create().close();
            }
            fileInfo.Attributes=fileAttributes.Normal;//设置文件的属性
            Console.WriteLine("文件路径:"+fileInfo.Directory);
            Console.WriteLine("文件名称:"+fileInfo.Name);
            Console.WriteLine("文件是否只读:"+fileInfo.IsReadOnly);
            Console.WriteLine("文件的大小:"+fileInfo.Length);
            //先创建 chapter7-1 文件夹
            //将文件移动到 chapter7-1 文件夹下
            Directory.CreateDirectory("D:\\chapter7-1");
           //判断目标文件夹中是否含有文件 test1.txt
           FileInfo newFileInfo = new FileInfo("D:\\chapter7-1\\test1.txt");
           if(!newFileInfo.Exists)
           {
              //移动文件到指定路径
              fileInfo.MoveTo("D:\\chapter7-1\\test1.txt");
           }
        }
    }
```

执行上面的代码，效果如图 7-5 所示。

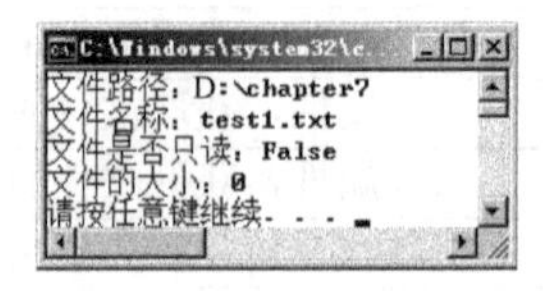

图 7-5　创建文件并操作文件

执行代码后，test1.txt 文件已经被移动到 chapter7-1 中。

File 类同样可以完成与 FileInfo 类相似的功能，但 File 类中也提供了一些不同的方法。File 类中获取或设置文件信息的常用方法如表 7-4 所示。

表 7-4　File 类中常用的属性和方法

属性或方法	作　用
DateTime GetCreationTime(string path)	返回指定文件或目录的创建日期和时间
DateTime GetLastAccessTime(string path)	返回上次访问指定文件或目录的日期和时间
DateTime GetLastWriteTime(string path)	返回上次写入指定文件或目录的日期和时间
void SetCreationTime(string path, DateTime creationTime)	设置创建该文件的日期和时间
void SetLastAccessTime(string path, DateTime lastAccessTime)	设置上次访问指定文件的日期和时间
void SetLastWriteTime(string path, DateTime lastWriteTime)	设置上次写入指定文件的日期和时间

在 File 类中还提供了一些 FileInfo 类中没有提供的内容，例如读写文件的操作，关于文件读写的部分将在 7.2 节中详细介绍。用户需要记住的是 File 类是静态类，所提供的类成员也是静态的，调用其类成员直接使用 File 类的名称调用即可。

例 7-8　将例 7-7 中实现的内容使用 File 类完成。

根据题目要求，代码如下。

```
class Program
    {
        static void Main(string[] args)
        {
            //在 D 盘下创建 chapter7 文件夹
            Directory.CreateDirectory("D:\\chapter7");
            Directory.CreateDirectory("D:\\chapter7-1");
            string path="D:\\chapter7\\test1.txt";
            //创建文件
            FileStream fs=File.Create(path);
            //获取文件信息
            Console.WriteLine("文件创建时间:"+File.GetCreationTime(path));
            Console.WriteLine("文件最后被写入的时间:" + File.GetLastWriteTime(path));
            //关闭文件流
            fs.Close();
            //设置目标路径
           string newPath="D:\\chapter7-1\\test1.txt";
            //判断目标文件是否存在
           bool flag=File.Exists(newPath);
            if (flag)
            {
                //删除文件
                File.Delete(newPath);
            }
            //移动文件
            File.Move(path, newPath);
        }
    }
```

执行上面的代码，效果如图 7-6 所示。

图 7-6　File 类的使用

在实际应用中，与 File 类相比使用 FileInfo 类完成文件的操作是比较常用的。

7.1.4 Path 类

视频讲解

Path 类主要用于文件路径的一些操作，它也是一个静态类。Path 类中常用的属性和方法如表 7-5 所示。

表 7-5 Path 类中常用的属性和方法

属性或方法	作 用
string ChangeExtension(string path, string extension)	更改路径字符串的扩展名
string Combine(params string[] paths)	将字符串数组组合成一个路径
string Combine(string path1, string path2)	将两个字符串组合成一个路径
string GetDirectoryName(string path)	返回指定路径字符串的目录信息
string GetExtension(string path)	返回指定路径字符串的扩展名
string GetFileName(string path)	返回指定路径字符串的文件名和扩展名
string GetFileNameWithoutExtension(string path)	返回不具有扩展名的指定路径字符串的文件名
string GetFullPath(string path)	返回指定路径字符串的绝对路径
char[] GetInvalidFileNameChars()	获取包含不允许在文件名中使用的字符的数组
char[] GetInvalidPathChars()	获取包含不允许在路径名中使用的字符的数组
string GetPathRoot(string path)	获取指定路径的根目录信息
string GetRandomFileName()	返回随机文件夹名或文件名
string GetTempPath()	返回当前用户的临时文件夹的路径
bool HasExtension(string path)	返回路径是否包含文件的扩展名
bool IsPathRooted(string path)	返回路径字符串是否包含根

下面通过实例来演示 Path 类的应用。

例 7-9 从控制台输入一个路径，输出该路径的不含扩展名的路径、扩展名、文件全名、文件路径、更改文件扩展名。

根据题目要求，代码如下。

```
class Program
    {
        static void Main(string[] args)
        {
            Console.WriteLine("请输入一个文件路径: ");
            string path=Console.ReadLine();
            Console.WriteLine("不包含扩展名的文件名:"+Path.GetFileName
        WithoutExtension(path));
            Console.WriteLine("文件的扩展名:"+Path.GetExtension(path));
            Console.WriteLine("文件全名:"+Path.GetFileName(path));
            Console.WriteLine("文件路径:"+Path.GetDirectoryName(path));
            //更改文件的扩展名
            string newPath=Path.ChangeExtension(path,"doc");
            Console.WriteLine("更改后的文件全名:"+Path.GetFileName(newPath));
        }
    }
```

执行上面的代码，效果如图 7-7 所示。

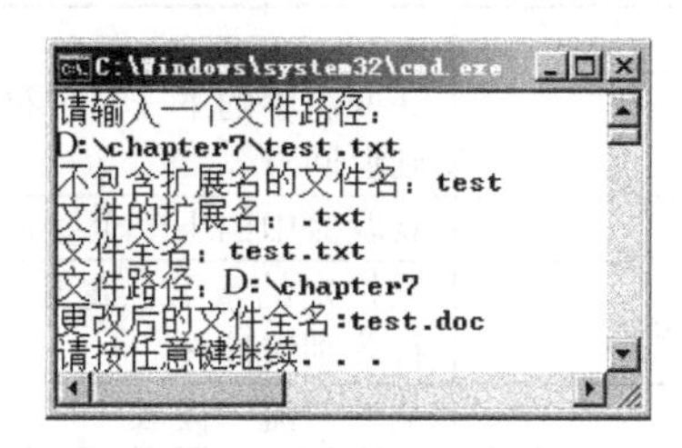

图 7-7　Path 类的使用

从上面的执行效果可以看出，使用 Path 类能很方便地获取与文件路径相关的信息。

7.2　流

在计算机中“流”的概念很形象地表示数据流入、流出文件，主要用于文件的读写操作。“流”所在的命名空间也是 System.IO，主要包括文本文件的读写、图像和声音文件的读写、二进制文件的读写等。

视频讲解

7.2.1　文本读写流

文本读写流使用的是 StreamReader 和 StreamWriter，通过前面介绍的 File 类和 FileInfo 类也可以得到 StreamReader 和 StreamWriter 类型的值。下面先介绍 StreamReader 类和 StreamWriter 类中用于文件读写的方法。

StreamReader 类的构造方法有很多，这里介绍一些常用的构造方法，如表 7-6 所示。

表 7-6　StreamReader 类中的构造方法

构 造 方 法	说　明
StreamReader(Stream stream)	为指定的流创建 StreamReader 类的实例
StreamReader(string path)	为指定路径的文件创建 StreamReader 类的实例
StreamReader(Stream stream, Encoding encoding)	用指定的字符编码为指定的流初始化 StreamReader 类的一个新实例
StreamReader(string path, Encoding encoding)	用指定的字符编码为指定的文件名初始化 StreamReader 类的一个新实例

使用该表中的构造方法即可创建 StreamReader 类的实例，通过实例调用其提供的类成员能进行文件的读取操作。StreamReader 类中的常用属性和方法如表 7-7 所示。

表 7-7　StreamReader 类中的常用属性和方法

属性或方法	作　用
Encoding CurrentEncoding	只读属性，获取当前流中使用的编码方式
bool EndOfStream	只读属性，获取当前的流位置是否在流结尾
void Close()	关闭流

续表

属性或方法	作　用
int Peek()	获取流中的下一个字符的整数，如果没有获取到字符，则返回-1
int Read()	获取流中的下一个字符的整数
int Read(char[] buffer, int index, int count)	从指定的索引位置开始将来自当前流的指定的最多字符读到缓冲区
string ReadLine()	从当前流中读取一行字符并将数据作为字符串返回
string ReadToEnd()	读取来自流的当前位置到结尾的所有字符

下面通过实例来演示 StreamReader 类的应用。

例 7-10 读取 D 盘 chapter7 文件夹下 test.txt 文件中的信息。

根据题目要求，先在 D 盘下创建文件夹并创建 test.txt 文件，然后写入两行字符，分别是 Hello 和 Lucy，代码如下。

```
class Program
    {
        static void Main(string[] args)
        {
            //定义文件路径
            string path=@"D:\\chapter7\\test.txt";
            //创建 StreamReader 类的实例
            StreamReader streamReader=new StreamReader(path);
            //判断文件中是否有字符
            while(streamReader.Peek()!=-1)
            {
                //读取文件中的一行字符
                string str=streamReader.ReadLine();
                Console.WriteLine(str);
            }
          streamReader.Close();
        }
    }
```

执行上面的代码，效果如图 7-8 所示。

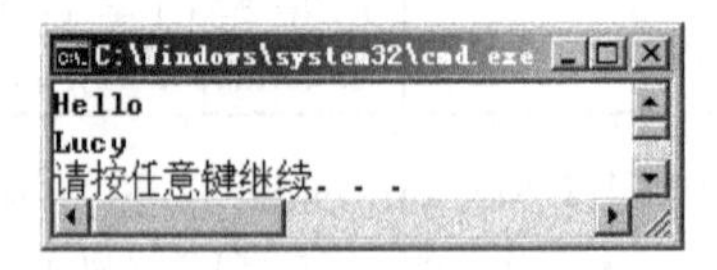

图 7-8　StreamReader 类的应用

在读取文件中的信息时，除了可以使用 ReadLine 方法以外，还可以使用 Read、ReadToEnd 方法来读取。

与 StreamReader 类对应的是 StreamWriter 类，StreamWriter 类主要用于向流中写入数据，StreamWrtier 类的构造方法也有很多，这里只列出一些常用的构造方法，如表 7-8 所示。

表 7-8　StreamWrtier 类的构造方法

构 造 方 法	说　明
StreamWriter(Stream stream)	为指定的流创建 StreamWriter 类的实例
StreamWriter(string path)	为指定路径的文件创建 StreamWriter 类的实例
StreamWriter (Stream stream, Encoding encoding)	用指定的字符编码为指定的流初始化 StreamWriter 类的一个新实例
StreamWriter (string path, Encoding encoding)	用指定的字符编码为指定的文件名初始化 StreamWriter 类的一个新实例

在创建了 StreamWrtier 类的实例后即可调用其类成员，完成向文件中写入信息的操作。StreamWriter 类中常用的属性和方法如表 7-9 所示。

表 7-9　StreamWriter 类中常用的属性和方法

属性或方法	作　用
bool AutoFlush	属性，获取或设置是否自动刷新缓冲区
Encoding Encoding	只读属性，获取当前流中的编码方式
void Close()	关闭流
void Flush()	刷新缓冲区
void Write(char value)	将字符写入流中
void WriteLine(char value)	将字符换行写入流中
Task WriteAsync(char value)	将字符异步写入流中
Task WriteLineAsync(char value)	将字符异步换行写入流中

在表 7-9 中给出的方法中，Write、WriteAsync、WriteLineAsync 方法还有很多不同类型写入的重载方法，这里没有一一列出。

下面通过实例演示 StreamWriter 类的应用。

例 7-11　向 D 盘 chapter7 文件夹的 test.txt 文件中写入姓名和手机号码。

根据题目要求，代码如下。

```
class Program
    {
        static void Main(string[] args)
        {
            string path=@"D:\chapter7\test.txt";
            //创建 StreamWriter 类的实例
            StreamWriter streamWriter=new StreamWriter(path);
            //向文件中写入姓名
            streamWriter.WriteLine("小张");
            //向文件中写入手机号码
            streamWriter.WriteLine("13112345678");
            //刷新缓存
            streamWriter.Flush();
            //关闭流
            streamWriter.Close();
        }
    }
```

执行上面的代码，即可将姓名和手机号码写入到名为 test.txt 的文件中。

7.2.2 文件读写流

视频讲解

文件读写流使用 FileStream 类来表示，FileStream 类主要用于文件的读写，不仅能读写普通的文本文件，还可以读取图像文件、声音文件等不同格式的文件。在创建 FileStream 类的实例时还会涉及多个枚举类型的值，包括 FileAccess、FileMode、FileShare、FileOptions 等。

FileAccess 枚举类型主要用于设置文件的访问方式，具体的枚举值如下。

- Read：以只读方式打开文件。
- Write：以写方式打开文件。
- ReadWrite：以读写方式打开文件。

FileMode 枚举类型主要用于设置文件打开或创建的方式，具体的枚举值如下。

- CreateNew：创建新文件，如果文件已经存在，则会抛出异常。
- Create：创建文件，如果文件不存在，则删除原来的文件，重新创建文件。
- Open：打开已经存在的文件，如果文件不存在，则会抛出异常。
- OpenOrCreate：打开已经存在的文件，如果文件不存在，则创建文件。
- Truncate：打开已经存在的文件，并清除文件中的内容，保留文件的创建日期。如果文件不存在，则会抛出异常。
- Append：打开文件，用于向文件中追加内容，如果文件不存在，则创建一个新文件。

FileShare 枚举类型主要用于设置多个对象同时访问同一个文件时的访问控制，具体的枚举值如下。

- None：谢绝共享当前的文件。
- Read：允许随后打开文件读取信息。
- ReadWrite：允许随后打开文件读写信息。
- Write：允许随后打开文件写入信息。
- Delete：允许随后删除文件。
- Inheritable：使文件句柄可由子进程继承。

FileOptions 枚举类型用于设置文件的高级选项，包括文件是否加密、访问后是否删除等，具体的枚举值如下。

- WriteThrough：指示系统应通过任何中间缓存、直接写入磁盘。
- None：指示在生成 System.IO.FileStream 对象时不应使用其他选项。
- Encrypted：指示文件是加密的，只能通过用于加密的同一用户账户来解密。
- DeleteOnClose：指示当不再使用某个文件时自动删除该文件。
- SequentialScan：指示按从头到尾的顺序访问文件。
- RandomAccess：指示随机访问文件。
- Asynchronous：指示文件可用于异步读取和写入。

FileStream 类的构造方法有很多，这里介绍一些常用的构造方法，如表 7-10 所示。

表 7-10　FileStream 类的构造方法

构 造 方 法	说　　明
FileStream(string path, FileMode mode)	使用指定路径的文件、文件模式创建 FileStream 类的实例
FileStream(string path, FileMode mode, FileAccess access)	使用指定路径的文件、文件打开模式、文件访问模式创建 FileStream 类的实例
FileStream(string path, FileMode mode, FileAccess access, FileShare share)	使用指定的路径、创建模式、读写权限和共享权限创建 FileStream 类的一个新实例
FileStream(string path, FileMode mode, FileAccess access, FileShare share, int bufferSize, FileOptions options);	使用指定的路径、创建模式、读写权限和共享权限、其他文件选项创建 FileStream 类的实例

下面使用 FileStream 类的构造方法创建 FileStream 类的实例，语法形式如下。

```
string path="D:\\test.txt";
FileStream fileStream1=new FileStream(path,FileMode.Open);
FileStream fileStream2=new FileStream(path,FileMode.Open,FileAccess.Read);
FileStream fileStream3=new FileStream(path,FileMode.Open,FileAccess.ReadWrite,
FileShare.Read);
FileStream fileStream4=new FileStream(path,FileMode.Open,FileAccess.Read,
FileShare.Read,10,FileOptions.None);
```

在创建好 FileStream 类的实例后，即可调用该类中的成员完成读写数据的操作。FileStream 类中常用的属性和方法如表 7-11 所示。

表 7-11　FileStream 类中常用的属性和方法

属性或方法	作　　用
bool CanRead	只读属性，获取一个值，该值指示当前流是否支持读取
bool CanSeek	只读属性，获取一个值，该值指示当前流是否支持查找
bool CanWrite	只读属性，获取一个值，该值指示当前流是否支持写入
bool IsAsync	只读属性，获取一个值，该值指示 FileStream 是异步还是同步打开的
long Length	只读属性，获取用字节表示的流长度
string Name	只读属性，获取传递给构造方法的 FileStream 的名称
long Position	属性，获取或设置此流的当前位置
int Read(byte[] array, int offset, int count)	从流中读取字节块并将该数据写入给定缓冲区中
int ReadByte()	从文件中读取一个字节，并将读取位置提升一个字节
long Seek(long offset, SeekOrigin origin)	将该流的当前位置设置为给定值
void Lock(long position, long length)	防止其他进程读取或写入 System.IO.FileStream
void Unlock(long position, long length)	允许其他进程访问以前锁定的某个文件的全部或部分
void Write(byte[] array, int offset, int count)	将字节块写入文件流
void WriteByte(byte value)	将一个字节写入文件流中的当前位置

下面通过实例来演示 FileStream 类的应用。

例 7-12　在 D 盘 chapter7 文件夹的 student.txt 文件中写入学生的学号信息。

根据题目要求，代码如下。如果是中文的，bytes 数组的长度将不够用，改成使用“byte[] bytes= Encoding.UTF8.GetBytes(message);”的方式将数据从字符串类型转换为字节类型。

```
class Program
    {
        static void Main(string[] args)
        {
            //定义文件路径
            string path=@"D:\chapter7\student.txt";
            //创建 FileStream 类的实例
            FileStream fileStream=new FileStream(path, FileMode.OpenOrCreate,
            FileAccess.ReadWrite,FileShare.ReadWrite);
            //定义学号
            string msg="1710026";
            //将字符串转换为字节数组
            byte[] bytes=Encoding.UTF8.GetBytes(msg);
            //向文件中写入字节数组
            fileStream.Write(bytes,0,bytes.Length);
            //刷新缓冲区
            fileStream.Flush();
            //关闭流
            fileStream.Close();
        }
    }
```

执行上面的代码，即可将学生的学号写入到文件 student.txt 中。

例 7-13 从 D 盘的 chapter7 文件夹中将 student.txt 文件中的学号读取出来，并显示到控制台上。

根据题目要求，代码如下。

```
class Program
    {
        static void Main(string[] args)
        {
            //定义文件路径
            string path=@"D:\chapter7\student.txt";
            //判断是否含有指定的文件
            if (File.Exists(path))
            {
                FileStream fileStream=new FileStream(path, FileMode.Open,
                FileAccess.Read);
                //定义存放文件信息的字节数组
                byte[] bytes=new byte[fileStream.Length];
                //读取文件信息
                fileStream.Read(bytes, 0, bytes.Length);
                //将得到的字节型数组重写编码为字符型数组
                char[] c=Encoding.UTF8.GetChars(bytes);
                Console.WriteLine("学生的学号为：");
                //输出学生的学号
```

```
                Console.WriteLine(c);
                //关闭流
                fileStream.Close();
            }
            else
            {
                Console.WriteLine("您要查看的文件不存在！");
            }
        }
    }
```

执行上面的代码，效果如图 7-9 所示。

图 7-9　使用 FileStream 类读取文件信息

从上面的执行效果可以看出，已经将文件 student.txt 中的学号信息读取出来。

7.2.3　以二进制形式读写流

视频讲解

以二进制形式读取数据时使用的是 BinaryReader 类，向文件中写入数据时使用 BinaryWriter 类。下面分别介绍 BinaryReader 类和 BinaryWriter 类的使用。

❶ BinaryReader 类

BinaryReader 类中提供的构造方法有 3 种，具体的语法形式如下。

```
第 1 种形式：
BinaryReader(Stream input)
其中，input 参数是输入流。
第 2 种形式：
BinaryReader(Stream input, Encoding encoding)
其中，input 是指输入流，encoding 是指编码方式。
第 3 种形式：
BinaryReader(Stream input, Encoding encoding, bool leaveOpen)
```

其中，input 是指输入流，encoding 是指编码方式，leaveOpen 是指在流读取后是否包括流的打开状态。

下面分别使用不同的构造方法创建 BinaryReader 类的实例，代码如下。

```
//创建文件流的实例
FileStream fileStream = new FileStream("D:\\chapter7\test.txt", FileMode.Open);
BinaryReader binaryReader1=new BinaryReader(fileStream);
BinaryReader binaryReader2=new BinaryReader(fileStream, Encoding.UTF8);
BinaryReader binaryReader3=new BinaryReader(fileStream, Encoding.UTF8, True);
```

在完成 BinaryReader 类的实例的创建后，即可完成对文件以二进制形式的读取。BinaryReader 类中的常用属性和方法如表 7-12 所示。

表 7-12 BinaryReader 类中的常用属性和方法

属性或方法	作　用
int Read()	从指定的流中读取字符
int Read(byte[] buffer, int index, int count)	以 index 为字节数组中的起始点，从流中读取 count 个字节
int Read(char[] buffer, int index, int count)	以 index 为字符数组的起始点，从流中读取 count 个字符
bool ReadBoolean()	从当前流中读取 Boolean 值，并使该流的当前位置提升 1 个字节
byte ReadByte()	从当前流中读取下一个字节，并使流的当前位置提升 1 个字节
byte[] ReadBytes(int count)	从当前流中读取指定的字节数写入字节数组中，并将当前位置前移相应的字节数
char ReadChar()	从当前流中读取下一个字符，并根据所使用的 Encoding 和从流中读取的特定字符提升流的当前位置
char[] ReadChars(int count)	从当前流中读取指定的字符数，并以字符数组的形式返回数据，然后根据所使用的 Encoding 和从流中读取的特定字符将当前位置前移
decimal ReadDecimal()	从当前流中读取十进制数值，并将该流的当前位置提升 16 个字节
double ReadDouble()	从当前流中读取 8 字节浮点值，并使流的当前位置提升 8 个字节
short ReadInt16()	从当前流中读取 2 字节有符号整数，并使流的当前位置提升 2 个字节
int ReadInt32()	从当前流中读取 4 字节有符号整数，并使流的当前位置提升 4 个字节
long ReadInt64()	从当前流中读取 8 字节有符号整数，并使流的当前位置提升 8 个字节
sbyte ReadSByte()	从该流中读取 1 个有符号字节，并使流的当前位置提升 1 个字节
float ReadSingle()	从当前流中读取 4 字节浮点值，并使流的当前位置提升 4 个字节
string ReadString()	从当前流中读取一个字符串。字符串有长度前缀，一次 7 位地被编码为整数
ushort ReadUInt16()	从该流中读取的 2 字节无符号整数
uint ReadUInt32()	从该流中读取的 4 字节无符号整数
ulong ReadUInt64()	从该流中读取的 8 字节无符号整数
void FillBuffer(int numBytes)	用从流中读取的指定字节数填充内部缓冲区

在 BinaryReader 类中提供的方法并不是直接读取文件中指定数据类型的值，而是读取由 BinaryWriter 类写入到文件中的。在上述方法中只有 Read 方法不要求读取的值必须由 BinaryWriter 类写入到文件中。

下面通过实例来演示 BinaryReader 类中 Read 方法的使用。

例 7-14 使用 BinaryReader 类读取记事本文件中的信息。

根据题目要求，在 D:\chapter7 目录下创建一个记事本文件，并在其中输入 abc，使用

BinaryReader 类读取文件中的内容，代码如下。

```
class Program
    {
        static void Main(string[] args)
        {
            FileStream  fileStream=new  FileStream(@"D:\chapter7\test.txt",
                FileMode.Open);
            BinaryReader binaryReader=new BinaryReader(fileStream);
            //读取文件中的一个字符
            int a=binaryReader.Read();
            //判断文件中是否含有字符，若不含有字符，a 的值为-1
            while(a!=-1)
            {
                //输出读取到的字符
                Console.Write((char)a);
                a =binaryReader.Read();
            }
        }
    }
```

执行上面的代码，效果如图 7-10 所示。

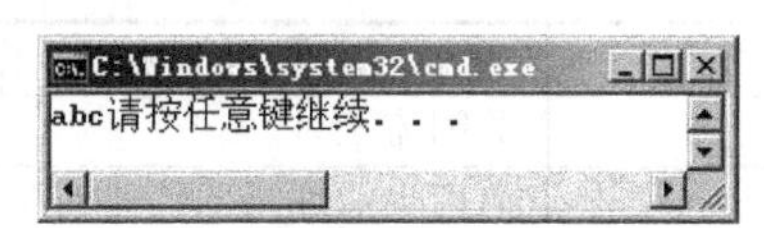

图 7-10　使用 Read 方法读取文件中的信息

除了使用 Read 方法每次读取一个字符以外，也可以使用 Read 方法的其他重载方法将字符读取到一个字节数组或字符数组中，下面通过实例 7-15 来演示具体的操作。

例 7-15　将例 7-14 记事本中的内容读取到字节数组中。

根据题目要求，代码如下。

```
class Program
    {
        static void Main(string[] args)
        {
            FileStream  fileStream=new  FileStream(@"D:\chapter7\test.txt",
                FileMode.Open,FileAccess.Read);
            BinaryReader binaryReader=new BinaryReader(fileStream);
            //获取文件的长度
            long length=fileStream.Length;
            byte[] bytes=new byte[length];
            //读取文件中的内容并保存到字节数组中
```

```
            binaryReader.Read(bytes, 0, bytes.Length);
            //将字节数组转换为字符串
            string str=Encoding.Default.GetString(bytes);
            Console.WriteLine(str);
        }
    }
```

执行上面的代码，效果与图 7-10 一致。同样，在读取文件中的内容时也可以将内容存放到字符类型的数组中。

❷ BinaryWriter

BinaryWriter 用于向流中写入内容，其构造方法与 BinaryReader 类中的类似，具体的语法形式如下。

```
第 1 种
BinaryWriter(Stream output)
第 2 种
BinaryWriter(Stream output, Encoding encoding)
第 3 种
BinaryWriter(Stream output, Encoding encoding, bool leaveOpen)
```

BinaryWriter 类中常用的属性和方法如表 7-13 所示。

表 7-13　BinaryWriter 类中常用的属性和方法

属性或方法	作　用
void Close()	关闭流
void Flush()	清理当前编写器的所有缓冲区，使所有缓冲数据写入基础设备
long Seek(int offset, SeekOrigin origin)	返回查找的当前流的位置
void Write(char[] chars)	将字符数组写入当前流
Write7BitEncodedInt(int value)	以压缩格式写出 32 位整数

除了上面的方法以外，Write 方法还提供了多种类型的重载方法。下面通过实例来演示 BinaryWriter 类的应用。

例 7-16　在 D 盘 chapter7 文件夹的 test.txt 文件中写入图书的名称和价格，使用 BinaryReader 类读取写入的内容。

根据题目要求，代码如下。

```
class Program
    {
        static void Main(string[] args)
        {
            FileStream fileStream=new FileStream(@"D:\chapter7\test.txt",
                FileMode.Open, FileAccess.Write);
            //创建二进制写入流的实例
            BinaryWriter binaryWriter= new BinaryWriter(fileStream);
```

```
            //向文件中写入图书名称
            binaryWriter.Write("数据库技术");
            //向文件中写入图书价格
            binaryWriter.Write(49.5);
            //清除缓冲区中的内容，将缓冲区中的内容写入到文件中
            binaryWriter.Flush();
            //关闭二进制写入流
            binaryWriter.Close();
            //关闭文件流
            fileStream.Close();
            fileStream=new FileStream(@"D:\chapter7\test.txt", FileMode.Open,
            FileAccess.Read);
            //创建二进制读取流的实例
            BinaryReader binaryReader=new BinaryReader(fileStream);
            //输出图书名称
            Console.WriteLine(binaryReader.ReadString());
            //输出图书价格
            Console.WriteLine(binaryReader.ReadDouble());
            //关闭二进制读取流
            binaryReader.Close();
            //关闭文件流
            fileStream.Close();
        }
    }
```

执行上面的代码，效果如图 7-11 所示。

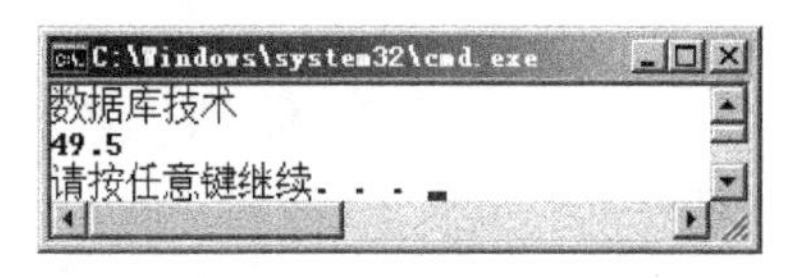

图 7-11 BinaryWriter 类的应用

从上面的执行效果可以看出，使用 BinaryWriter 类可以很方便地将图书名称和价格写入到 test.txt 文件中。

7.3 本章小结

通过本章的学习，读者能掌握文件和流的常用操作。在文件部分能掌握查看计算机的驱动器信息、创建和管理文件夹，以及在指定的文件中创建文件和遍历文件信息。在流部分能使用文本读写流、文件读写流以及二进制形式的读写流实现对文本和文件的写入和读取操作。

7.4 本章习题

❶ 填空题

（1）查看计算机驱动器信息的类为______________________________。

（2）列出 3 个文件写入流是______________________________________。

（3）查看文件是否存在，使用的属性是_____________________________。

（4）二进制读写流是指_________________________________。

（5）以只读方式打开文件使用的枚举类型是_____________________。

习题答案

❷ 编程题

（1）以递归方式读取给定文件夹中的所有文件和文件夹。

（2）判断在一个文件夹中是否含有扩展名为.txt 的文件。

（3）在 D 盘下创建一个文件 test.txt，并在该文件中写入自己的姓名和手机号码，将该文件中的内容读取出来打印到控制台上。

第 8 章

委托和事件

C#语言中的委托和事件是其一大特色，委托和事件在 Windows 窗体应用程序、ASP.NET 应用程序、WPF 应用程序等应用中是最为普遍的应用。通过定义委托和事件可以方便方法重用，并提高程序的编写效率。Windows 窗体应用程序是 C#语言中用于开发 C/S 结构应用程序的应用，本章将介绍 Windows 窗体的创建以及窗体中的常用属性、事件和方法。

本章的主要知识点如下：

- 命名方法的委托
- 多播委托
- 匿名委托
- 事件
- 了解 Windows 应用程序中窗体的基本应用

8.1 委托

委托从字面上理解就是一种代理，类似于房屋中介，由租房人委托中介为其租赁房屋。在 C#语言中，委托则委托某个方法来实现具体的功能。委托是一种引用类型，虽然在定义委托时与方法有些相似，但不能将其称为方法。委托在使用时遵循三步走的原则，即定义声明委托、实例化委托以及调用委托。

委托是 C#语言中的一个特色，通常将委托分为命名方法委托、多播委托、匿名委托，其中命名方法委托是使用最多的一种委托。

8.1.1 命名方法委托

视频讲解

命名方法委托是最常用的一种委托，其定义的语法形式如下。

```
修饰符 delegate 返回值类型 委托名(参数列表);
```

从上面的定义可以看出，委托的定义与方法的定义是相似的。例如定义一个不带参数的委托，代码如下。

```
public delegate void MyDelegate();
```

在定义好委托后就到了实例化委托的步骤，命名方法委托在实例化委托时必须带入方法的具体名称。实例化委托的语法形式如下。

```
委托名 委托对象名=new 委托名(方法名);
```

委托中传递的方法名既可以是静态方法的名称，也可以是实例方法的名称。需要注意的是，在委托中所写的方法名必须与委托定义时的返回值类型和参数列表相同。

在实例化委托后即可调用委托，语法形式如下。

```
委托对象名(参数列表);
```

在这里，参数列表中传递的参数与委托定义的参数列表相同即可。下面分别通过两个实例来演示在委托中应用静态方法和实例方法的形式。

例 **8-1** 创建委托，在委托中传入静态方法于控制台输出“Hello Delegate!”。

根据题目要求，代码如下。

```
class Test
    {
        public static void SayHello()
        {
            Console.WriteLine("Hello Delegate!");
        }
    }
class Program
    {
        public delegate void MyDelegate();
        static void Main(string[] args)
        {
            MyDelegate myDelegate=new MyDelegate(Test.SayHello);
            myDelegate();
        }
    }
```

执行上面的代码，效果如图 8-1 所示。

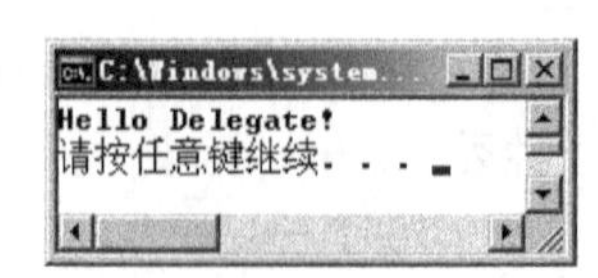

图 8-1　在委托中使用静态方法

若使用静态方法，在向委托中传递方法名时只需要用“类名.方法名”的形式。

例8-2　将例 8-1 中的静态方法改成实例方法。

根据题目要求，代码如下。

```
class Test
    {
        public void SayHello()
        {
            Console.WriteLine("Hello Delegate!");
        }
    }
    class Program
    {
        public delegate void MyDelegate();
        static void Main(string[] args)
        {
            MyDelegate myDelegate=new MyDelegate(new Test().SayHello);
            myDelegate();
        }
    }
```

执行上面的代码，效果与图 8-1 一致。由于在委托中使用的是实例方法，则需要通过类的实例来调用方法，即使用“new 类名().方法名”的形式。除了使用匿名对象的方式调用方法以外，也可以先创建类的实例，再通过类的实例调用方法。

在了解了命名方法委托的写法以后，下面通过一个综合实例来演示命名委托的应用。

例8-3　使用委托完成将图书信息按照价格升序排序的操作。

根据题目要求，先定义图书信息类，然后定义对图书价格排序的方法。图书信息类的代码如下。

```
class Book :IComparable<Book>
    {
        //定义构造方法为图书名称和价格赋值
        public Book(string name, double price)
        {
            Name=name;
            Price=price;
        }
        //定义图书名称属性
        public string Name{get; set;}
        //定义图书价格属性
        public double Price{get; set;}
        //实现比较器中比较的方法
        public int CompareTo(Book other)
        {
            return (int)(this.Price-other.Price);
        }
```

```
        //重写 ToString()方法，返回图书名称和价格
        public override string ToString()
        {
            return Name+":"+Price;
        }
        //图书信息排序
        public static void BookSort(Book[] books)
        {
            Array.Sort(books);
        }
    }
```

在 Main 方法中定义委托调用图书排序的方法，代码如下。

```
class Program
    {
        //定义对图书信息排序的委托
        public delegate void BookDelegate(Book[] books);
        static void Main(string[] args)
        {
            BookDelegate bookDelegate=new BookDelegate(Book.BookSort);
            Book[] book=new Book[3];
            book[0]=new Book("计算机应用", 50);
            book[1]=new Book("Python 教程", 59);
            book[2]=new Book("Office 应用", 49);
            bookDelegate(book);
            foreach(Book bk in book)
            {
                Console.WriteLine(bk);
            }
        }
    }
```

执行上面的代码，效果如图 8-2 所示。

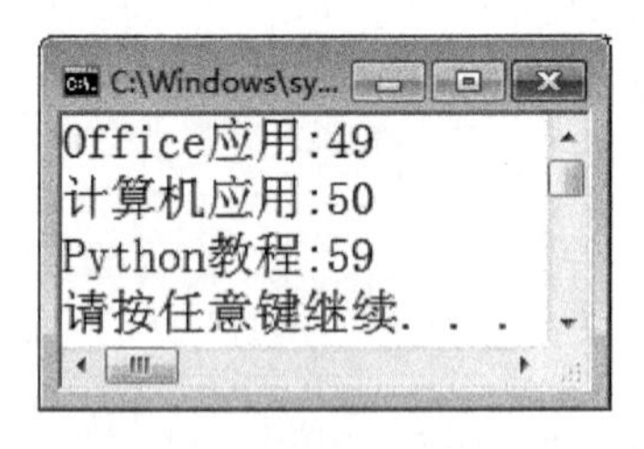

图 8-2　命名委托的应用

从上面的执行效果可以看出，通过委托调用的图书排序方法（BookSort）按照图书价格升序排列了图书信息。需要注意的是，由于 Book[]数组是引用类型，因此通过委托调用后其值也发生了相应的变化，即 book 数组中的值已经是完成了排序操作后的结果。

8.1.2 多播委托

视频讲解

多播委托是指在一个委托中注册多个方法，在注册方法时可以在委托中使用加号运算符或者减号运算符来实现添加或撤销方法。在现实生活中，多播委托的实例是随处可见的，例如某点餐的应用程序，既可以预定普通的餐饮也可以预定蛋糕、鲜花、水果等商品。在这里委托相当于点餐平台，每一个类型的商品可以理解为在委托上注册的一个方法。下面通过实例来演示多播委托的应用。

例 8-4 模拟点餐平台预定不同类型的商品。

根据题目要求，在实例中分别预定快餐、蛋糕、鲜花三类商品，代码如下。

```
class Order
{
    public static void BuyFood()
    {
        Console.WriteLine("购买快餐！");
    }
    public static void BuyCake()
    {
        Console.WriteLine("购买蛋糕!");
    }
    public static void BuyFlower()
    {
        Console.WriteLine("购买鲜花!");
    }
}
class Program
{
    //定义购买商品的委托
    public delegate void OrderDelegate();
    static void Main(string[] args)
    {
        //实例化委托
        OrderDelegate orderDelegate=new OrderDelegate(Order.BuyFood);
        //向委托中注册方法
        orderDelegate+=Order.BuyCake;
        orderDelegate+=Order.BuyFlower;
        //调用委托
        orderDelegate();
    }
}
```

执行上面的代码，效果如图 8-3 所示。

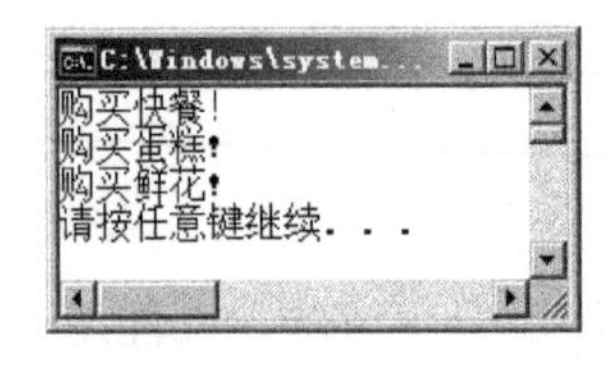

图 8-3　多播委托的使用

如果已经购买了鲜花，在未调用委托时也可以撤销，在委托注册方法时使用-=操作符即可。撤销购买鲜花操作的代码如下。

```
orderDelegate-=Order.BuyFlower;
```

如果添加了上述代码，则执行效果中就取消了购买鲜花的操作。在使用多播委托时需要注意，在委托中注册的方法参数列表必须与委托定义的参数列表相同，否则不能将方法添加到委托上。

8.1.3　匿名委托

视频讲解

匿名委托是指使用匿名方法注册在委托上，实际上是在委托中通过定义代码块来实现委托的作用，具体的语法形式如下。

```
//1.定义委托
修饰符 delegate 返回值类型 委托名(参数列表);
//2.定义匿名委托
委托名 委托对象名=delegate
{
   //代码块
};
//3.调用匿名委托
委托对象名(参数列表);
```

通过上面 3 个步骤即可完成匿名委托的定义和调用，需要注意的是，在定义匿名委托时代码块结束后要在{}后加上分号。

下面通过实例来演示匿名委托的应用。

例 **8-5**　使用匿名委托计算长方形的面积。

根据题目要求，代码如下。

```
class Program
    {
        public delegate void AreaDelegate(double length, double width);
        static void Main(string[] args)
        {
            Console.WriteLine("请输入长方形的长");
            double length=double.Parse(Console.ReadLine());
            Console.WriteLine("请输入长方形的宽：");
            double width=double.Parse(Console.ReadLine());
```

```
            AreaDelegate areaDelegate=delegate
             {
                Console.WriteLine("长方形的面积为: "+length*width);
             };
            areaDelegate(length, width);
        }
    }
```

执行上面的代码，效果如图 8-4 所示。

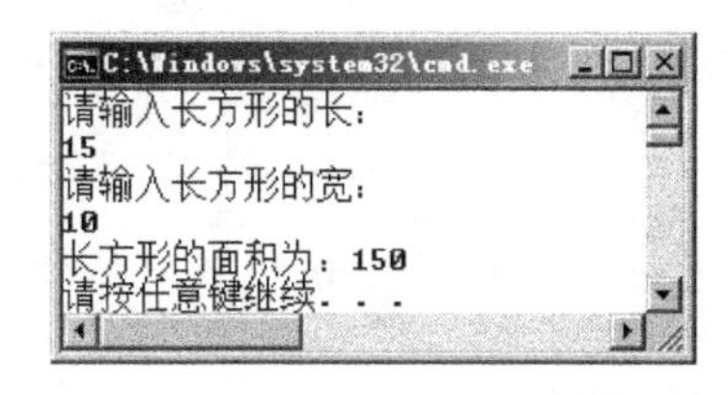

图 8-4 使用匿名委托计算长方形的面积

从上面的执行效果可以看出，在使用匿名委托时并没有定义方法，而是在实例化委托时直接实现了具体的操作。由于匿名委托并不能很好地实现代码的重用，匿名委托通常适用于实现一些仅需要使用一次委托中代码的情况，并且代码比较少。

8.2 事件

无论是企业中使用的大型应用程序还是手机中安装的一个 App 都与事件密不可分，例如在登录 QQ 软件时需要输入用户名和密码，然后单击“登录”按钮来登录 QQ，此时单击按钮的动作会触发一个按钮的单击事件来完成执行相应的代码实现登录的功能。在 C#语言中，Windows 应用程序、ASP.NET 网站程序等类型的程序都离不开事件的应用。

视频讲解

事件是一种引用类型，实际上也是一种特殊的委托。通常，每一个事件的发生都会产生发送方和接收方，发送方是指引发事件的对象，接收方则是指获取、处理事件。事件要与委托一起使用。事件定义的语法形式如下。

```
访问修饰符 event 委托名 事件名;
```

在这里，由于在事件中使用了委托，因此需要在定义事件前先定义委托。在定义事件后需要定义事件所使用的方法，并通过事件来调用委托。下面通过实例来演示事件的应用。

例 8-6 通过事件完成在控制台上输出“Hello Event!”的操作。

根据题目要求，代码如下。

```
class Program
    {
        //定义委托
        public delegate void SayDelegate();
        //定义事件
```

```
        public  event SayDelegate SayEvent;
        //定义委托中调用的方法
        public void SayHello()
        {
            Console.WriteLine("Hello Event!");
        }
        //创建触发事件的方法
        public void SayEventTrigger()
        {
            //触发事件，必须与事件是同名的方法
            SayEvent();
        }
        static void Main(string[] args)
        {
            //创建 Program 类的实例
            Program program=new Program();
            //实例化事件，使用委托指向处理方法
            program.SayEvent=new SayDelegate(program.SayHello);
            //调用触发事件的方法
            program.SayEventTrigger();
        }
    }
```

执行上面的代码，效果如图 8-5 所示。

图 8-5 使用事件调用方法

例 8-7 在事件中使用多播委托完成预定不同商品的操作。

根据题目要求，代码如下。

```
class MyEvent
    {
        //定义委托
        public delegate void BuyDelegate();
        //定义事件
        public event BuyDelegate BuyEvent;
        //定义委托中使用的方法
        public static void BuyFood()
        {
            Console.WriteLine("购买快餐！");
        }
        public static void BuyCake()
        {
```

```
            Console.WriteLine("购买蛋糕!");
        }
        public static void BuyFlower()
        {
            Console.WriteLine("购买鲜花!");
        }
        //创建触发事件的方法
        public void InvokeEvent()
        {
            //触发事件，必须和事件是同名的方法
            BuyEvent();
        }
    }
    class Program
    {
        static void Main(string[] args)
        {
            //创建 MyEvent 类的实例
            MyEvent myEvent=new MyEvent();
            //实例化事件，使用委托指向处理方法
            myEvent.BuyEvent+=new MyEvent.BuyDelegate(MyEvent.BuyFood);
            myEvent.BuyEvent+=new MyEvent.BuyDelegate(MyEvent.BuyCake);
            myEvent.BuyEvent+=new MyEvent.BuyDelegate(MyEvent.BuyFlower);
            //调用触发事件的方法
            myEvent.InvokeEvent();
        }
    }
```

执行上面的代码，效果与图 8-3 一致。

需要注意的是，在使用事件时如果事件的定义和调用不在同一个类中，实例化的事件只能出现在+=或者-=操作符的左侧。在上面的代码中，实例化事件的代码只能写成“myEvent.BuyEvent += new MyEvent.BuyDelegate(MyEvent.BuyFood)”的形式，而不能使用“myEvent.BuyEvent = new MyEvent.BuyDelegate(MyEvent.BuyFood)”的形式。

事件是每一个 Windows 应用程序中必备的，很多事件的操作都是自动生成的，在后面的小节中还将详细介绍 Windows 应用程序中常用的事件。

8.3 Windows 应用程序中的窗体

Windows 应用程序是 C#语言中的一个重要应用，也是 C#语言最常见的应用。对于每一个使用过 Windows 操作系统的读者来说，Windows 应用程序是不会陌生的。使用 C#语言编写的 Windows 应用程序与 Windows 操作系统的界面类似，每个界面都是由窗体构成的，并且能通过鼠标单击、键盘输入等操作完成相应的功能。本节将介绍 Windows 应用程序的创建以及窗体的属性、事件和方法等。

8.3.1 创建 Windows 窗体应用程序

视频讲解

创建 Windows 窗体应用程序的步骤与创建控制台应用程序的步骤类似，在 Visual Studio 2015 软件中，依次选择“文件”→“新建”→“项目”命令，弹出如图 8-6 所示的对话框。

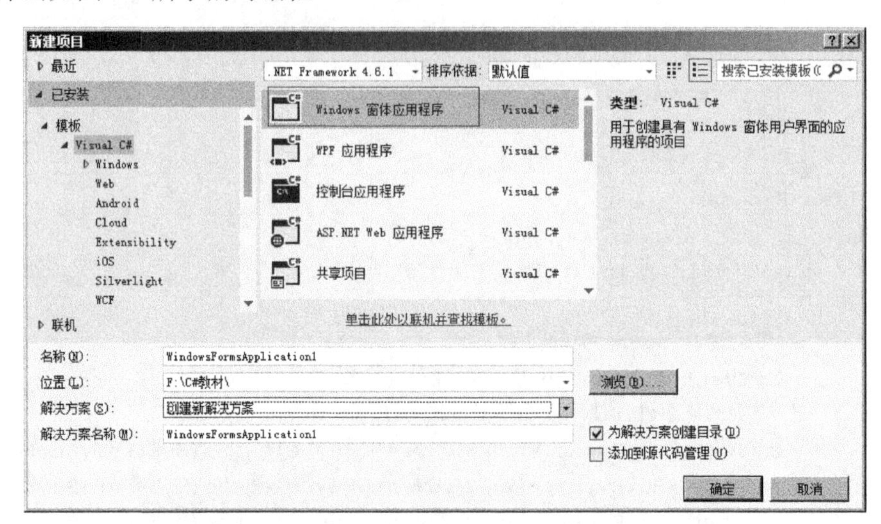

图 8-6 “新建项目”对话框

在该对话框中选择“Windows 窗体应用程序”，并更改项目名称、项目位置、解决方案名称等信息，单击“确定”按钮，即可完成 Windows 窗体应用程序的创建，如图 8-7 所示。

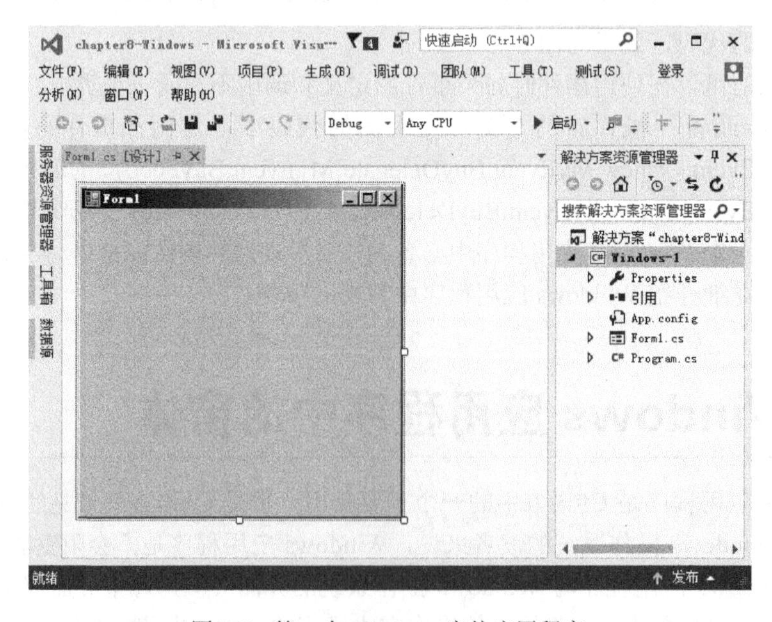

图 8-7 第一个 Windows 窗体应用程序

在每一个 Windows 窗体应用程序的项目文件夹中，都会有一个默认的窗体程序 Form1.cs，并且在项目的 Program.cs 文件中指定要运行的窗体。Program.cs 文件的代码如下。

```
static class Program
    {
        /// <summary>
        /// 应用程序的主入口点。
        /// </summary>
        [STAThread]
        static void Main()
        {
01          Application.EnableVisualStyles();
02          Application.SetCompatibleTextRenderingDefault(False);
03          Application.Run(new Form1());
        }
    }
```

其中：

- ❑ 第 01 行代码：用于启动应用程序中可视的样式，如果控件和操作系统支持，那么控件的绘制就能根据显示风格来实现。
- ❑ 第 02 行代码：控件支持 UseCompatibleTextRenderingproperty 属性，该方法将此属性设置为默认值。
- ❑ 第 03 行代码：用于设置在当前项目中要启动的窗体，这里 new Form1()即为要启动的窗体。

在 Windows 窗体应用程序中界面是由不同类型的控件构成的。系统中默认的控件全部存放到工具箱中，如图 8-8 所示。

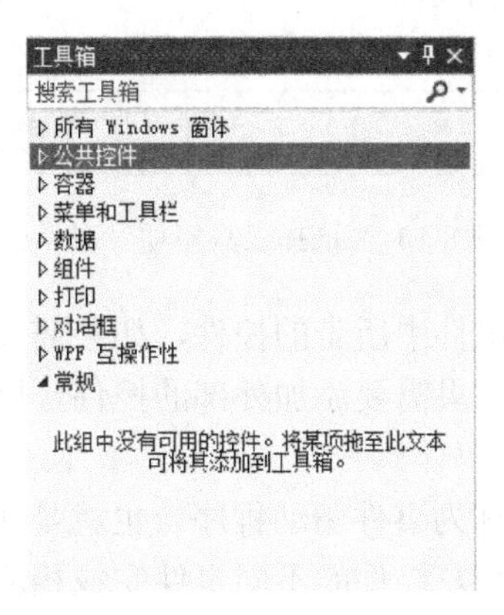

图 8-8　工具箱

在工具箱中将控件划分为公共控件、容器、菜单和工具栏、数据、组件、打印、对话框等组。如果工具箱中的控件不能满足开发项目的需求，也可以向工具箱中添加新的控件，或者对工具箱中的控件重置或进行分组等操作，这都可以通过右击工具箱，在弹出的右键菜单中选择相应的命令实现。右键菜单如图 8-9 所示界面。

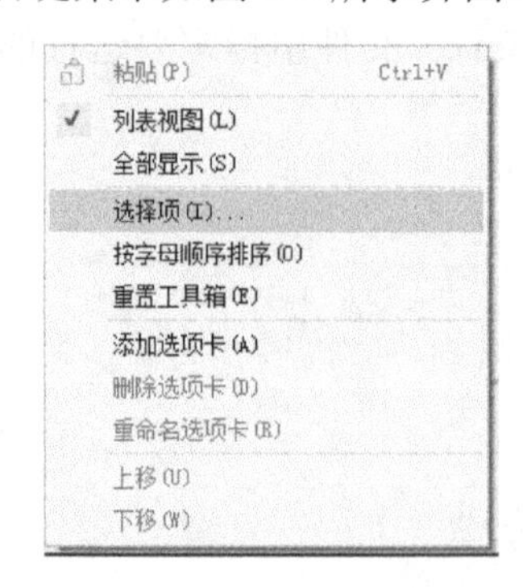

图 8-9　右键菜单

在右键菜单中选择“选择项”命令，弹出如图 8-10 所示的对话框。

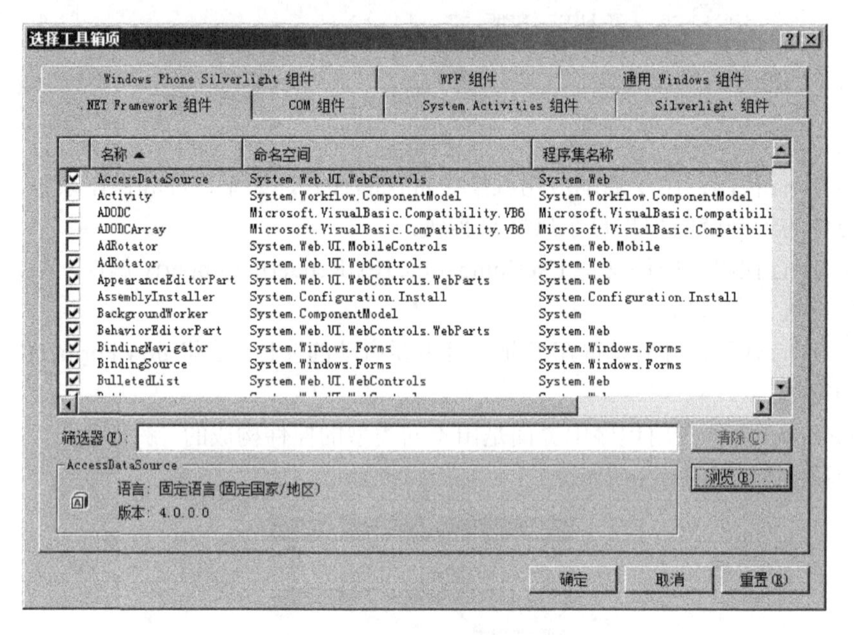

图 8-10　“选择工具箱项”对话框

在该对话框中列出了不同组件中所带的控件，如果需要在工具箱中添加，直接选中相应组件名称前的复选框即可。如果需要添加外部的控件，则单击“浏览”按钮，找到相应控件的.dll 或.exe 程序添加即可。

Windows 窗体应用程序也称为事件驱动程序，也就是通过鼠标单击界面上的控件、通过键盘输入操作控件等操作来触发控件的不同事件完成相应的操作。例如单击按钮、右击界面、向文本框中输入内容等操作。

8.3.2　窗体中的属性

视频讲解

每一个 Windows 窗体应用程序都是由若干个窗体构成的，窗体中的属性主要用于设置窗体的外观。在 Windows 窗体应用程序中右击窗体，在弹出的右键菜单中选择“属性”命令，弹出如图 8-11 所示的属性面板。

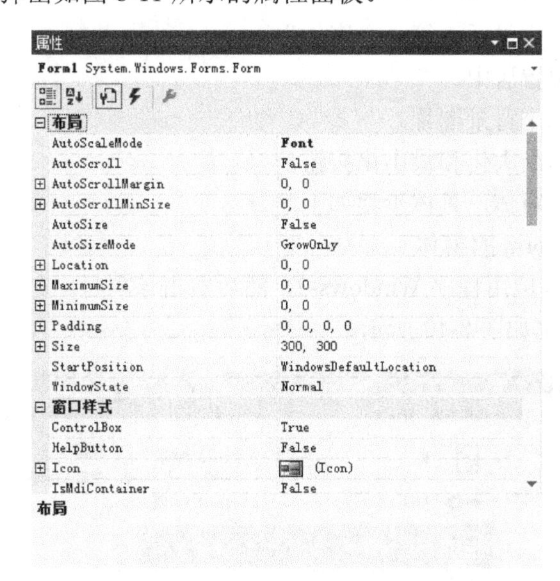

图 8-11　窗体的属性面板

在该图中列出的属性分为布局、窗口样式等方面，合理地设置好窗体的属性对窗体的展现效果会起到事半功倍的作用。窗体的常用属性如表 8-1 所示。

表 8-1　窗体中常用的属性

属　　性	作　　用
Name	用来获取或设置窗体的名称
WindowState	获取或设置窗体的窗口状态，取值有 3 种，即 Normal（正常）、Minimized（最小化）、Maximized（最大化），默认为 Normal，即正常显示
StartPosition	获取或设置窗体运行时的起始位置，取值有 5 种，即 Manual（窗体位置由 Location 属性决定）、CenterScreen（屏幕居中）、WindowsDefaultLocation（Windows 默认位置）、WindowsDefaultBounds（Windows 默认位置，边界由 Windows 决定）、CenterParent（在父窗体中居中），默认为 WindowsDefaultLocation
Text	获取或设置窗口标题栏中的文字
MaximizeBox	获取或设置窗体标题栏右上角是否有最大化按钮，默认为 True
MinimizeBox	获取或设置窗体标题栏右上角是否有最小化按钮，默认为 True
BackColor	获取或设置窗体的背景色
BackgroundImage	获取或设置窗体的背景图像
BackgroundImageLayout	获取或设置图像布局，取值有 5 种，即 None（图片居左显示）、Tile（图像重复，默认值）、Stretch（拉伸）、Center（居中）、Zoom（按比例放大到合适大小）
Enabled	获取或设置窗体是否可用
Font	获取或设置窗体上文字的字体
ForeColor	获取或设置窗体上文字的颜色
Icon	获取或设置窗体上显示的图标

下面通过实例来演示窗体属性的应用。

例 8-8 创建一个名为 TestForm 的窗体，并完成如下设置。

（1）窗体的标题栏中显示“第一个窗体”。

（2）窗体中起始位置居中。

（3）窗体中设置一个背景图片。

（4）窗体中不显示最大化和最小化按钮。

实现题目中要求的窗体，具体步骤如下。

1）创建名为 TestForm 的窗体

创建一个 Windows 应用程序 Windows-2，然后右击该项目，在弹出的右键菜单中选择“添加新项”命令，弹出如图 8-12 所示。

图 8-12 添加 Windows 窗体

2）设置 TestForm 窗体的属性

TestForm 窗体的属性设置如表 8-2 所示。

表 8-2 TestForm 窗体中设置的属性

属性	属性值
Name	TestForm
StartPosition	CenterScreen
Text	第一个窗体
MaximizeBox	False
MinimizeBox	False
BackgroundImage	chapter8-1.jpg
BackgroundImageLayout	Stretch

在上述属性中除了背景图片（BackgroundImage）属性以外，其他属性直接添加表 8-2

中对应的属性值即可。设置背景图片属性（BackgroundImage）的方法是单击 BackgroundImage 属性后的按钮，在弹出的对话框中单击“导入”按钮，如图 8-13 所示，选择图片 chapter8-1.jpg 所在的路径，单击“确定”按钮即可完成背景图片属性的设置。

图 8-13　“选择资源”对话框

3）设置 TestForm 窗体为启动窗体

每一个 Windows 窗体应用程序在运行时仅能指定一个启动窗体，设置启动窗体的方式是在项目的 Program.cs 文件中指定。具体的代码如下。

```
static class Program
    {
        /// <summary>
        /// 应用程序的主入口点。
        /// </summary>
        [STAThread]
        static void Main()
        {
            Application.EnableVisualStyles();
            Application.SetCompatibleTextRenderingDefault(False);
            Application.Run(new TestForm());    //设置启动窗体
        }
    }
```

完成以上 3 个步骤后按 F5 键运行程序，效果如图 8-14 所示。

图 8-14　TestForm 窗体

8.3.3 窗体中的事件

视频讲解

在窗体中除了可以通过设置属性改变外观外，还提供了事件来方便窗体的操作。在打开操作系统后，单击鼠标或者敲击键盘都可以在操作系统中完成不同的任务，例如双击鼠标打开“我的电脑”、在桌面上右击会出现右键菜单、单击一个文件夹后按 F2 键可以更改文件夹的名称等。实际上这些操作都是 Windows 操作系统中的事件。在 Windows 窗体应用程序中系统已经自定义了一些事件，在窗体属性面板中单击⚡图标即可查看到窗体中的事件，如图 8-15 所示。

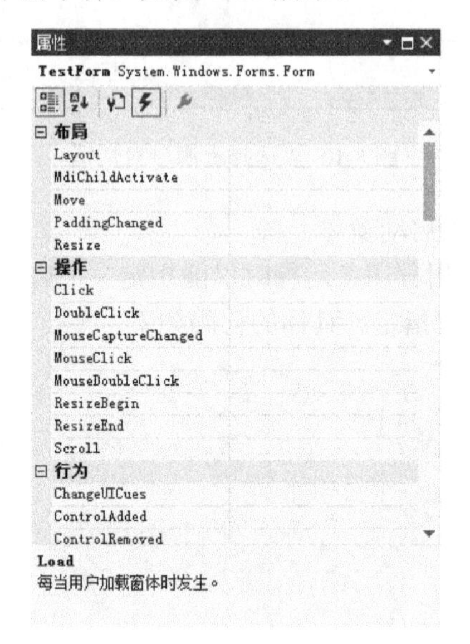

图 8-15　窗体中的事件

窗体中常用的事件如表 8-3 所示。

表 8-3　窗体中常用的事件

事　件	作　用
Load	窗体加载事件，在运行窗体时即可执行该事件
MouseClick	鼠标单击事件
MouseDoubleClick	鼠标双击事件
MouseMove	鼠标移动事件
KeyDown	键盘按下事件
KeyUp	键盘释放事件
FormClosing	窗体关闭事件，关闭窗体时发生
FormClosed	窗体关闭事件，关闭窗体后发生

下面通过实例来演示窗体中事件的应用。

例8-9　通过窗体的不同事件改变窗体的背景颜色。

在本例中采用的事件分别是窗体加载事件（Load）、鼠标单击事件（MouseClick）、鼠标双击事件（MouseDoubleClick）。实现该操作的步骤如下。

1）新建窗体

在 Windows-2 项目中添加一个名为 ColorForm 的窗体。

2）添加事件

右击该窗体，在弹出的右键菜单中选择“属性”命令，然后在弹出的面板中单击⚡图标进入窗体事件设置界面。在该界面中依次选中需要创建的事件，并双击该事件右侧的单元格，系统会自动为其生成对应事件的处理方法，设置后的属性面板如图 8-16 所示。

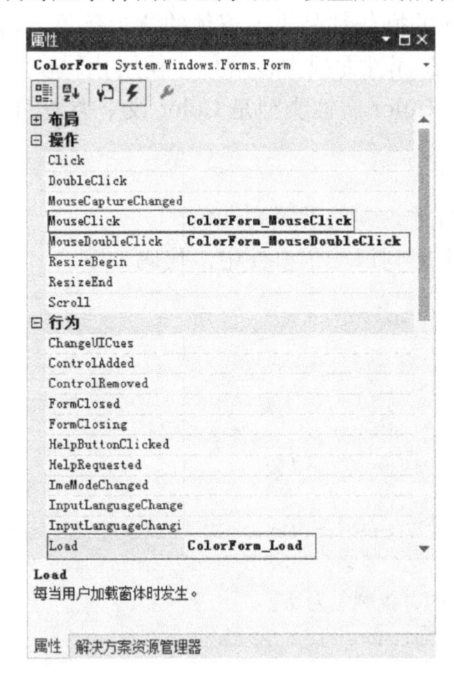

图 8-16　ColorForm 窗体的事件设置

设置好事件后会在ColorForm窗体对应的代码文件中自动生成与事件对应的4个方法，代码如下。

```
public partial class ColorForm : Form
    {
        public ColorForm()
        {
            InitializeComponent();
        }
        private void ColorForm_MouseClick(object sender, MouseEventArgs e)
        {

        }
        private void ColorForm_MouseDoubleClick(object sender, MouseEventArgs e)
        {

        }
        private void ColorForm_Load(object sender, EventArgs e)
```

```
        {

        }
    }
```

在执行不同事件时，系统会自动执行事件所对应方法中的内容。

3）添加事件处理代码

在本例中每个事件完成的操作都是更改窗体的背景颜色，窗体的背景颜色所对应的属性是 BackColor。除了可以在属性面板中设置外，使用代码设置的方式是使用 this 关键字代表当前窗体的实例，BackColor 属性类型是 Color 枚举类型的，代码如下。

```
this.BackColor=Color.Red;
```

上面的代码是将窗体的背景颜色设置为红色。

下面分别将类似代码添加到每一个事件中，代码如下。

```
public partial class ColorForm : Form
    {
        public ColorForm()
        {
            InitializeComponent();
        }
        private void ColorForm_MouseClick(object sender, MouseEventArgs e)
        {
            //设置窗体的背景颜色为黑色
            this.BackColor=Color.Black;
        }
        private void ColorForm_MouseDoubleClick(object sender, MouseEventArgs e)
        {
            //设置窗体的背景颜色为蓝色
            this.BackColor=Color.Blue;
        }
        private void ColorForm_Load(object sender, EventArgs e)
        {
            //设置窗体的背景颜色为红色
            this.BackColor=Color.Red;
        }
    }
```

4）设置启动窗体

在 Windows-2 项目的 Program.cs 类中将 ColorForm 窗体设置为启动窗体，代码如下。

```
static class Program
    {
        /// <summary>
        /// 应用程序的主入口点。
        /// </summary>
```

```
        [STAThread]
        static void Main()
        {
            Application.EnableVisualStyles();
            Application.SetCompatibleTextRenderingDefault(False);
            Application.Run(new ColorForm());
        }
    }
```

执行上面的代码，效果如图 8-17 所示。

图 8-17　ColorForm 窗体的加载效果

在窗体运行后，单击鼠标时窗体的背景颜色会换成黑色，双击鼠标时窗体的背景颜色会换成蓝色。

8.3.4　窗体中的方法

视频讲解

自定义的窗体都继承自 System.Windows.Form 类，能使用 Form 类中已有的成员，包括属性、方法、事件等。前面已经介绍过窗体中常用的属性和事件，实际上窗体中也有一些从 System.Windows.Form 类继承的方法，如表 8-4 所示。

表 8-4　窗体中的常用方法

方　法	作　用
void Show()	显示窗体
void Hide()	隐藏窗体
DialogResult ShowDialog()	以对话框模式显示窗体
void CenterToParent()	使窗体在父窗体边界内居中
void CenterToScreen()	使窗体在当前屏幕上居中
void Activate()	激活窗体并给予它焦点
void Close()	关闭窗体

下面通过实例来演示窗体中方法的应用。

例 8-10　在 MainForm 窗体中单击，弹出一个新窗体——NewForm；在新窗体中单击，将 NewForm 窗体居中，双击，关闭 NewForm 窗体。

实现题目要求的效果需要经过以下步骤：

1）在项目中添加所需的窗体

在 Windows-2 项目中添加所需的 MainForm 窗体和 NewForm 窗体。

2）设置 MainForm 窗体中事件

在 MainForm 窗体中添加鼠标单击窗体事件，并在该事件对应的方法中写入打开 NewForm 窗体的代码，具体代码如下。

```
public partial class MainForm : Form
    {
        public MainForm()
        {
            InitializeComponent();
        }
        //MainForm 窗体的鼠标单击事件
        private void MainForm_MouseClick(object sender, MouseEventArgs e)
        {
            //创建 NewForm 窗体的实例
            NewForm newForm=new NewForm();
            //打开 NewForm 窗体
            newForm.Show();
        }
    }
```

3）设置 NewForm 窗体的事件

在 NewForm 窗体中添加鼠标单击事件将窗体的显示位置居中，添加鼠标双击事件关闭 NewForm 窗体，并在相应的事件中添加代码，具体代码如下。

```
public partial class NewForm : Form
    {
        public NewForm()
        {
            InitializeComponent();
        }
        //窗体的鼠标单击事件
        private void NewForm_MouseClick(object sender, MouseEventArgs e)
        {
            //将窗体居中
            this.CenterToScreen();
        }
        //窗体的鼠标双击事件
        private void NewForm_MouseDoubleClick(object sender, MouseEventArgs e)
        {
            //关闭窗体
            this.Close();
```

```
        }
    }
```

4）将 MainForm 窗体设置为启动窗体

在 Windows-2 项目的 Program.cs 文件中设置 MainForm 窗体为启动窗体，代码如下。

```
static class Program
    {
        /// <summary>
        /// 应用程序的主入口点。
        /// </summary>
        [STAThread]
        static void Main()
        {
            Application.EnableVisualStyles();
            Application.SetCompatibleTextRenderingDefault(False);
            Application.Run(new MainForm());    //设置 MainForm 窗体为启动窗体
        }
    }
```

完成以上步骤后运行该项目，并在 MainForm 窗体上单击鼠标，效果如图 8-18 所示。

图 8-18　打开 NewForm 窗体

单击 NewForm 窗体后，NewForm 窗体显示在屏幕中央，双击 NewForm 窗体即可将该窗体关闭。

在使用窗体中的方法时需要注意，如果是当前窗体需要调用方法直接使用 this 关键字代表当前窗体，通过“this.方法名(参数列表)”的方式调用即可；如果要操作其他窗体，则需要用窗体的实例来调用方法。

8.3.5　使用消息框

视频讲解

消息框在 Windows 操作系统经常用到，例如在将某个文件或文件夹移动到回收站中时系统会自动弹出如图 8-19 所示的消息框。

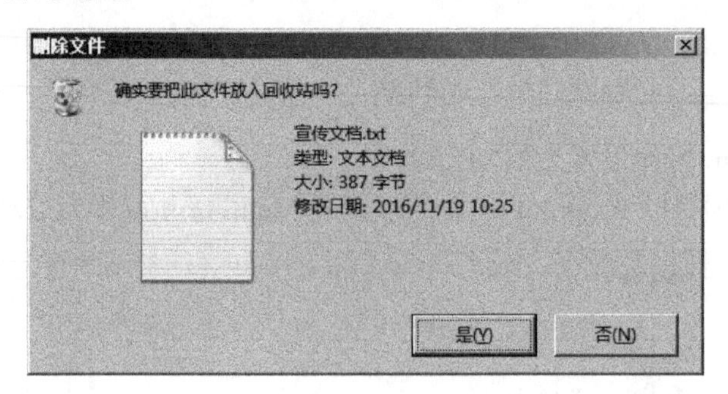

图 8-19 删除文件时弹出的消息框

在 Windows 窗体应用程序中向用户提示操作时也是采用消息框弹出的形式。消息框是通过 MessageBox 类来实现的，在 MessageBox 类中仅定义了 Show 的多个重载方法，该方法的作用就是弹出一个消息框。由于 Show 方法是一个静态的方法，因此调用该方法只需要使用“MessageBox.Show(参数)”的形式即可弹出消息框。消息框在显示时有不同的样式，例如标题、图标、按钮等。常用的 Show 方法参数如表 8-5 所示。

表 8-5 MessageBox 类中 Show 方法的参数

方　法	说　明
DialogResult Show(string text)	指定消息框中显示的文本（text）
DialogResult Show(string text, string caption)	指定消息框中显示的文本（text）以及消息框的标题（caption）
DialogResult Show(string text, string caption, MessageBoxButtons buttons)	指定消息框中显示的文本（text）、消息框的标题（caption）以及消息框中显示的按钮（buttons）
DialogResult Show(string text, string caption, MessageBoxButtons buttons, MessageBoxIcon icon);	指定消息框中显示的文本（text）、消息框的标题（caption）、消息框中显示的按钮（buttons）以及消息框中显示的图标（icon）

在上面所列出方法的参数中还涉及两个枚举类型，一个是 MessageBoxButtons，一个是 MessageBoxIcon。下面分别介绍这两个枚举类型中的具体值。

MessageBoxButtons 枚举类型主要用于设置消息框中显示的按钮，具体的枚举值如下。

- OK：在消息框中显示“确定”按钮。
- OKCancel：在消息框中显示“确定”和“取消”按钮。
- AbortRetryIgnore：在消息框中显示“中止”“重试”和“忽略”按钮。
- YesNoCancel：在消息框中显示“是”“否”和“取消”按钮。
- YesNo：在消息框中显示“是”和“否”按钮。
- RetryCancel：在消息框中显示“重试”和“取消”按钮。

MessageBoxIcon 枚举类型主要用于设置消息框中显示的图标，具体的枚举值如下。

- None：在消息框中不显示任何图标。
- Hand、Stop、Error：在消息框中显示由一个红色背景的圆圈及其中的白色×组成的图标。
- Question：在消息框中显示由圆圈和其中的一个问号组成的图标。
- Exclamation、Warning：在消息框中显示由一个黄色背景的三角形及其中的一个感叹号组成的图标。

- Asterisk、Information：在消息框中显示由一个圆圈及其中的小写字母 i 组成的图标。

调用 MessageBox 类中的 Show 方法将返回一个 DialogResult 类型的值，DialogResult 也是一个枚举类型，是消息框的返回值，通过单击消息框中不同的按钮得到不同的消息框返回值。DialogResult 枚举类型的具体值如下。

- None：消息框没有返回值，表明有消息框继续运行。
- OK：消息框的返回值是 OK（通常从标签为“确定”的按钮发送）。
- Cancel：消息框的返回值是 Cancel（通常从标签为“取消”的按钮发送）。
- Abort：消息框的返回值是 Abort（通常从标签为“中止”的按钮发送）。
- Retry：消息框的返回值是 Retry（通常从标签为“重试”的按钮发送）。
- Ignore：消息框的返回值是 Ignore（通常从标签为“忽略“的按钮发送）。
- Yes：消息框的返回值是 Yes（通常从标签为“是“的按钮发送）。
- No：消息框的返回值是 No（通常从标签为“否“的按钮发送）。

下面通过实例来演示消息框的应用。

例 8-11　创建一个窗体，单击该窗体弹出一个消息框提示“是否打开新窗口”，如果单击“是”按钮，则打开新窗口，如果单击“否”按钮，则关闭当前窗体。

根据题目要求，完成该实例需要如下步骤。

1）创建所需的窗体

创建一个名为 Windows-3 的项目，并在该项目中添加两个窗体，分别命名为 MainForm、MessageForm。

2）在 MainForm 窗体中添加事件

在 MainForm 窗体中添加鼠标单击事件，并在相应的事件中添加如下代码。

```
public partial class MainForm:Form
    {
        public MainForm()
        {
            InitializeComponent();
        }

        private void MainForm_MouseClick(object sender, MouseEventArgs e)
        {
            //弹出消息框，并获取消息框的返回值
            DialogResult dr=MessageBox.Show("是否打开新窗体?", "提示", Message
            BoxButtons.YesNo,MessageBoxIcon.Warning);
            //如果消息框中的返回值是 Yes，显示新窗体
            if(dr==DialogResult.Yes)
            {
                MessageForm messageForm=new MessageForm();
                messageForm.Show();
            }
```

```
            //如果消息框中的返回值是 No，关闭当前窗体
            else if(dr==DialogResult.No)
            {
                //关闭当前窗体
                this.Close();
            }
        }
    }
```

3）设置项目的启动窗体

在 Program.cs 文件中将 MainForm 设置为启动窗体，代码如下。

```
static class Program
    {
        /// <summary>
        /// 应用程序的主入口点。
        /// </summary>
        [STAThread]
        static void Main()
        {
            Application.EnableVisualStyles();
            Application.SetCompatibleTextRenderingDefault(False);
            Application.Run(new MainForm());
        }
    }
```

完成上面 3 个步骤后运行窗体，并在窗体上单击鼠标，弹出如图 8-20 所示的消息框。

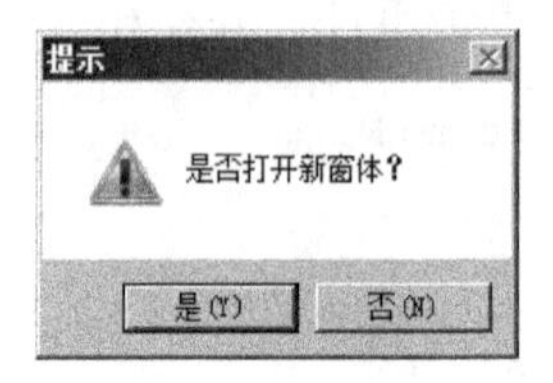

图 8-20　消息框

此外，消息框中的提示文字、图标、按钮等外观设置也可以通过设置消息框中的相应参数来改变。

8.4　本章小结

通过本章的学习，读者能掌握 C#中委托和事件的使用以及 Windows 应用程序中窗体的创建和使用。在委托部分能掌握命名方法委托、多播委托以及匿名委托，并需要熟练掌握命名方法委托的使用。在事件部分能掌握事件的定义以及使用，并能将事件应用到 Windows 应用程序的窗体中。在 Windows 窗体部分能掌握窗体的属性、事件、方法以及消

息框的使用，也为后续学习 Windows 窗体应用程序打下夯实的基础。

8.5　本章习题

❶ 填空题

（1）定义委托的关键字是______________________。

（2）多播委托是指___________________________________。

（3）设置窗体是否显示最大化和最小化按钮的属性是______________。

（4）设置窗体在运行时居中的属性是____________________________。

（5）设置窗体背景颜色的属性是_____________________。

习题答案

❷ 编程题

（1）通过命名方法委托实现数组中的元素求和。

（2）创建 Windows 窗体应用程序，在界面中设置窗体的背景图片、窗体的尺寸和标题，并在运行时显示窗体最大化的状态。

（3）创建 Windows 窗体应用程序，并在窗体加载时弹出具有警告图标的消息框。

第 9 章

Windows 窗体应用程序

在上一章中已经学了 Windows 窗体中的一些基本概念，Windows 窗体应用程序的实现主要依靠控件，并通过控件的事件和属性来实现窗体的效果。Windows 窗体应用程序的设计与 Windows 操作系统的界面有些相似，所提供的控件也相似，包括菜单栏、工具栏、对话框等，灵活地使用 Windows 窗体应用程序中所提供的控件能设计出符合客户要求、美观合理的界面。

本章的主要知识点如下：

- 文本框和标签
- 按钮和复选框
- 列表框和组合框
- 图片控件
- 与时间相关的控件
- 菜单栏和工具栏
- MDI 窗体
- Windows 窗体中的对话框

9.1 窗体中的基本控件

在 Windows 窗体应用程序中每个窗体都是由若干个控件构成的，所谓控件就是人们常说的能输入文本的位置、能选择的位置、能单击的位置、图片显示的位置等。其中，能输入文本的位置对应于 Windows 窗体应用程序中的文本框、多行文本框等；能选择的位置对应于 Windows 窗体应用程序中的复选框、单选按钮、下拉列表框；能单击的位置对应于 Windows 窗体应用程序中的按钮、超链接标签、菜单栏、工具栏等；图片显示的位置对应于 Windows 窗体应用程序中的图片控件。常用的 QQ 软件的登录界面如图 9-1 所示。

图 9-1　QQ 软件登录界面

在该界面中可以看到主要包括用于输入“QQ 号码”和“密码”的文本框、用于选择“记住密码”和“自动登录”的复选框、用于单击“注册账号”和“找回密码”的超链接标签、用于登录 QQ 的“登录”按钮，以及显示“QQ 图标”的图片控件。

9.1.1　文本框与标签

视频讲解

在 Windows 窗体应用程序中，每个窗体都必不可少地会用到文本框和标签控件。由于在窗体中无法直接编写文本，通常使用标签控件来显示文本；在窗体上输入信息时使用最多的是文本框。下面分别介绍标签和文本框的使用。

❶ 标签

在 Windows 窗体应用程序中，标签控件主要分为普通的标签（Label）和超链接形式的标签（LinkLabel）。普通标签（Label）控件的常用属性如表 9-1 所示。

表 9-1　标签控件中的常用属性

属　性　名	作　　用
Name	标签对象的名称，区别不同标签唯一标志
Text	标签对象上显示的文本
Font	标签中显示文本的样式
ForeColor	标签中显示文本的颜色
BackColor	标签的背景颜色
Image	标签中显示的图片
AutoSize	标签的大小是否根据内容自动调整，True 为自动调整，False 为用户自定义大小
Size	指定标签控件的大小
Visible	标签是否可见，True 为可见，False 为不可见

普通标签控件（Label）中的事件与窗体的事件类似，常用的事件主要有鼠标单击事件、鼠标双击事件、标签上文本改变的事件等。

与普通标签控件类似，超链接标签控件（LinkLabel）也具有相同的属性和事件，超链接标签主要应用的事件是鼠标单击事件，通过单击标签完成不同的操作，例如在QQ窗体中注册账号和找回密码的操作。

下面通过实例来演示标签控件的应用。

例 9-1 创建一个窗体，在窗体上放置两个普通标签控件（Label），分别显示“早上好！”“Good Morning！”。在窗体上通过单击超链接标签（LinkLabel）交换这两个标签上显示的信息。

根据题目要求，首先创建一个名为 ChangeTextForm 的窗体，并设置所需控件的属性和事件，实现的代码如下。

```
public partial class ChangeTextForm:Form
    {
        public ChangeTextForm()
        {
            InitializeComponent();
        }
        //超链接标签控件的单击事件
        private void linkLabel1_LinkClicked(object sender, LinkLabelLink
        ClickedEventArgs e)
        {
            //交换标签上的信息
            string temp=label1.Text;
            label1.Text=label2.Text;
            label2.Text=temp;
        }
    }
```

执行上面的代码，效果如图 9-2 所示。

单击超链接标签控件后效果如图 9-3 所示。

图 9-2　标签信息交换前的效果

图 9-3　标签信息交换后的效果

❷ 文本框

文本框（TextBox）是在窗体中输入信息时最常用的控件，通过设置文本框属性可以实现多行文本框、密码框等。除了前面介绍的控件属性以外，文本框还有一些不同的属性，如表 9-2 所示。

表 9-2　文本框的常用属性

属　性　名	作　　用
Text	文本框对象中显示的文本
MaxLength	在文本框中最多输入的文本的字符个数
WordWrap	文本框中的文本是否自动换行，如果是 True，则自动换行，如果是 False，则不能自动换行
PasswordChar	将文本框中出现的字符使用指定的字符替换，通常会使用“*”字符
Multiline	指定文本框是否为多行文本框，如果为 True，则为多行文本框，如果为 False，则为单行文本框
ReadOnly	指定文本框中的文本是否可以更改，如果为 True，则不能更改，即只读文本框，如果为 False，则允许更改文本框中的文本
Lines	指定文本框中文本的行数
ScrollBars	指定文本框中是否有滚动条，如果为 True，则有滚动条，如果为 False，则没有滚动条

文本框控件最常使用的事件是文本改变事件（TextChange），即在文本框控件中的内容改变时触发该事件。

下面通过实例来演示文本框的应用。

例 9-2　创建一个窗体，在文本框中输入一个值，通过文本改变事件将该文本框中的值写到一个标签中。

根据题目要求，首先创建一个名为 TextBoxTest 的窗体，然后在窗体上添加文本框和标签，并在文本框的文本改变事件中编写代码。具体的代码如下。

```
public partial class TextBoxTest:Form
    {
        public TextBoxTest()
        {
            InitializeComponent();
        }
        //文本框的文本改变事件
        private void textBox1_TextChanged(object sender, EventArgs e)
        {
            //将文本框中的文本值显示在标签中
            label2.Text=textBox1.Text;
        }
    }
```

运行窗体，效果如图 9-4 所示。

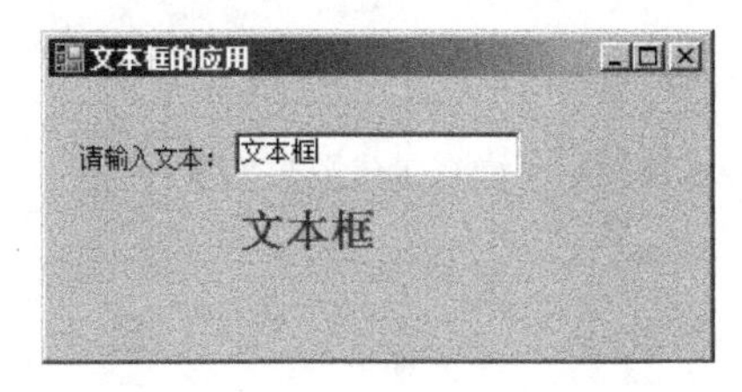

图 9-4　文本框的文本改变事件的应用

从上面的运行结果可以看出，使用控件的属性和事件通过一行代码即可完成所需的功能。

例 9-3　实现简单的登录窗体。

本例中的登录窗体仅包括用户名和密码，将登录窗体命名为 LoginForm，界面设计效果如图 9-5 所示。

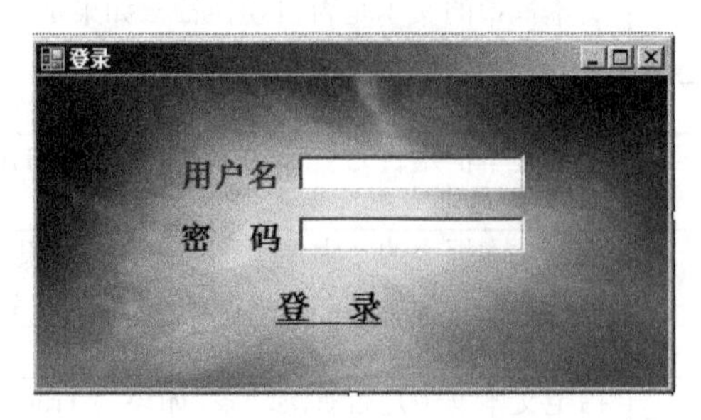

图 9-5　登录界面

单击“登录”超链接标签，对文本框中输入的用户名和密码进行判断，如果用户名和密码的输入值分别为 xiaoming 和 123456，则弹出消息框提示“登录成功！”，否则提示“登录失败！”，具体代码如下。

```
public partial class LoginForm:Form
    {
        public LoginForm()
        {
            InitializeComponent();
        }
        //判断是否登录成功
        private void linkLabel1_LinkClicked(object sender, LinkLabelLink
        ClickedEventArgs e)
        {
            //获取用户名
            string username=textBox1.Text;
            //获取密码
            string password=textBox2.Text;
            //判断用户名和密码是否正确
            if("xiaoming".Equals(username)&&"123456".Equals(password))
            {
                MessageBox.Show("登录成功！");
            }
            else
            {
                MessageBox.Show("登录失败！");
            }
        }
    }
```

运行窗体后输入用户名和密码，单击“登录”超链接标签，效果如图 9-6 所示。

图 9-6　登录成功时的效果

从上面的运行效果可以看出，输入密码的文本框中由于在 PasswordChar 属性中设置了*，因此在文本框中输入的文本全部使用了*来替换。

9.1.2　按钮和复选框

视频讲解

按钮包括普通的按钮（Button）、单选按钮（RadioButton）；复选框（CheckBox）是与单选按钮相对应的，用于选择多个选项的操作。此外，C#还提供了与复选框功能类似的复选列表框（CheckedListBox），方便用户设置和获取复选列表框中的选项。下面分别介绍 4 种控件的应用。

❶ 按钮

按钮主要用于提交页面的内容，或者是确认某种操作等。按钮常用的属性包括在按钮中显示的文字（Text）以及按钮外观设置的属性，最常用的事件是单击事件。

例 9-4　实现一个简单的用户注册功能，并将提交的注册信息显示在新窗体的文本框中。

本例的用户注册界面中仅包括用户名和密码，通过单击“注册”按钮跳转到新窗体中并显示注册的用户名和密码，实现该功能分别使用 RegForm 窗体和 MainForm 窗体。

RegForm 窗体的界面如图 9-7 所示。

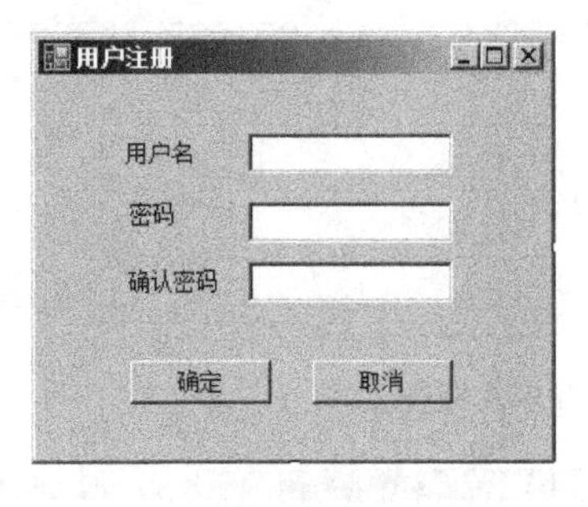

图 9-7　用户注册窗体界面

在注册时判断用户名和密码不能为空，并且要求两次输入的密码一致，实现的代码如下。

```
public partial class RegForm:Form
    {
        public RegForm()
```

```
        {
            InitializeComponent();
        }
        //“确定”按钮的单击事件，用于判断注册信息并跳转新窗体显示注册信息
        private void button1_Click(object sender, EventArgs e)
        {
            string name=textBox1.Text;
            string pwd=textBox2.Text;
            string repwd=textBox3.Text;
            if(string.IsNullOrEmpty(name))
            {
                MessageBox.Show("用户名不能为空！");
                return;
            }
            else if(string.IsNullOrEmpty(textBox2.Text))
            {
                MessageBox.Show("密码不能为空");
                return;
            }
            else if(!textBox2.Text.Equals(textBox3.Text))
            {
                MessageBox.Show("两次输入的密码不一致");
                return;
            }
            //将用户名和密码传递到主窗体中
            MainForm mainForm=new MainForm(name, pwd);
            mainForm.Show();
        }
        //“取消”按钮的事件，用于关闭窗体
        private void button2_Click(object sender, EventArgs e)
        {
         //关闭窗体
            this.Close();
        }
    }
```

MainForm 窗体的界面如图 9-8 所示。

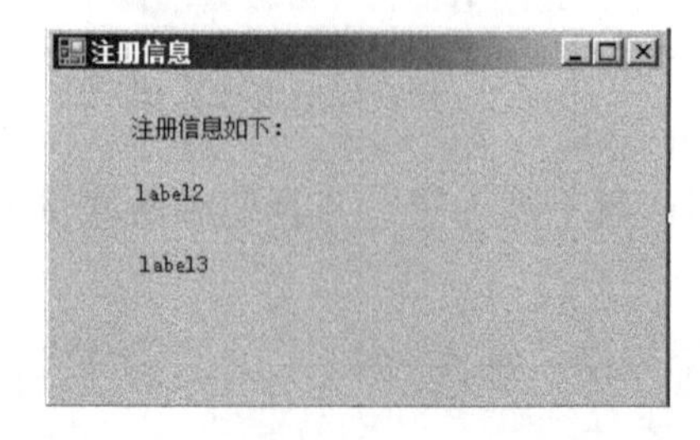

图 9-8　MainForm 窗体的界面设计

在 MainForm 界面中使用标签 label2 和 label3 分别显示用户名和密码，代码如下。

```
public partial class MainForm:Form
    {
        //通过构造方法将注册窗体的用户名和密码传递到主窗体中
        public MainForm(string username,string pwd)
        {
            InitializeComponent();
            label2.Text="用户名: "+username;
            label3.Text="密码"+pwd;
        }
    }
```

运行 RegForm 窗体，效果如图 9-9 所示。

单击“确定”按钮，效果如图 9-10 所示。

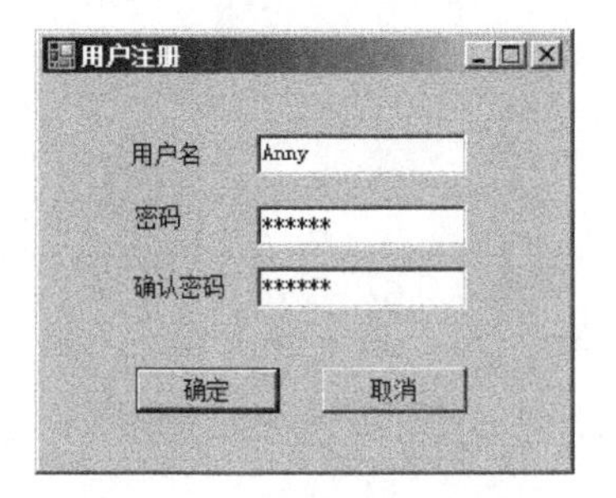

图 9-9　注册信息界面

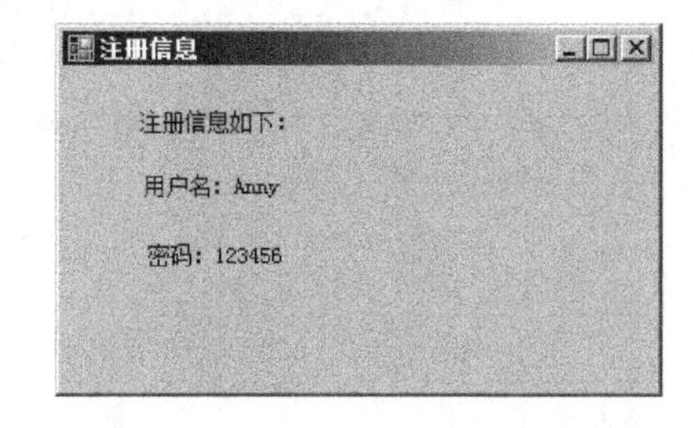

图 9-10　显示注册信息界面

从上面的实例可以看出，如果需要在两个窗体中传递参数，则可以使用按钮和文本框。

❷ 单选按钮

例 9-5　完成选择用户权限的操作，并在消息框中显示所选的权限名。

根据题目要求，用户权限包括“普通用户”“年卡用户”“VIP 用户”，因此需要 3 个单选按钮。实现该功能的窗体名称为 PowerForm，界面设计如图 9-11 所示。

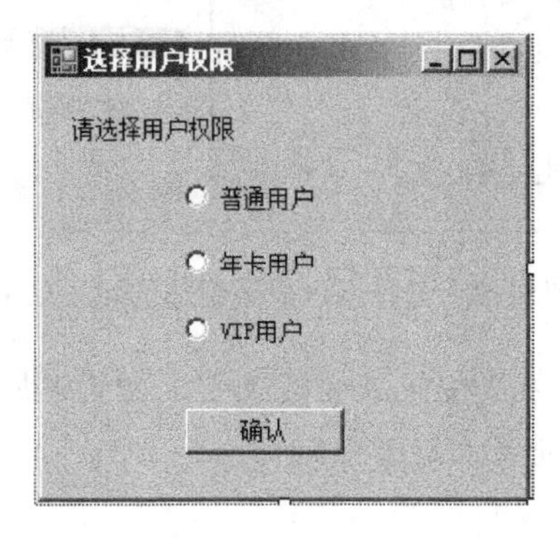

图 9-11　选择用户权限界面

单击“确认”按钮选择相应的用户权限，实现的代码如下。

```
public partial class PowerForm:Form
```

```
    {
        public PowerForm()
        {
            InitializeComponent();
        }
        //单击“确定”按钮的事件
        private void button1_Click(object sender, EventArgs e)
        {
            string msg="";
            if(radioButton1.Checked)
            {
                msg=radioButton1.Text;
            }
            else if(radioButton2.Checked)
            {
                msg=radioButton2.Text;
            }
            else if(radioButton3.Checked)
            {
                msg=radioButton3.Text;
            }
            MessageBox.Show("您选择的权限是："+msg,"提示");
        }
    }
```

PowerForm 窗体的运行效果如图 9-12 所示。

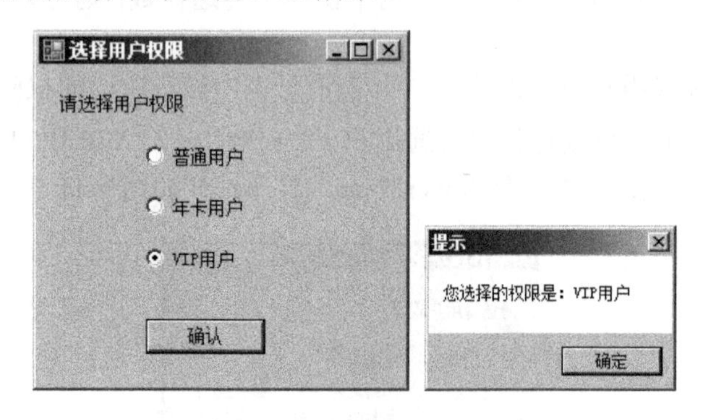

图 9-12　选择用户权限窗体的运行效果

checked 属性可用于判断单选按钮是否被选中。如果该属性的返回值为 True，则代表选中；如果返回值为 False，则表示未选中。

❸ 复选框

例 9-6　完成选择用户爱好的操作，并在消息框中显示所选的爱好。

根据题目要求，用户爱好包括篮球、排球、羽毛球、乒乓球、游泳、阅读、写作，因此需要 7 个复选框。实现该功能的窗体名称为 HobbyForm，窗体设计如图 9-13 所示。

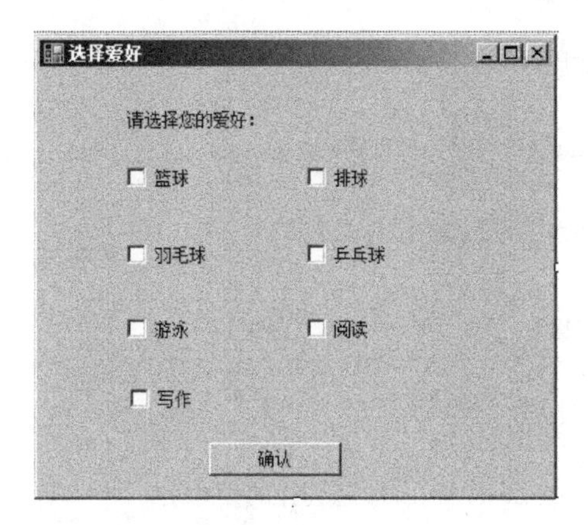

图 9-13　选择爱好的窗体设计界面

单击“确认”按钮显示选择的爱好，实现的代码如下。

```
public partial class HobbyForm:Form
    {
        public HobbyForm()
        {
            InitializeComponent();
        }
        //单击“确认”按钮，显示选择的爱好
        private void button1_Click(object sender, EventArgs e)
        {
            string msg="";
            if(checkBox1.Checked)
            {
                msg=msg+""+checkBox1.Text;
            }
            if(checkBox2.Checked)
            {
                msg=msg+""+checkBox2.Text;
            }
            if(checkBox3.Checked)
            {
                msg=msg+""+checkBox3.Text;
            }
            if(checkBox4.Checked)
            {
                msg=msg+""+checkBox4.Text;
            }
            if(checkBox5.Checked)
            {
                msg=msg+""+checkBox5.Text;
            }
```

```
            if(checkBox6.Checked)
            {
                msg=msg+""+checkBox6.Text;
            }
            if(checkBox7.Checked)
            {
                msg=msg+""+checkBox7.Text;
            }
           if(msg!="")
            {
                MessageBox.Show("您选择的爱好是：" + msg, "提示");
            }
            else
            {
                MessageBox.Show("您没有选择爱好！","提示");
            }
        }
    }
```

运行该窗体，效果如图 9-14 所示。

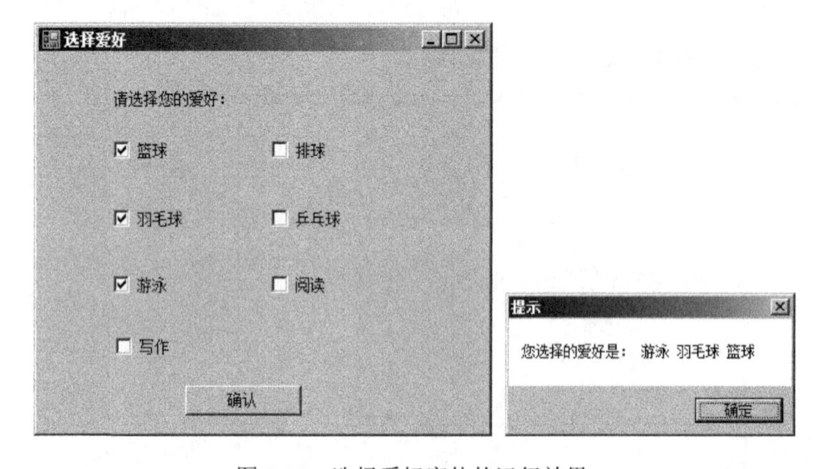

图 9-14　选择爱好窗体的运行效果

与判断单选按钮是否被选中一样，判断复选框是否被选中也使用 checked 属性。试想如果界面上的复选框有几十个或更多，每个复选框都需要判断，则会出现很多的冗余代码。由于都要获取复选框是否被选中了，界面上的每一个控件都继承自 Control 类，直接判断界面上的控件是否为复选框即可，实现上述功能的代码可以简化为如下。

```
string msg = "";
foreach(Control c in Controls)
{
    //判断控件是否为复选框控件
    if(c is CheckBox)
```

```
        {
            if(((CheckBox)c).Checked)
            {
              msg=msg+" "+((CheckBox)c).Text;
            }
        }
    }
    if (msg!="")
    {
        MessageBox.Show("您选择的爱好是: "+msg, "提示");
    }
    else
    {
        MessageBox.Show("您没有选择爱好! ", "提示");
    }
```

执行以上代码的效果与图 9-14 一致，但从代码量上来说已经减少了很多的冗余代码，减轻了程序员的工作量。除了可以在界面上查找复选框以外，还可以查找其他控件。

❹ 复选列表框

复选列表框显示的效果与复选框类似，但在选择多个选项时操作比一般的复选框更方便。下面通过实例来演示复选列表框的应用。

例 9-7　使用复选列表框完成选购水果的操作。

根据题目要求，创建一个名为 CheckedListBox 窗体，在复选列表框中添加 6 种水果，单击“购买”按钮，弹出消息框显示购买的水果种类。该窗体的设计界面如图 9-15 所示。

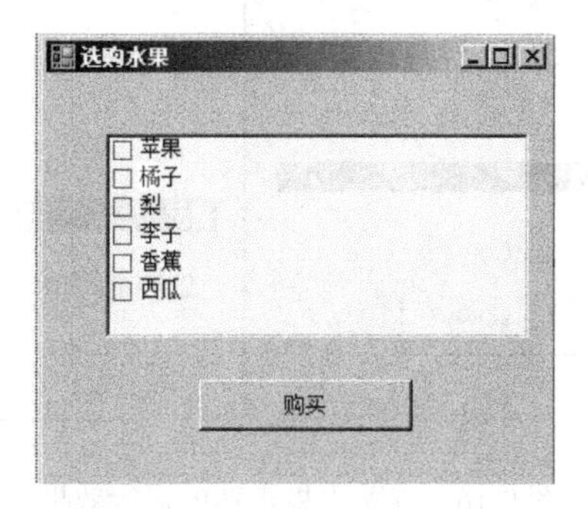

图 9-15　选购水果的界面设计

实现单击“购买”按钮的代码如下。

```
public partial class CheckedListBoxForm:Form
    {
        public CheckedListBoxForm()
        {
            InitializeComponent();
```

```
        }
        //“购买”按钮的单击事件，用于在消息框中显示购买的水果种类
        private void button1_Click(object sender, EventArgs e)
        {

            string msg="";
            for(int i=0;i<checkedListBox1.CheckedItems.Count;i++)
            {
                msg=msg+" "+checkedListBox1.CheckedItems[i].ToString();
            }
            if(msg!="")
            {
                MessageBox.Show("您购买的水果有："+msg,"提示");
            }
            else
            {
                MessageBox.Show("您没有选购水果！","提示");
            }
        }
    }
```

运行该窗体，效果如图 9-16 所示。

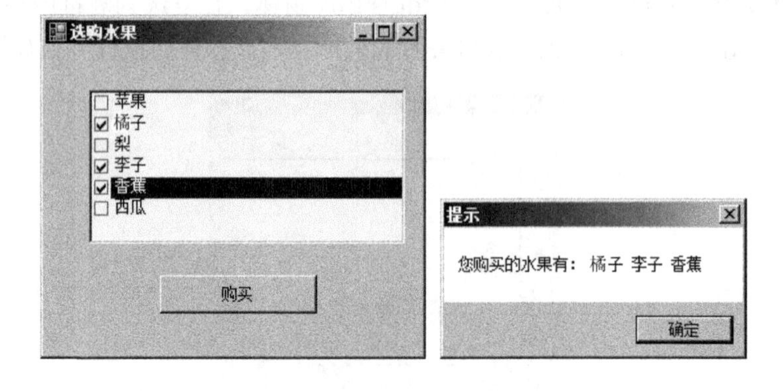

图 9-16　选购水果窗体的运行效果

在使用复选列表框控件时需要注意获取列表中的项使用的是 CheckedItems 属性，获取当前选中的文本（图 9-16 中蓝色部分的项）使用的是 SelectedItem 属性。

9.1.3　列表框和组合框

视频讲解

❶ 列表框

列表框（ListBox）将所提供的内容以列表的形式显示出来，并可以选

择其中的一项或多项内容，从形式上比使用复选框更好一些。例如，在 Word 中设置字体时界面如图 9-17 所示。

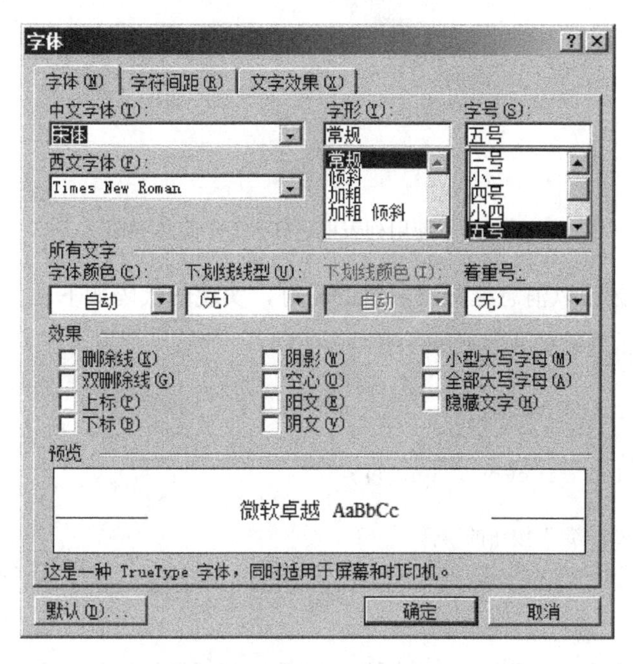

图 9-17　设置字体的界面

在列表框控件中有一些属性与前面介绍的控件不同，如表 9-3 所示。

表 9-3　列表框控件（ListBox）常用的属性

属　性　名	作　　用
MultiColumn	获取或设置列表框是否支持多列，如果设置为 True，则表示支持多列；如果设置为 False，则表示不支持多列，默认为 False
Items	获取或设置列表框控件中的值
SelectedItems	获取列表框中所有选中项的集合
SelectedItem	获取列表框中当前选中的项
SelectedIndex	获取列表框中当前选中项的索引，索引从 0 开始
SelectionMode	获取或设置列表框中选择的模式，当值为 One 时，代表只能选中一项，当值为 MultiSimple 时，代表能选择多项，当值为 None 时，代表不能选择，当值为 MultiExtended 时，代表能选择多项，但要在按下 Shift 键后再选择列表框中的项

列表框还提供了一些方法来操作列表框中的选项，由于列表框中的选项是一个集合形式的，列表项的操作都是用 Items 属性进行的，例如 Items.Add 方法用于向列表框中添加项，Items.Insert 方法用于向列表框中的指定位置添加项，Items .Remove 方法用于移除列表框中的项。

例 9-8　使用列表框的形式完成例 9-7 中爱好的选择。

根据题目要求，使用列表框列出所需的爱好，将窗体命名为 ListForm，界面设计如图 9-18 所示。

图 9-18　使用列表框选择爱好的窗体界面

单击“确定”按钮以消息框弹出所选的爱好，实现的代码如下。

```
public partial class ListForm:Form
    {
        public ListForm()
        {
            InitializeComponent();
        }
        //单击“确定”按钮的事件
        private void button1_Click(object sender, EventArgs e)
        {
            string msg="";
            for(int i=0;i<listBox1.SelectedItems.Count;i++)
            {
                msg=msg+" "+listBox1.SelectedItems[i].ToString();
            }
            if(msg!="")
            {
                MessageBox.Show("您选择的爱好是: "+msg,"提示");
            }
            else
            {
                MessageBox.Show("您没有选择爱好！");
            }

        }
    }
```

运行 ListForm 窗体，效果如图 9-19 所示。

图 9-19　ListForm 窗体的运行效果

单击“确定”按钮后弹出消息框显示被选中的项目，效果如图 9-20 所示。

例 9-9 在例 9-8 的基础上添加两个按钮，一个负责向列表框中添加爱好，一个负责删除选中的列表项。

根据题目要求，ListForm 窗体的设计效果如图 9-21 所示。

图 9-20 显示列表框中选中的项

图 9-21 具有添加和删除操作的 ListForm 窗体的设计

实现的代码如下。

```
//“添加”按钮的单击事件，用于将窗体中文本框的值添加到列表框中
private void button3_Click(object sender, EventArgs e)
{
    //当文本框中的值不为空时将其添加到列表框中
    if(textBox1.Text!="")
    {
        listBox1.Items.Add(textBox1.Text);
    }
    else
    {
        MessageBox.Show("请添加爱好！");
    }
}
//将列表框中的选中项删除
private void button2_Click(object sender, EventArgs e)
{
    //由于列表框控件中允许选择多项，需要使用循环来删除所有已选中项
    int count=listBox1.SelectedItems.Count;
    List<string> itemValues=new List<string>();
    if(count!=0)
    {
    for(int i=0;i<count;i++)
    {
        itemValues.Add(listBox1.SelectedItems[i].ToString());
    }
    foreach(string item in itemValues)
    {
```

```
            listBox1.Items.Remove(item);
        }
    }
    else
    {
        MessageBox.Show("请选择需要删除的爱好！");
    }
}
```

在编写删除操作的功能时需要注意，首先要将列表框中的选中项存放到一个集合中，然后再对该集合中的元素依次使用 Remove 方法移除。

向列表框中添加选项的效果如图 9-22 所示。

图 9-22　向列表框中添加选项

当选中列表框中的值并单击“删除”按钮后，列表中的相应选项即可被删除。

❷ 组合框

组合框（ComboBox）也称下拉列表框，用于选择所需的选项，例如在注册学生信息时选择学历、专业等，使用组合框可以有效地避免非法值的输入。在组合框中也有一些经常使用的属性，如表 9-4 所示。

表 9-4　组合框（ComboBox）中常用的属性

属　性　名	作　　用
DropDownStyle	获取或设置组合框的外观，如果值为 Simple，同时显示文本框和列表框，并且文本框可以编辑；如果值为 DropDown，则只显示文本框，通过鼠标或键盘的单击事件展开文本框，并且文本框可以编辑；如果值为 DropDownList，显示效果与 DropDown 值一样，但文本框不可编辑。默认情况下为 DropDown
Items	获取或设置组合框中的值
Text	获取或设置组合框中显示的文本
MaxDropDownItems	获取或设置组合框中最多显示的项数
Sorted	指定是否对组合框列表中的项进行排序，如果值为 True，则排序，如果值为 False，则不排序。默认情况下为 False

在组合框中常用的事件是改变组合框中的值时发生的，即组合框中的选项改变事件 SelectedIndexChanged。

此外，在组合框中常用的方法与列表框类似，也是向组合框中添加项、从组合框中删除项。

例 **9-10**　实现一个选择专业的实例。

根据题目要求，创建一个名为 ComboBoxForm 的窗体，界面设计如图 9-23 所示。

图 9-23　选择专业窗体的界面

在窗体的设计界面中为组合框填入 5 个专业，或者使用代码添加值，在本实例中使用代码向组合框中添加值；通过“添加”或“删除”按钮将文本框中输入的值添加到组合框中或从组合框中删除。实现的代码如下。

```
public partial class ComboBoxForm:Form
    {
        public ComboBoxForm()
        {
            InitializeComponent();
        }
        //窗体加载事件，为组合框添加值
        private void ComboBoxForm_Load(object sender, EventArgs e)
        {
            comboBox1.Items.Add("计算机应用");
            comboBox1.Items.Add("英语");
            comboBox1.Items.Add("会计");
            comboBox1.Items.Add("软件工程");
            comboBox1.Items.Add("网络工程");
        }
        //组合框中选项值改变的事件
        private void comboBox1_SelectedIndexChanged(object sender, EventArgs e)
        {
            //当组合框中选择的值发生变化时弹出消息框显示当前组合框中选择的值
            MessageBox.Show("您选择的专业是："+comboBox1.Text, "提示");
        }
        //“添加”按钮的单击事件，用于向组合框添加文本框中输入的值
        private void button1_Click(object sender, EventArgs e)
        {
            //判断文本框的值是否为空，如果不为空将其添加到组合框中
```

```
        if (textBox1.Text!="")
        {
           //判断文本框中的值是否与组合框中的值重复
          if(comboBox1.Items.Contains(textBox1.Text))
           {
              MessageBox.Show("该专业已经存在！");
           }
          else
           {
              comboBox1.Items.Add(textBox1.Text);
           }

        }
        else
        {
            MessageBox.Show("请输入专业!", "提示");
        }


    }
    //“删除”按钮的单击事件，用于删除文本框中输入的值
    private void button2_Click(object sender, EventArgs e)
    {
         //判断文本框中的值是否为空
         if(textBox1.Text!="")
        {
           //判断组合框中是否存在文本框中输入的值
           if(comboBox1.Items.Contains(textBox1.Text))
           {
              comboBox1.Items.Remove(textBox1.Text);
           }
           else
           {
              MessageBox.Show("您输入的专业不存在！", "提示");
           }
        }
        else
        {
            MessageBox.Show("请输入要删除的专业！","提示");
        }
    }
}
```

运行该窗体，效果如图 9-24 所示。

图 9-24　选择“会计”专业时的运行效果

9.1.4　图片控件

视频讲解

在 Windows 窗体应用程序中显示图片时要使用图片控件(PictureBox)，图片的设置方式与背景图片的设置方式相似。图片控件中常用的属性如表 9-5 所示。

表 9-5　图片控件中常用的属性

属　性　名	作　　用
Image	获取或设置图片控件中显示的图片
ImageLocation	获取或设置图片控件中显示图片的路径
SizeMode	获取或设置图片控件中图片显示的大小和位置，如果值为 Normal，则图片显示在控件的左上角；如果值为 StretchImage，则图片在图片控件中被拉伸或收缩，适合图片的大小；如果值为 AutoSize，则控件的大小适合图片的大小；如果值为 CenterImage，图片在图片控件中居中；如果值为 Zoom，则图片会自动缩放至符合图片控件的大小

图片控件中图片的设置除了可以直接使用 ImageLocation 属性指定图片路径以外，还可以通过 Image.FromFile 方法来设置，实现的代码如下。

```
图片控件的名称.Image=Image.FromFile(图像的路径);
```

例 9-11　实现图片交换。

根据题目要求，定义一个名为 ImageForm 的窗体，并在该窗体上放置两个图片控件和一个按钮，界面设计如图 9-25 所示。

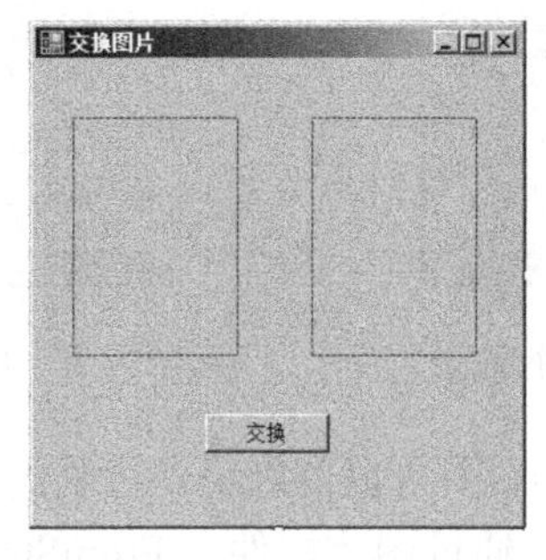

图 9-25　交换图片界面设计

单击“交换”按钮完成图片的交换，并在窗体加载时为图片控件设置图片，实现的代码如下。

```
public partial class PictureBoxForm:Form
    {
        public PictureBoxForm()
        {
            InitializeComponent();
        }
        //窗体加载事件，设置图片控件中显示的图片
        private void PictureBoxForm_Load(object sender, EventArgs e)
        {
            pictureBox1.Image=Image.FromFile(@"F:\C#教材\img\dog1.jpg");
            pictureBox1.SizeMode=PictureBoxSizeMode.StretchImage;
            pictureBox2.Image=Image.FromFile(@"F:\C#教材\img\dog2.jpg");
            pictureBox2.SizeMode=PictureBoxSizeMode.StretchImage;
        }
        //“交换”按钮的单击事件，用于交换图片
        private void button1_Click(object sender, EventArgs e)
        {
            //定义中间变量存放图片地址，用于交换图片地址
            PictureBox pictureBox=new PictureBox();
            pictureBox.Image=pictureBox1.Image;
            pictureBox1.Image=pictureBox2.Image;
            pictureBox2.Image=pictureBox.Image;
        }
    }
```

运行该窗体，效果如图 9-26 所示。

单击“交换”按钮，效果如图 9-27 所示。

图 9-26　交换图片窗体的运行效果

图 9-27　交换图片后的效果

在 Windows 窗体应用程序中，图片也可以用二进制的形式存放到数据库中，并使用文件流的方式读取数据库中的图片。通过图片控件的 FromStream 方法来设置使用流读取的图

片文件。关于从数据库中读取图片的操作将在本书第 12 章中详细介绍。

9.1.5　与时间相关的控件

视频讲解

在 Windows 应用窗体中与时间相关的控件有定时器控件（Timer）、日期时间控件（DateTimePicker)、日历控件（MonthCalendar），下面分别介绍每个控件的使用。

❶ 定时器控件

在 Windows 窗体应用程序中，定时器控件与其他的控件略有不同，它并不直接显示在窗体上，而是与其他控件连用，表示每隔一段时间执行一次 Tick 事件。定时器控件中常用的属性是 Interval，用于设置时间间隔，以毫秒为单位。此外，在使用定时器控件时还会用到启动定时器的方法（Start）、停止定时器的方法（Stop）。下面通过实例来演示定时器的使用。

例 9-12　实现图片每秒切换一次的功能

根据题目要求，使用定时器和图片控件完成每秒切换一次图片的功能，这里仅使用两张图片做切换。将实现该功能的窗体命名为 TimerForm，界面设计如图 9-28 所示。

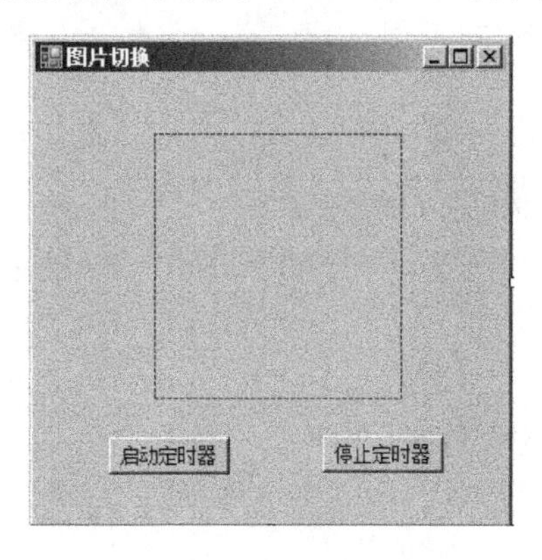

图 9-28　图片切换窗体的设计界面

实现该功能的代码如下。

```
public partial class TimerForm:Form
    {
        //设置当前图片控件中显示的图片
        //如果是 dog1.jpg，flag 的值为 False
        //如果是 dog2.jpg，flag 的值为 True
        bool flag=False;
        public TimerForm()
        {
           InitializeComponent();
        }
        //窗体加载事件，在图片控件中设置图片
        private void TimerForm_Load(object sender, EventArgs e)
        {
```

```
            pictureBox1.Image=Image.FromFile(@"F:\C#教材\img\dog1.jpg");
            pictureBox1.SizeMode=PictureBoxSizeMode.StretchImage;
            //设置每隔一秒调用一次定时器的 Tick 事件
            timer1.Interval=1000;
            //启动定时器
            timer1.Start();
        }
        //触发定时器的事件，在该事件中切换图片
        private void timer1_Tick(object sender, EventArgs e)
        {
            //当 flag 的值为 True 时将图片控件的 Image 属性值切换到 dog1.jpg
            //否则将图片控件的 Image 属性值切换到 dog2.jpg
            if(flag)
            {
                pictureBox1.Image=Image.FromFile(@"F:\C#教材\img\dog1.jpg");
                flag=False;
            }
            else
            {
                pictureBox1.Image=Image.FromFile(@"F:\C#教材\img\dog2.jpg");
                flag=True;
            }

        }
        //“启动定时器”按钮的单击事件
        private void button1_Click(object sender, EventArgs e)
        {
            timer1.Start();
        }
        //“停止定时器”按钮的单击事件
        private void button2_Click(object sender, EventArgs e)
        {
            timer1.Stop();
        }
    }
```

运行该窗体，效果如图 9-29 所示。

图 9-29　图片切换窗体的运行效果

由于切换是动态的，从运行效果看不出来，读者可以直接通过演示程序查看效果。另外，在本实例中将时间间隔属性 Interval 设置为 1000 毫秒，即 1 秒，读者可以根据实际情况更改该值。

❷ 日期时间控件（DateTimePicker）

日期时间控件在时间控件中的应用最多，主要用于在界面上显示当前的时间，日期时间控件中常用的属性是设置其日期显示格式的 Format 属性，该属性提供了 4 个属性值，其中，Short 是短日期格式，例如 2017/3/1；Long 是长日期格式，例如 2017 年 3 月 1 日；Time 是仅显示时间，例如，22:00:01；Custom 是用户自定义的显示格式。如果将 Format 属性设置为 Custom 值，则需要通过设置 CustomFormat 属性值来自定义显示日期时间的格式。

例 9-13 在窗体上设置动态的日期时间（使用定时器）。

根据题目要求，界面设计如图 9-30 所示。

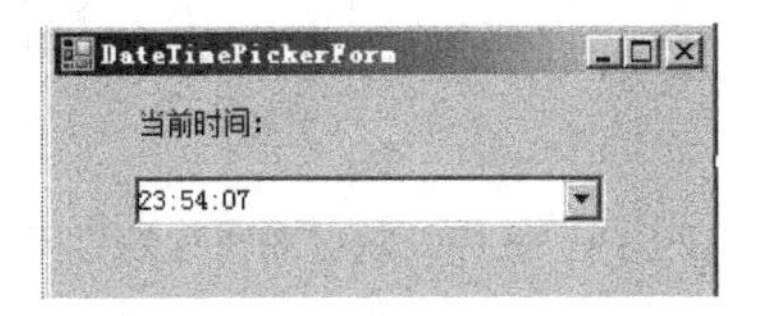

图 9-30 显示当前时间的界面设计

实现该功能的代码如下。

```
public partial class DateTimePickerForm:Form
    {
        public DateTimePickerForm()
        {
            InitializeComponent();
        }
        //DateTimePickerForm 窗体加载事件
        private void DateTimePickerForm_Load(object sender, EventArgs e)
        {
            //设置日期时间控件中仅显示时间
            dateTimePicker1.Format=DateTimePickerFormat.Time;
            //设置每隔一秒调用一次定时器的 Tick 事件
            timer1.Interval=1000;
            //启动计时器
            timer1.Start();
        }
        private void timer1_Tick(object sender, EventArgs e)
        {
            //重新设置日期时间控件的文本
            dateTimePicker1.ResetText();
        }
    }
```

❸ 日历控件（MonthCalendar）

日历控件用于显示日期，通常是与文本框联用，将日期控件中选择的日期添加到文本框中。下面通过实例来学习日历控件的应用。

例9-14 使用日历控件实现入职日期的选择。

根据题目要求，通过单击“选择”按钮显示日历控件，并将选择的日期显示在文本框中，界面设计如图 9-31 所示。

图 9-31 选择入职日期窗体的界面

实现该功能的代码如下。

```
public partial class MonthCalendarForm:Form
    {
        public MonthCalendarForm()
        {
            InitializeComponent();
        }
        //窗体加载事件
        private void MonthCalendarForm_Load(object sender, EventArgs e)
        {
            //隐藏日历控件
            monthCalendar1.Hide();
        }
        //“选择”按钮的单击事件
        private void button1_Click(object sender, EventArgs e)
        {  //显示日历控件
            monthCalendar1.Show();
        }
        //日历控件的日期改变事件
        private void monthCalendar1_DateSelected(object sender,DateRangeEventArgs e)
        {
            //将选择的日期显示在文本框中
            textBox1.Text=monthCalendar1.SelectionStart.ToShortDateString();
            //隐藏日历控件
            monthCalendar1.Hide();
        }
    }
```

运行该窗体，效果如图 9-32 所示。

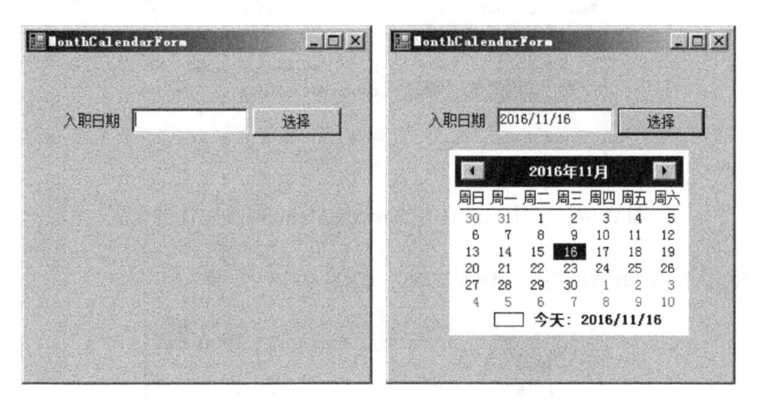

图 9-32　选择入职日期窗体的运行效果

9.1.6　菜单栏和工具栏

视频讲解

在 Windows 窗体应用程序中提供了拖曳的方式为窗体添加控件，并通过控件所提供的事件和属性完成应用程序的实现。菜单和工具栏在 Windows 窗体应用程序中是很常用的，效果与 Windows 操作系统中的菜单和工具栏的风格也是类似的。下面分别介绍菜单栏和工具栏控件的添加。

❶ 菜单栏

在 Visual Studio 2015 的工具箱中展开“菜单和工具栏”控件，如图 9-33 所示。

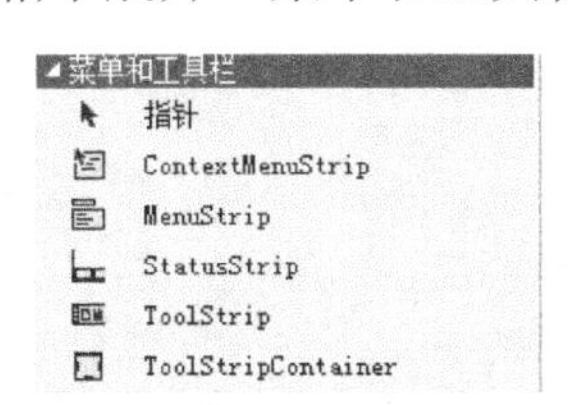

图 9-33　“菜单和工具栏”控件

其中共提供了 3 个菜单控件，分别是上下文菜单（ContextMenuStrip）、普通菜单（MenuStrip）、状态栏菜单（StatusStrip）。下面依次介绍菜单控件的使用。

1）上下文菜单（ContextMenuStrip）

所谓上下文菜单是指右键菜单，即右击某个控件或窗体时出现的菜单，它也是一种常用的菜单控件。在 Windows 窗体应用程序中，上下文菜单在设置时直接与控件的 ContextMenuStrip 属性绑定即可。下面通过实例来演示上下文菜单的应用。

例 9-15　创建 Windows 窗体应用程序，并为该窗体创建上下文菜单，菜单项包括打开窗体、关闭窗体。

根据题目要求创建 Windows 窗体，并在该窗体中添加上下文菜单，在 Windows 窗体的 ContextMenuStrip 属性中设置所添加上下文菜单的名称。设置属性的界面如图 9-34 所示。

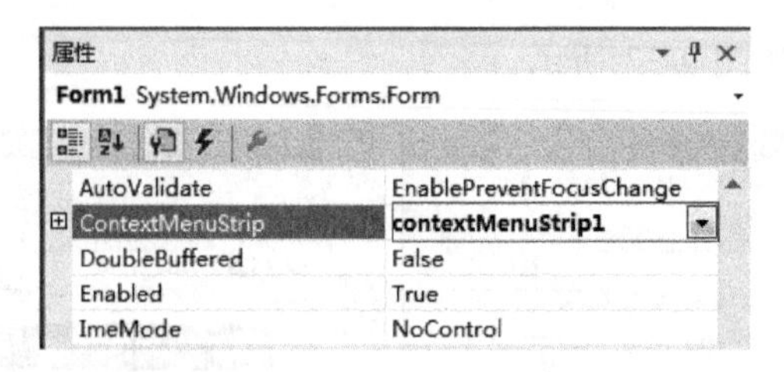

图 9-34　窗体 Form1 中 ContextMenuStrip 属性的设置

设置 ContextMenuStrip1 菜单中的选项，如图 9-35 所示。

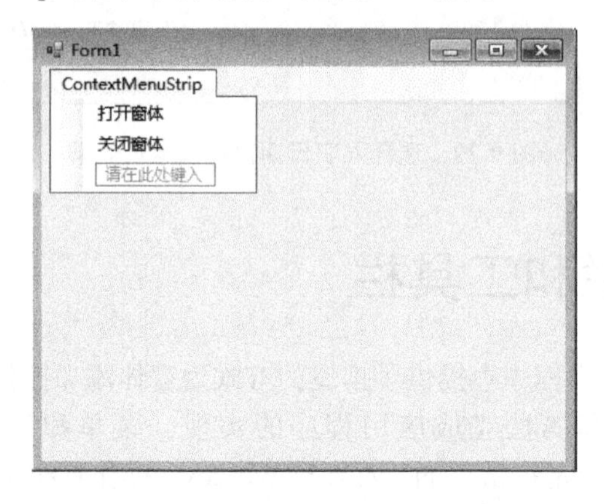

图 9-35　ContextMenuStrip1 菜单中的选项

在每个菜单项的单击事件中加入相关的操作代码，即可实现右键菜单的功能，具体代码如下。

```
public partial class Form1:Form
{
    public Form1()
    {
        InitializeComponent();
    }
    //打开新窗体的菜单项单击事件
    private void 打开窗体ToolStripMenuItem_Click(object sender, EventArgs e)
    {
        Form1 f1=new Form1();
        f1.Show();
    }
    //窗体菜单项的单击事件
    private void 关闭窗体ToolStripMenuItem_Click(object sender, EventArgs e)
    {
        this.Close();
    }
}
```

运行该窗体并右击，展开的右键菜单如图 9-36 所示。

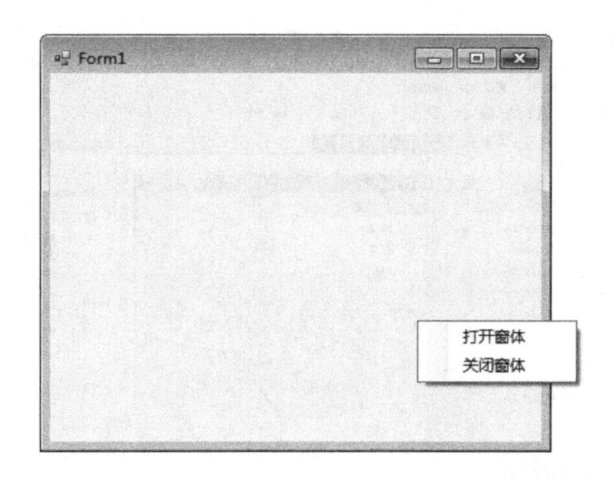

图 9-36　右键菜单的效果

从运行效果可以看出，右击窗体后会出现如图 9-36 所示的右键菜单。选择相应的菜单项即可执行相应的打开窗体和关闭窗体的功能。

2）菜单栏控件（MenuStrip）

在窗体上添加菜单栏控件 MenuStrip，直接按住 MenuStrip 不放，将其拖到右边的 Windows 窗体中即可，如图 9-37 所示。

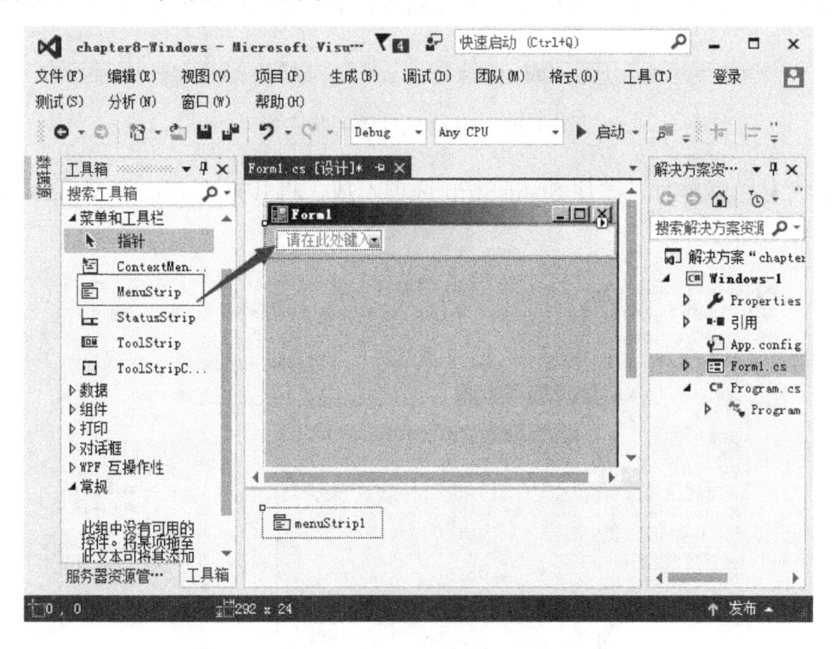

图 9-37　添加 MenuStrip 控件

完成 MenuStrip 控件的添加后，在 Windows 窗体设计界面中就能看到“请在此处键入”选项，直接单击它，然后输入菜单的名称，例如，“文件”“编辑”“视图”等。此外，添加一级菜单后还能添加二级菜单，例如，为“文件”菜单添加“新建”“打开”“关闭”等二级菜单，如图 9-38 所示，模拟一个文件菜单（包括二级菜单）和编辑菜单。

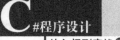

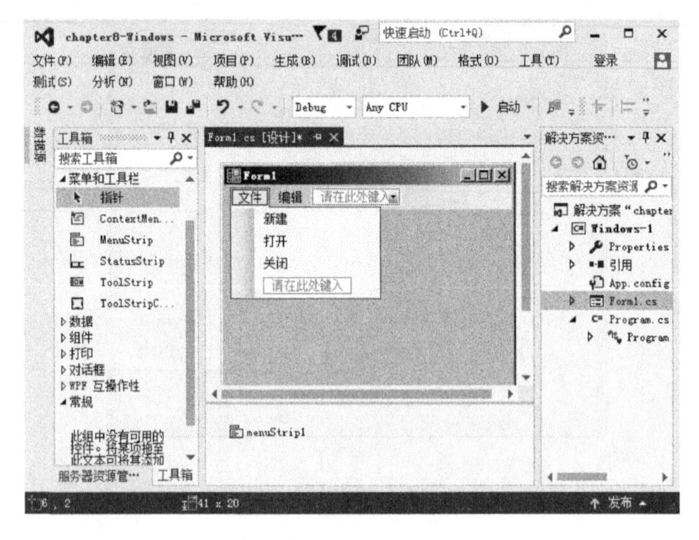

图 9-38　添加菜单栏

3）状态栏菜单（StatusStrip）

在 Windows 窗体应用程序中，状态栏用于在界面中给用户一些提示，例如登录到一个系统后，在状态栏上显示登录人的用户名、系统时间等信息。在 Office 的 Word 软件中，状态中显示的是当前的页数、第几行、第几列等信息，如图 9-39 所示。

图 9-39　Word 软件中的状态栏

在添加状态栏菜单时，按住 StatusStrip 选项不放，将其拖到右边的 Windows 窗体中即可，如图 9-40 所示。

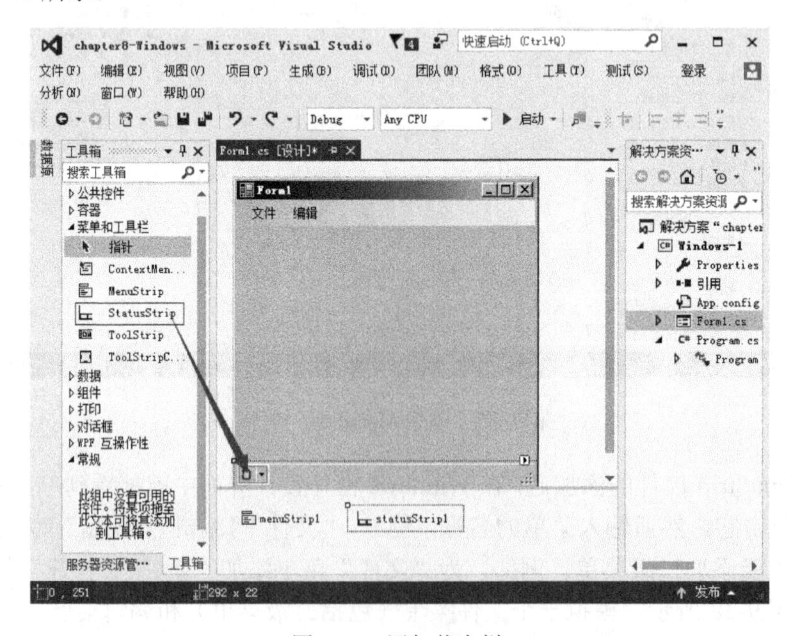

图 9-40　添加状态栏

在状态栏上不能直接编辑文字，需要添加其他的控件来辅助。单击图 9-40 所示界面中新添加的状态栏控件，则会显示如图 9-41 所示的下拉菜单，其中包括标签控件（StatusLabel）、进度条（ProgressBar）、下拉列表按钮（DropDownButton）、分割按钮（SplitButton）。

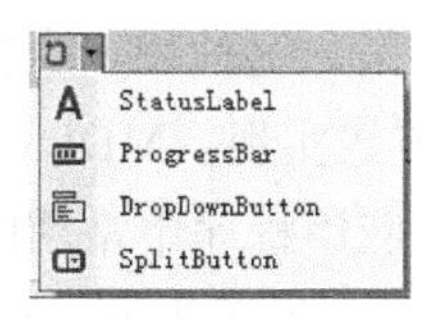

图 9-41 状态栏中允许添加的控件

❷ 工具栏

添加工具栏和添加菜单栏类似，在工具箱中将 ToolStrip 控件直接拖到 Windows 窗体中即可。为了美观和界面的统一，应将其拖到菜单栏的下方，如图 9-42 所示。

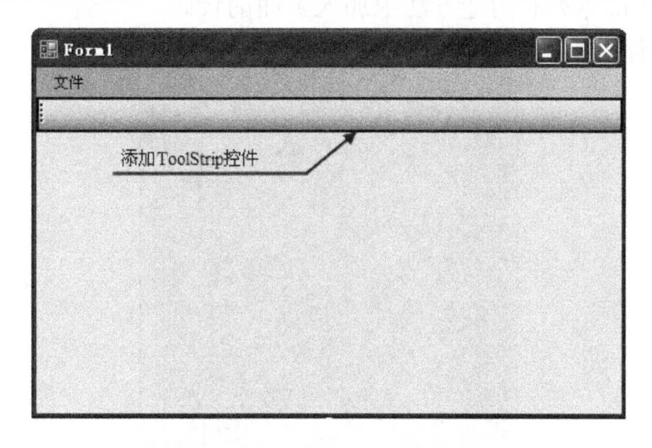

图 9-42 添加 ToolStrip 控件

在添加了 ToolStrip 控件之后，它只是一个工具条，上面并没有控件，所以它不能响应一些事件，从而没有功能。读者可以把它理解成一个占位符，就像是占着一个区域的位置，然后在其上面再添加按钮。添加按钮也很简单，如图 9-43 所示，用户还可以为其添加多种类型的控件，例如 Label、TextBox 等。

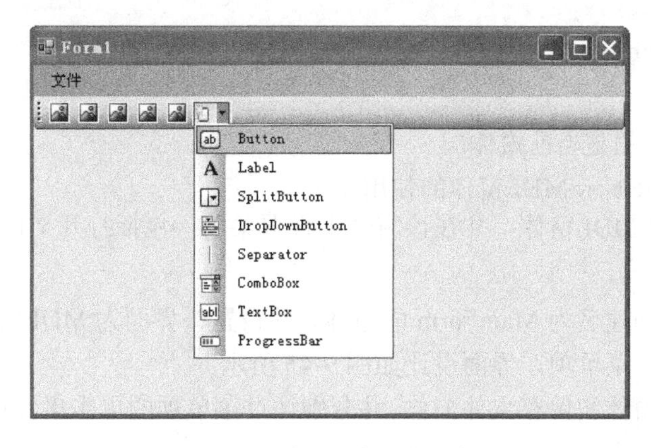

图 9-43 为工具栏添加控件

9.1.7 MDI 窗体

视频讲解

在 Windows 窗体应用程序中，经常会在一个窗体中打开另一个窗体，通过窗体上的不同菜单选择不同的操作，这种在一个窗体中打开另一个窗体的方式可以通过设置 MDI 窗体的方式实现。MDI（Multiple Document Interface）窗体被称为多文档窗体，它是很多 Windows 应用程序中常用的界面设计。MDI 窗体的设置并不复杂，只需要将窗体的属性 IsMdiContainer 设置为 true 即可。该属性既可以在 Windows 窗体的属性窗口中设置，也可以通过代码设置，这里在窗体加载事件 Load 中设置窗体为 MDI 窗体，代码如下。

```
this.IsMdiContainer=true;
```

此外，还可以在窗体类的构造方法中加入上面的代码。

在设置 MDI 窗体以后，窗体的运行效果如图 9-44 所示。

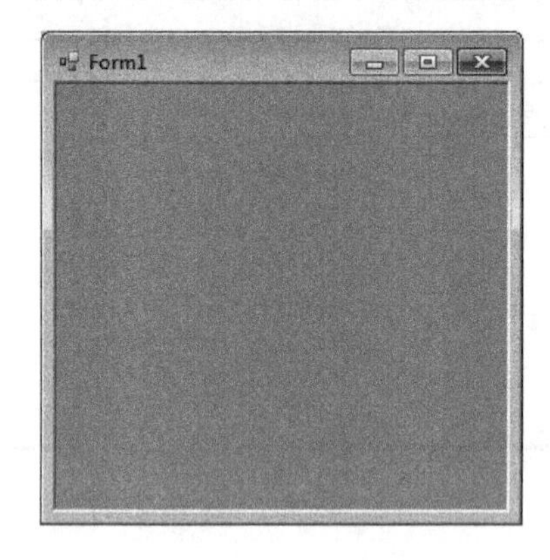

图 9-44　MDI 窗体

在 MDI 窗体中，弹出窗体的代码与直接弹出窗体有些不同，在使用 Show 方法显示窗体前需要使用窗体的 MdiParent 设置显示当前窗体的父窗体，实现的代码如下。

```
Test t=new Test();
t.MdiParent=this;
t.Show();
```

这里，this 代表的是当前窗体。

下面通过实例来演示 MDI 窗体的使用。

例 9-16　创建 MDI 窗体，并在该窗体上设置菜单，包括打开文件、保存文件两个菜单项。

根据题目要求创建名为 MainForm 的窗体，并设置该界面为 MDI 窗体，然后为该界面添加一个菜单和两个菜单项，界面设计如图 9-45 所示。

创建打开文件窗体和保存文件窗体，并分别通过菜单项的单击事件在 MDI 窗体中打开相应的窗体，代码如下。

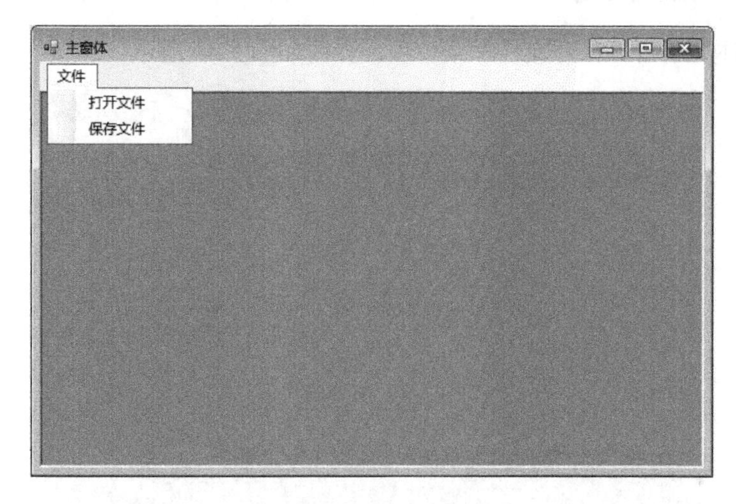

图 9-45　MainForm 窗体

```
public partial class MainForm:Form
    {
        public MainForm()
        {
            InitializeComponent();
            this.IsMdiContainer=true;
        }
        /// <summary>
        /// 打开文件菜单项的单击事件
        /// </summary>
        /// <param name="sender"></param>
        /// <param name="e"></param>
        private void 打开文件ToolStripMenuItem_Click(object sender, EventArgs e)
        {
            OpenFile f=new OpenFile();
            f.MdiParent=this;
            f.Show();
        }
        /// <summary>
        /// 保存文件菜单项的单击事件
        /// </summary>
        /// <param name="sender"></param>
        /// <param name="e"></param>
        private void 保存文件ToolStripMenuItem_Click(object sender, EventArgs e)
        {
            SaveFile f=new SaveFile();
            f.MdiParent=this;
            f.Show();
        }
    }
```

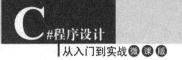

运行该窗体并单击“打开文件”菜单项，界面如图 9-46 所示。

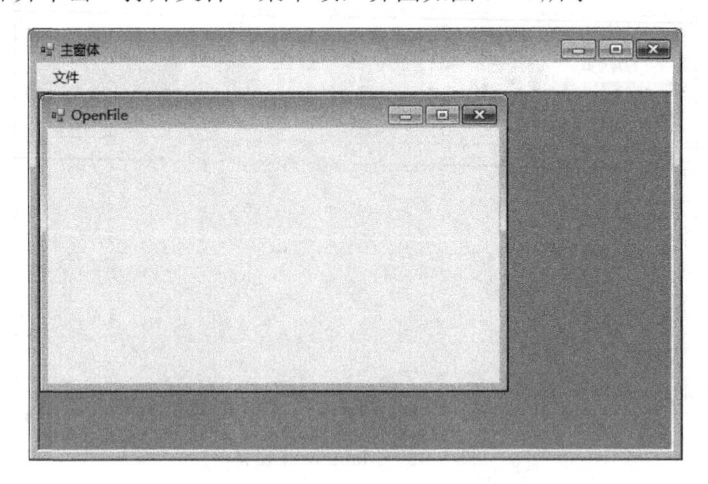

图 9-46　在 MDI 窗体中打开窗体的效果

从运行效果可以看出，打开文件窗体（OpenFile）在 MDI 窗体（MainForm）中打开。

9.2　Windows 窗体中的对话框控件

Windows 窗体应用程序中提供了对话框控件，用于在 Windows 窗体中弹出对话框直接操作窗体中的元素，包括颜色对话框、字体对话框、文件对话框等。对于这些对话框，使用 Windows 操作系统的读者都不会陌生。本节先介绍对话框控件的基本使用，然后使用这些对话框完成一个简单的记事本。

9.2.1　使用颜色对话框

视频讲解

颜色对话框控件（ColorDialog）用于对界面中的文字设置颜色，例如在 Word 中为文字设置颜色。颜色对话框的运行效果如图 9-47 所示。

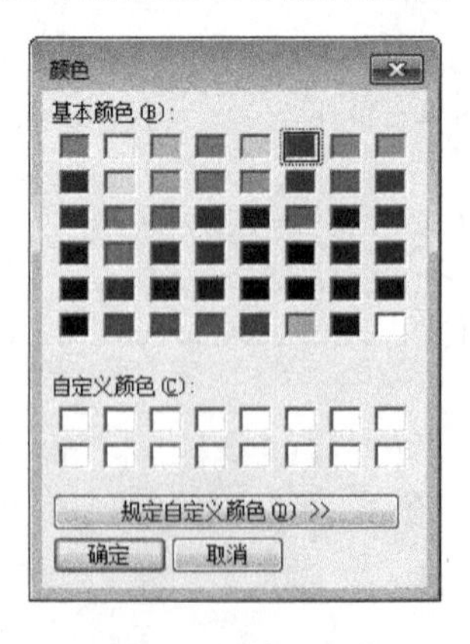

图 9-47　颜色对话框

在使用颜色对话框时不会在窗体中直接显示该控件，需要通过事件调用该控件的 ShowDialog 方法显示对话框。下面通过实例学习颜色对话框的应用。

例 9-17 使用颜色对话框完成文本框中字体颜色的设置。

根据题目要求，界面设计如图 9-48 所示。

图 9-48 颜色对话框使用界面的设计

在激活“更改文本颜色”按钮的单击事件时弹出颜色对话框，并为界面中文本框的文本设置文本颜色，实现的代码如下。

```
public partial class ColorDialogForm:Form
    {
        public ColorDialogForm()
        {
            InitializeComponent();
        }
        //“更改文本颜色”按钮的单击事件
        private void button1_Click(object sender, EventArgs e)
        {
            //显示颜色对话框
            DialogResult dr=colorDialog1.ShowDialog();
            //如果选中颜色，单击“确定”按钮则改变文本框中的文本颜色
            if(dr==DialogResult.OK)
            {
                textBox1.ForeColor=colorDialog1.Color;
            }
        }
    }
```

运行该窗体，并将文本框中的文本设置为蓝色，效果如图 9-49 所示。

图 9-49 更改文本颜色后的效果

从运行效果可以看出，文本框中的文字已经通过颜色对话框更改为蓝色。

9.2.2 使用字体对话框

视频讲解

字体对话框用于设置在界面上显示的字体，与 Word 中设置字体的效果类似，能够设置字体的大小以及显示的字体样式等。字体对话框的运行效果如图 9-50 所示。

下面通过实例演示字体对话框的应用。

例 **9-18** 使用字体对话框改变文本框中的字体。

根据题目要求，界面设计如图 9-51 所示。

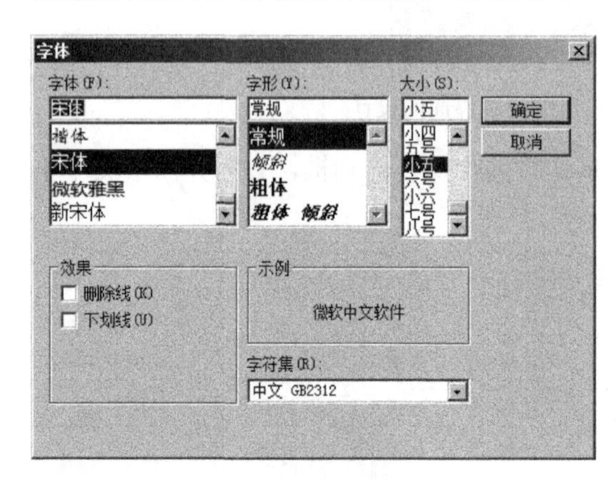

图 9-50 字体对话框

图 9-51 更改字体的设计界面

实现的代码如下。

```
public partial class FontDialogForm:Form
    {
        public FontDialogForm()
        {
            InitializeComponent();
        }
        //“改变文本字体”按钮的单击事件
        private void button1_Click(object sender, EventArgs e)
        {
            //显示字体对话框
            DialogResult dr=fontDialog1.ShowDialog();
            //如果在对话框中单击“确定”按钮，则更改文本框中的字体
            if(dr==DialogResult.OK)
            {
                textBox1.Font=fontDialog1.Font;
            }
        }
    }
```

运行该窗体，并更改字体的大小，效果如图 9-52 所示。

图 9-52　更改文本字体后的效果

从运行效果可以看出，文本框中的字体已经通过字体对话框改变了。

9.2.3　使用文件对话框

视频讲解

文件对话框主要包括文件浏览对话框，以及用于查找和打开文件的功能，与 Windows 中的文件对话框类似，下面通过实例来演示文件对话框的使用。

例 9-19　打开一个记事本文件，并更改记事本中的内容，保存到文件中。

根据题目要求，界面设计如图 9-53 所示。

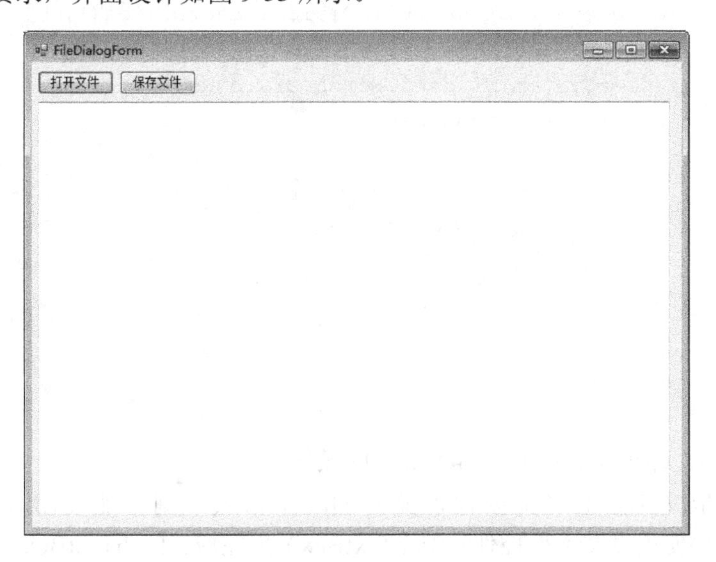

图 9-53　文件对话框应用的界面设计

在该界面中文本框使用的仍然是 TextBox，并将其设置为允许显示多行文本。在该界面中“打开文件”和“保存文件”按钮的单击事件分别使用文件读入流和文件写入流来完成对文本信息的读写操作，实现的代码如下。

```
public partial class FileDialogForm:Form
    {
        public FileDialogForm()
        {
            InitializeComponent();
        }

        private void button1_Click(object sender, EventArgs e)
        {
            DialogResult dr=openFileDialog1.ShowDialog();
            //获取所打开文件的文件名
            string filename=openFileDialog1.FileName;

            if(dr==System.Windows.Forms.DialogResult.OK && !string.IsNull
                OrEmpty(filename))
            {
                StreamReader sr=new StreamReader(filename);
                textBox1.Text=sr.ReadToEnd();
                sr.Close();
            }
        }
        //保存文件
        private void button2_Click(object sender, EventArgs e)
        {
            DialogResult dr=saveFileDialog1.ShowDialog();
            string filename=saveFileDialog1.FileName;
            if(dr==System.Windows.Forms.DialogResult.OK && !string.IsNull
                OrEmpty(filename))
            {
                StreamWriter sw=new StreamWriter(filename, True, Encoding.UTF8);
                sw.Write(textBox1.Text);
                sw.Close();
            }

        }
    }
```

运行该窗体，即可完成读取记事本文件的操作。

如果在读取文本信息时需要保留原有的文本格式，则不能使用普通的文本控件（TextBox），而要使用富文本框控件（RichTextBox）来完成。RichTextBox 控件在使用时与 TextBox 控件是非常类似的，但其对于读取多行文本更有优势，它可以处理特殊格式的文本。此外，在 RichTextBox 控件中还提供了文件加载和保存的方法，不需要使用文件流即可完成对文件的读写操作。下面通过实例来演示 RichTextBox 控件的使用。

例 9-20 使用 RichTextBox 控件完成例 9-19 的要求。

根据题目要求，将图 9-53 界面中的 TextBox 控件换成 RichTextBox 控件，并使用 RichTextBox 控件中提供的文件加载和保存方法来操作文件，实现的代码如下。

```
public partial class FileDialogForm:Form
    {
        public FileDialogForm ()
        {
            InitializeComponent();
        }
        /// <summary>
        /// “打开文件”按钮的单击事件
        /// </summary>
        /// <param name="sender"></param>
        /// <param name="e"></param>
        private void button1_Click(object sender, EventArgs e)
        {
            DialogResult dr=openFileDialog1.ShowDialog();
            //获取打开文件的文件名
            string filename=openFileDialog1.FileName;
            if(dr==System.Windows.Forms.DialogResult.OK && !string.IsNull
                OrEmpty(filename))
            {
                richTextBox1.LoadFile(filename, RichTextBoxStreamType.PlainText);
            }
        }
        /// <summary>
        /// “保存文件”按钮的单击事件
        /// </summary>
        /// <param name="sender"></param>
        /// <param name="e"></param>
        private void button2_Click(object sender, EventArgs e)
        {
            DialogResult dr=saveFileDialog1.ShowDialog();
            //获取所保存文件的文件名
            string filename=saveFileDialog1.FileName;
            if(dr==System.Windows.Forms.DialogResult.OK && !string.IsNull
                OrEmpty(filename))
            {
                richTextBox1.SaveFile(filename, RichTextBoxStreamType.PlainText);
            }
        }
    }
```

运行上面的窗体，其效果是与例 9-19 一致的，但使用 RichTextBox 控件的方式更简单，并且能更好地控制文件的格式。

9.3 本章小结

通过本章的学习，读者能掌握 Windows 窗体应用程序中基本控件和对话框控件的使用。在基本控件部分重点介绍了文本框、标签、按钮、复选框、列表框、组合框、图片控件以及菜单栏、工具栏、MDI 窗体的使用，在对话框控件中介绍了常用的颜色对话框、字体对话框以及文件对话框，灵活地使用这些对话框控件可以很容易地实现简易的记事本。

9.4 本章习题

❶ 填空题

习题答案

（1）MDI 窗体是指______________________________。

（2）菜单控件包括______________________________。

（3）按钮控件包括______________________________。

（4）与时间有关的控件包括__________________________。

（5）设置图片控件中显示图片的属性为______________________。

❷ 编程题

（1）创建 Windows 应用程序，实现选购水果的界面设计。

（2）创建 Windows 应用程序，实现一个简易的记事本（更改文本颜色、更改字体、打开文件、保存文件）。

（3）创建 Windows 应用程序，实现一个简易的计算器。

（4）创建 Windows 应用程序，使用 MDI 窗体实现一个学生信息管理系统的主界面设计，并提供学生信息管理系统所需的菜单。

第 10 章

调试与异常处理

在编程中不可避免地会出现一些错误，错误主要包括编译错误和逻辑错误，编译错误是很容易发现的，在 Visual Studio 2015 的代码页面中若出现一些红色的波浪线，表示程序无法运行；而逻辑错误是很难发现的，通常需要借助调试工具来查找。此外，程序在运行过程中也会出现一些不可预料的问题，例如将字符串类型转换成整数时出现的异常、除数为 0 等。在 C#语言中，异常也称为运行时异常，它是在程序运行过程中出现的错误。对于异常的处理需要程序员积累经验，在可能出现异常的位置加入异常处理语句。

本章的主要知识点如下：

- 异常类
- 异常处理语句
- 自定义异常
- 调试

10.1 异常类

.NET Framework 类库中的所有异常都派生于 Exception 类，异常包括系统异常和应用异常。默认所有系统异常派生于 System.SystemException，所有的应用程序异常派生于 System.ApplicationException。系统异常包括 OutOfMemoryException、IOException、NullReferenceException。

视频讲解

常用的异常类如图 10-1 所示。

常用的系统异常类如表 10-1 所示。

表 10-1 常用的系统异常类

异 常 类	说 明
System.OutOfMemoryException	用 new 分配内存失败
System.StackOverflowException	递归过多、过深

续表

异　常　类	说　　明
System.NullReferenceException	对象为空
Syetem.IndexOutOfRangeException	数组越界
System.ArithmaticException	算术操作异常的基类
System.DivideByZeroException	除零错误

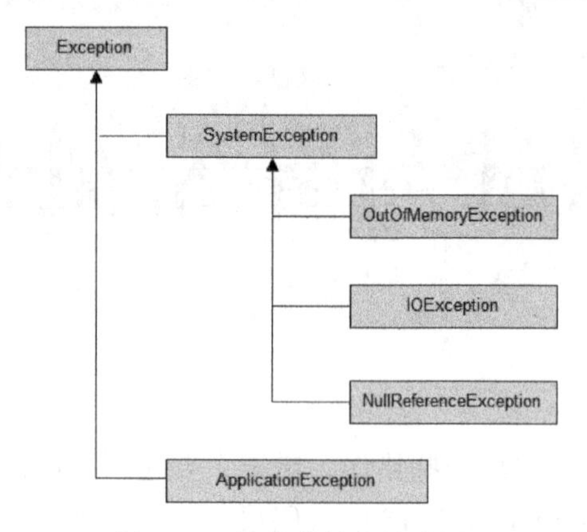

图 10-1　异常类继承关系图

10.2　异常处理语句

异常与异常处理语句包括 3 种形式，即 try…catch、try…finally、try…catch…finally。

10.2.1　try…catch 形式的应用

在 try 语句中放置可能出现异常的语句，而在 catch 语句中放置异常时处理异常的语句，通常在 catch 语句中输出异常信息或者发送邮件给开发人员等。下面通过实例来演示 try…catch 的应用。另外，在处理异常时，catch 语句是允许多次使用的，相当于多分支的 if 语句，仅能执行其中一个分支。

视频讲解

例 **10-1**　在文本框中输入一个整数，并判断其是否大于 100。

根据题目要求，如果在文本框中输入的是一个字符串或者浮点数，就会出现类型转换错误，如图 10-2 所示。

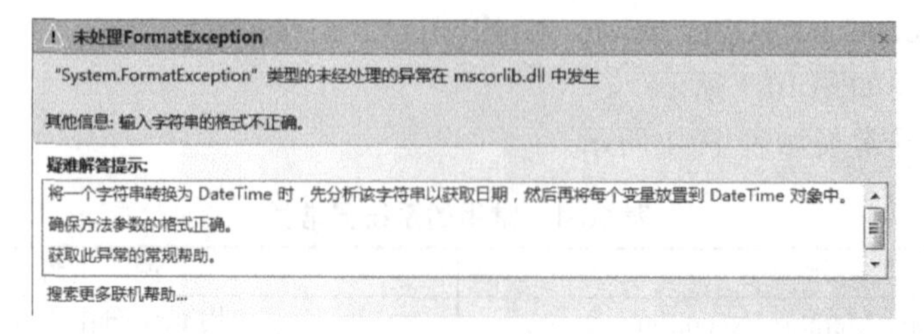

图 10-2　“输入字符串的格式不正确”的异常提示

如果使用异常处理的语句来处理数据类型转换，则不会出现图 10-2 中的提示，而是出现 catch 语句中弹出的消息框，实现的代码如下。

```
//“确定”按钮的单击事件
private void btnOk_Click(object sender, EventArgs e)
{
    //获取文本框中输入的值
    string str=txtNumber.Text;
    //将字符串类型的值转换为整数
    try
    {
        int num=int.Parse(str);
        MessageBox.Show("您输入的数字是: "+num);
    }
    catch(Exception ex)
    {
        MessageBox.Show(ex.Message);
    }
}
```

运行该窗体，输入字符串"abc"，并单击“确定”按钮，效果如图 10-3 所示。

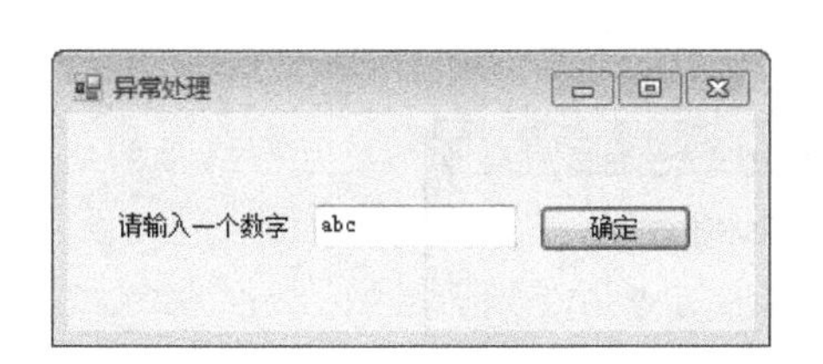

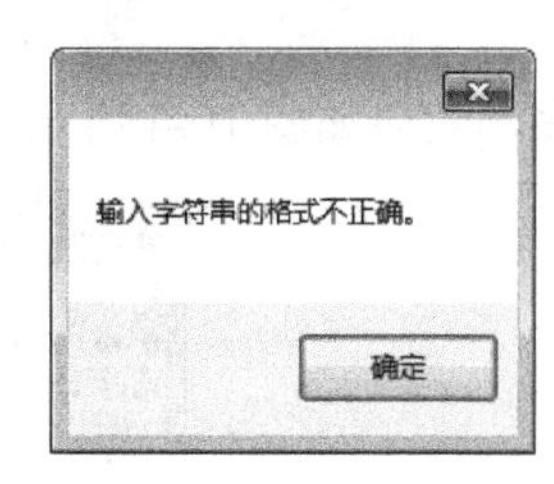

图 10-3　try…catch 的应用

从运行效果可以看出，使用异常处理后不会再出现图 10-2 所示界面中的提示，而是弹出 catch 子句中的消息框。

例 10-2　使用多个 catch 语句对程序做异常处理。从控制台输入 5 个数存入整数数组中，首先判断输入的值是否为数值，再判断数组元素是否越界。

根据题目要求，创建控制台应用程序完成该实例，具体的代码如下。

```
class Program
    {
        static void Main(string[] args)
        {
            //定义存放 5 个整数的数组
            int[] a=new int[5];
            try
            {
                for(int i=0; i<5; i++)
                {
```

```
                a[i]=int.Parse(Console.ReadLine());
            }
            for(int i=0; i<a.Length; i++)
            {
                Console.Write(a[i]+" ");
            }
        }
        catch(FormatException f)
        {
            Console.WriteLine("输入的数字格式不正确！");
        }
        catch(OverflowException o)
        {
            Console.WriteLine("输入的值已经超出 int 类型的最大值！");
        }
        catch(IndexOutOfRangeException r)
        {
            Console.WriteLine("数组越界异常!");
        }
    }
}
```

运行该程序，效果如图 10-4 所示。

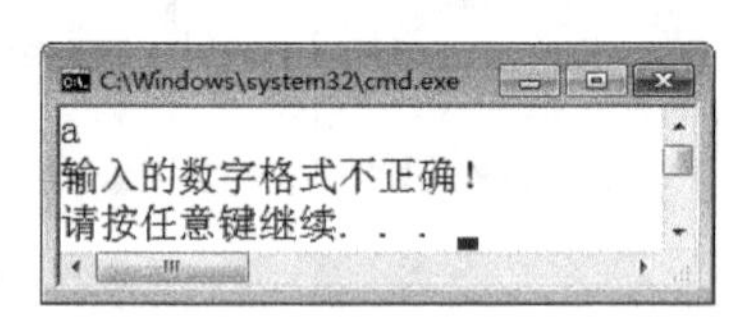

图 10-4　多个 catch 语句处理异常的效果

从运行效果可以看出，捕获该程序产生的异常类是 FormatException。这样，在出现不同的异常时都会有相应的异常类来处理异常，这也是比较推荐的一种编程方法。

10.2.2　try…finally 形式的应用

视频讲解

在 try…finally 形式中没有单独对出现异常时处理的代码，finally 语句是无论 try 中的语句是否正确执行都会执行的语句。通常在 finally 中编写的代码是关闭流、关闭数据库连接等操作，以免造成资源的浪费。下面通过实例来演示 try…finally 形式的应用。

例 10-3　验证 finally 语句的使用。

将例 10-2 中的 catch 语句换成 finally 语句，代码如下。

```
//“确定”按钮的单击事件
private void btnOk_Click(object sender, EventArgs e)
{
```

```
        //获取文本框中输入的值
        string str=txtNumber.Text;
        //将字符串类型的值转换为整数
        try
        {
            int num=int.Parse(str);
            MessageBox.Show("您输入的数字是："+num);
        }
        finally
        {
            MessageBox.Show("finally 语句！");
        }
    }
```

运行该窗体，单击“确定”按钮后效果如图 10-5 所示。

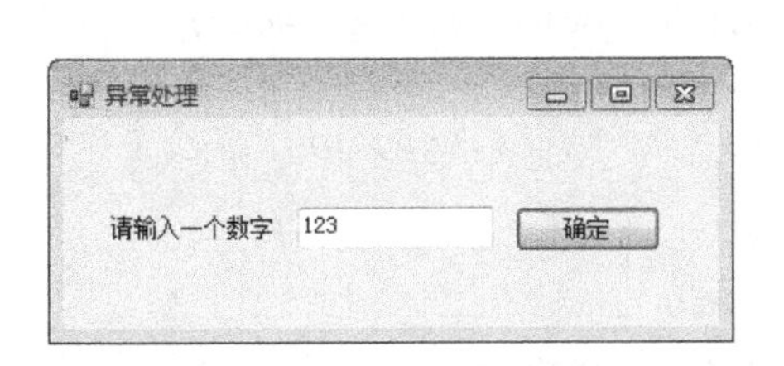

图 10-5　使用 try…finally

从运行效果可以看出，当文本框中输入的值是一个数字字符串时也会执行 finally 语句中的内容。

例 10-4　从文本框中输入当天的天气情况，并将其写入文件中，无论写入是否成功都将文件流关闭。

根据题目要求，使用 Windows 应用程序完成该实例，界面设计如图 10-6 所示。

图 10-6　天气信息录入界面

单击“确认”按钮后，将界面的文本框中的信息写入名为 weather.txt 的文本文件中，代码如下。

```
//“确认”按钮的单击事件
private void btnOk_Click(object sender, EventArgs e)
{
```

```
    //获取文本框
    string city=txtCity.Text;
    string msg=txtMsg.Text;
    string min=txtMin.Text;
    string max=txtMax.Text;
    //将文本框中的内容组成一个字符串
    string message=city+":"+msg+":"+min+"-"+max;
    //定义文件路径
    string path="E:\\weather.txt";
    FileStream fileStream=Null;
    try
    {
        //创建 fileStream 类的对象
        fileStream=new FileStream(path, FileMode.OpenOrCreate);
        //将字符串转换为字节数组
        byte[] bytes=Encoding.UTF8.GetBytes(message);
        //向文件中写入字节数组
        fileStream.Write(bytes, 0, bytes.Length);
        //刷新缓冲区
        fileStream.Flush();
        //弹出录入成功的消息框
        MessageBox.Show("天气信息录入成功！");
    }
    finally
    {
        if(fileStream!=Null)
        {
            //关闭流
            fileStream.Close();
        }
    }
}
```

运行该窗体，并在界面中填入所需的信息，单击“确认”按钮，效果如图 10-7 所示。

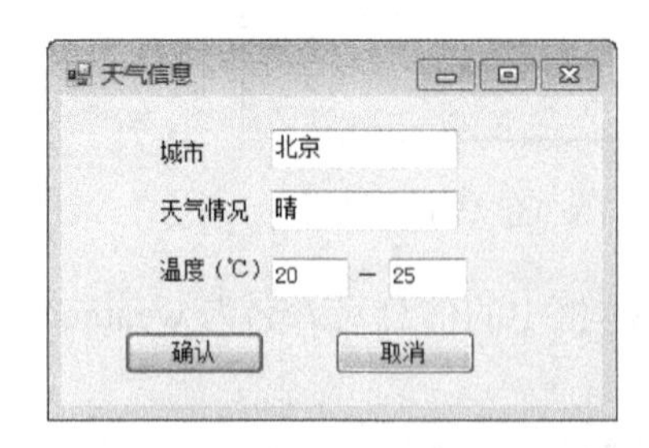

图 10-7　天气信息的录入操作

10.2.3　try…catch…finally 形式的应用

视频讲解

try…catch…finally 形式的语句是使用最多的一种异常处理语句，在出现异常时能提供相应的异常处理，并能在 finally 语句中保证资源的回收。下面通过实例来演示 try…catch…finally 语句的应用。

例 10-5　使用 try…catch…finally 形式完成例 10-4 的题目要求。

在例 10-4 中使用了 try…finally 的形式来处理异常，这样在出现异常时并不会在程序中给予任何提示。下面使用 try…catch…finally 的形式来实现例 10-4 的要求，“确认”按钮的单击事件的代码如下。

```
//“确认”按钮的单击事件
private void btnOk_Click(object sender, EventArgs e)
{
    //获取文本框
    string city=txtCity.Text;
    string msg=txtMsg.Text;
    string min=txtMin.Text;
    string max=txtMax.Text;
    //将文本框中的内容组成一个字符串
    string message=city+":"+msg+":"+min+"-"+max;
    //定义文件路径
    string path="E:\\weather.txt";
    FileStream fileStream=Null;
    try
    {
        //创建 fileStream 类的对象
        fileStream=new FileStream(path, FileMode.OpenOrCreate);
        //将字符串转换为字节数组
        byte[] bytes=Encoding.UTF8.GetBytes(message);
        //向文件中写入字节数组
        fileStream.Write(bytes, 0, bytes.Length);
        //刷新缓冲区
        fileStream.Flush();
        //弹出录入成功的消息框
        MessageBox.Show("天气信息录入成功！");
    }
    catch (Exception ex)
    {
        MessageBox.Show("出现错误！"+ex.Message);
    }
    finally
    {
        if(fileStream!=Null)
        {
            //关闭流
            fileStream.Close();
```

```
        }
    }
}
```

运行该窗体，效果与图 10-7 所示的一样，但是当程序出现错误时会弹出 catch 语句中的提示消息。

10.3 自定义异常

虽然在系统中已经提供了很多异常处理类，但在实际编程中还是会遇到未涉及的一些异常处理，例如想将数据的验证放置到异常处理中，即判断所输入的年龄必须为 18～45，此时需要自定义异常类来实现。自定义异常类必须要继承 Exception 类。

视频讲解

声明异常的语句如下。

```
class 异常类名:Exception
{
}
```

抛出自己的异常，语句如下。

```
throw(异常类名)
```

下面通过实例来演示自定义异常的应用。

例 10-6 自定义异常类，判断从文本框中输入的年龄值处于 18～45。

根据题目要求，设计一个 Windows 窗体，界面如图 10-8 所示。

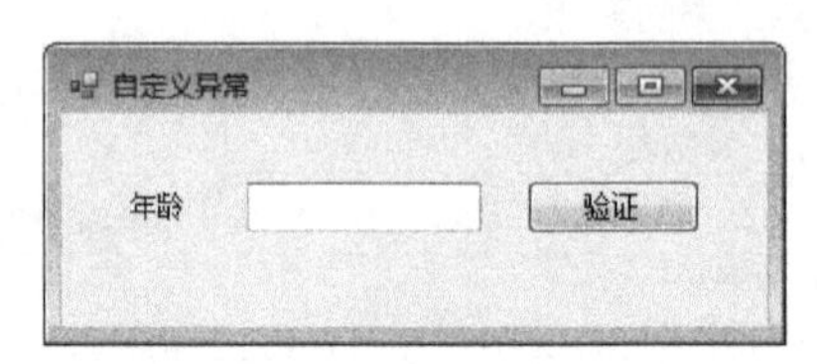

图 10-8 验证年龄的窗体设计

编写自定义异常，代码如下。

```
//自定义异常
class MyException:Exception
{
    public MyException(string message):base(message)
    {

    }
}
```

在“验证”按钮的单击事件中根据输入的年龄判断是否抛出自定义异常，代码如下。

```
//“验证”按钮的单击事件
private void btnOk_Click(object sender, EventArgs e)
```

```
{
    try
    {
        int age=int.Parse(txtAge.Text);
        if(age<18||age>45)
        {
            throw new MyException("年龄必须在 18～45 岁之间！");
        }
        else
        {
            MessageBox.Show("输入的年龄正确！");
        }
    }
    catch(MyException myException)
    {
       MessageBox.Show(myException.Message);
    }
    catch(Exception ex)
    {
        MessageBox.Show(ex.Message);
    }
}
```

运行该窗体，若在窗体上输入不符合要求的年龄，效果如图 10-9 所示。

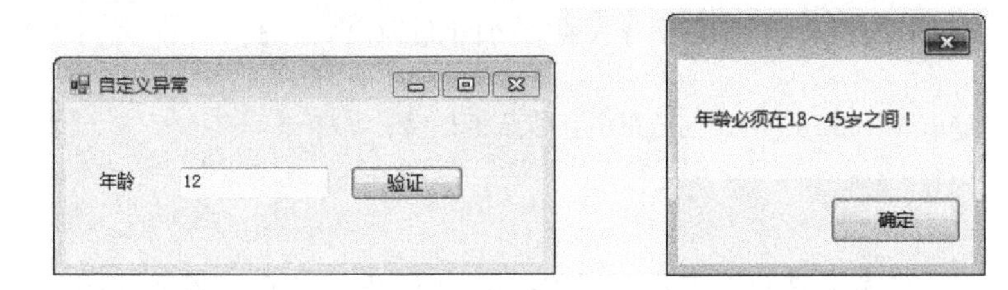

图 10-9　使用自定义异常

从运行效果可以看出，若在文本框中输入的年龄不在 18～45 岁即会抛出自定的异常。自定义异常也继承自 Exception 类，因此如果不直接处理 MyException 异常，也可以直接使用 Exception 类来处理该异常。

10.4　调试

10.4.1　常用的调试语句

视频讲解

在 C#语言中允许在程序运行时输出程序的调试信息，类似于使用 Console.WriteLine 的方式向控制台输出信息。所谓调试信息是程序员在程序运行时需要获取的程序运行的过程，以便程序员更好地解决程序中出现的问题，这种调试也被称为是非中断调试。输出调试信息的类保存在 System.Diagnostics 命名空间中，通常用 Debug 类或 Trace 类实现调试时输出调试信息，具体的语句如下。

```
Debug.WriteLine();
Trace.WriteLine();
```

其中，Debug.WriteLine()是在调试模式下使用的；Trace.WriteLine 除了可以在调试模式下使用，还可以用于发布的程序中。

下面通过实例来演示 Debug 类和 Trace 类的使用。

例 10-7 创建一个字符串类型的数组，在数组中存入从控制台输入的值，并输出每次向数组中存入的值。

本实例使用控制台程序完成，代码如下。

```
class Program
{
    static void Main(string[] args)
    {
        string[] str=new string[5];
        Debug.WriteLine("开始向数组中存值:");
        for (int i=0; i<str.Length; i++)
        {
            str[i]=Console.ReadLine();
            Debug.WriteLine("存入的第{0}个值为{1}", i, str[i]);
        }
        Debug.WriteLine("向数组中存值结束！");
    }
}
```

运行该程序，在输出界面中查看通过 Debug 类输出的信息，界面如图 10-10 所示。

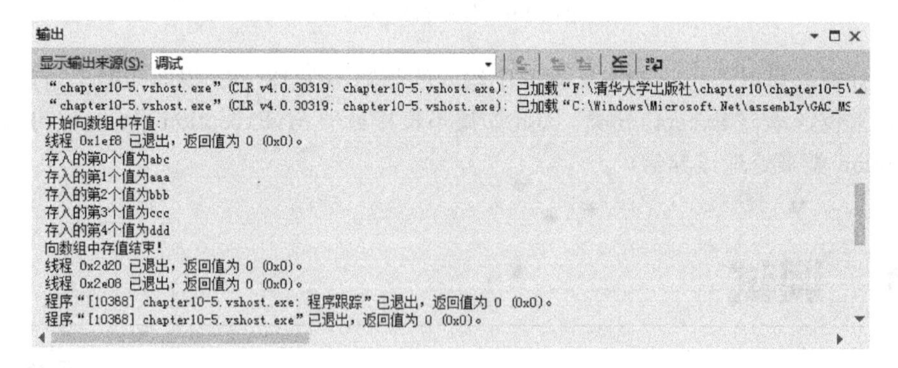

图 10-10　Debug 类的输出效果

从输出窗口的内容可以看出，通过 Debug 类所打印的内容全部显示在该窗口中。使用 Trace 类也能完成同样的效果，只需将上述代码中的 Debug 类换成 Trace 类即可，但 Trace 类的 WriteLine 方法中的参数不支持例 10-7 中 Debug 类的 WriteLine 方法的参数形式，只能传递字符串，需要注意的是当程序在 Debug 状态下执行时使用 Debug 类打印的信息才会在输出窗口中显示，在 Release 状态下执行时只有 Trace 类输出的内容才会显示在输出窗口中。更改程序执行的状态可以在 Visual Studio 2015 的工具栏中进行选择，如图 10-11 所示。

图 10-11　Visual Studio 2015 的工具栏

默认情况下，在 Visual Studio 2015 中的执行方式是 Debug，如果需要更改为其他状态，可以在其下拉列表框中选择 Release 方式，并且在一个解决方案中不同的项目可以选择不同的执行方法。在图 10-11 中 Debug 处的下拉列表框中选择“配置管理器”选项，弹出如图 10-12 所示的对话框。

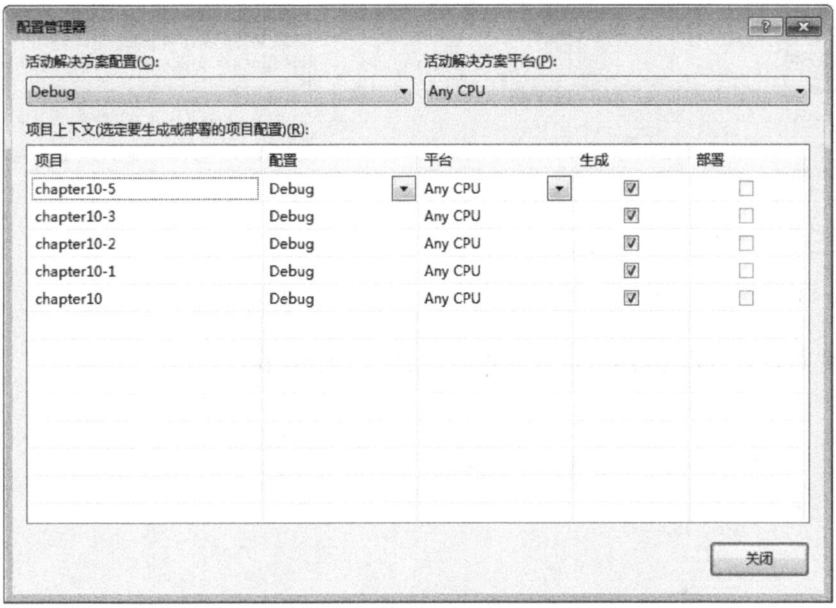

配置管理器

活动解决方案配置(C): Debug

活动解决方案平台(P): Any CPU

项目上下文(选定要生成或部署的项目配置)(R):

项目	配置	平台	生成	部署
chapter10-5	Debug	Any CPU	☑	☐
chapter10-3	Debug	Any CPU	☑	☐
chapter10-2	Debug	Any CPU	☑	☐
chapter10-1	Debug	Any CPU	☑	☐
chapter10	Debug	Any CPU	☑	☐

关闭

图 10-12　配置管理器

在其中通过选择“配置”栏中的选项即可为每个项目设置 Debug 形式或 Release 形式。

10.4.2　调试程序

视频讲解

调试主要指在 Visual Studio 2015 中调试程序，包括设置断点、监视断点，以及逐语句、逐过程、使用一些辅助窗口来调试程序。在 Visual Studio 2015 的菜单栏中单击“调试”，菜单项如图 10-13 所示。

其中列出的内容即为调试时可用的选项，下面介绍其常用的调试功能。

❶ 设置断点

所谓断点是程序自动进入中断模式的标记，即当程序运行到此处时自动中断。在断点所在行的前面用红色的圆圈标记，设置标记时直接用鼠标单击需要设置断点的行前面的灰色区域即可，或者直接按键盘上的 F9 键。例如在例 10-7 的程序中设置断点，效果如图 10-14

所示。

调试(D)
团队(M)
工具(T)
体系结构(C)
测试(S)
分析(
窗口(W)
图形(C)
显示诊断工具(D) Ctrl+Alt+F2
开始调试(S) F5
开始执行(不调试)(H) Ctrl+F5
在不调试的情况下启动诊断工具(R)... Alt+F2
附加到进程(P)... Ctrl+Alt+P
探查器
逐语句(S) F11
逐过程(O) F10
切换断点(G) F9
新建断点(B)
删除所有断点(D) Ctrl+Shift+F9
禁用所有断点(N)
IntelliTrace(I)
清除所有数据提示(A)
导出数据提示(X) ...
导入数据提示(I)...
选项(O)...
chapter10-5 属性...

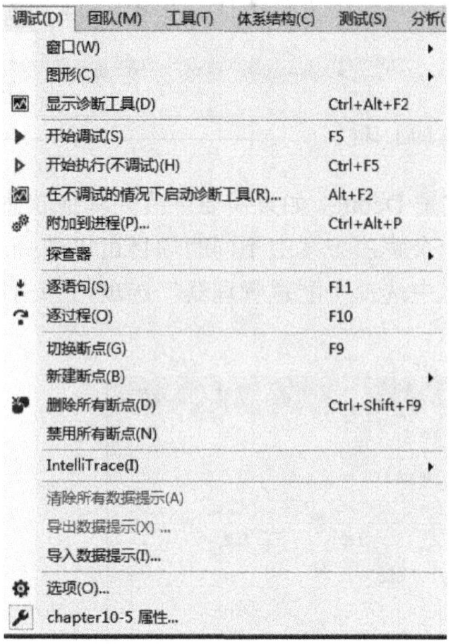

图 10-13 “调试”菜单的内容

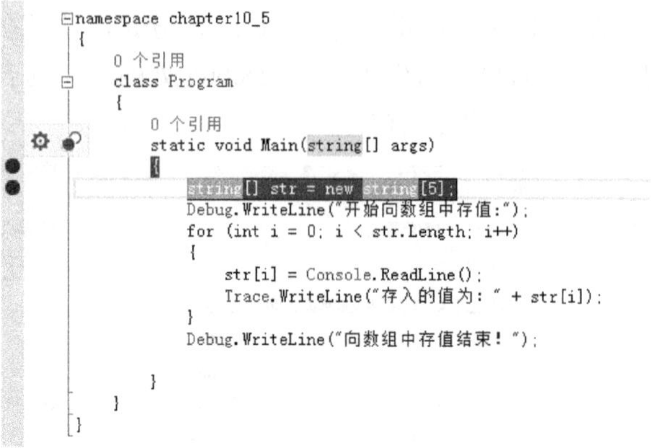

namespace chapter10_5
{
0 个引用
class Program
{
0 个引用
static void Main(string[] args)
{
string[] str = new string[5];
Debug.WriteLine("开始向数组中存值:");
for (int i = 0; i < str.Length; i++)
{
str[i] = Console.ReadLine();
Trace.WriteLine("存入的值为: " + str[i]);
}
Debug.WriteLine("向数组中存值结束! ");
}
}
}

图 10-14 设置断点

在设置断点时单击⚙图标进入断点设置界面，如图 10-15 所示。

断点设置
位置: Program.cs，行: 14, 字符: 13，必须匹配源
条件
操作
关闭

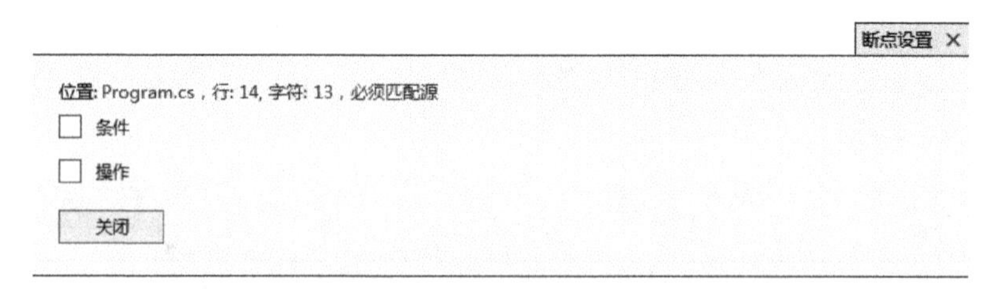

图 10-15 断点设置界面

在该界面中允许为断点设置条件或操作，条件是指在满足指定条件时才会命中该断点。此外，每个断点也允许设置多个条件，每个条件之间的关系是“与”的关系。界面如图 10-16 所示。

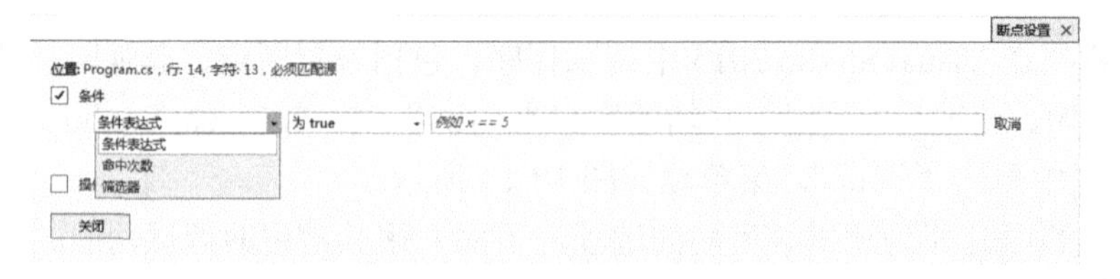

图 10-16 断点设置中的条件设置

在设置条件时可以设置条件表达式、命中次数以及筛选器。条件表达式是指一个布尔类型的表达式，如果满足条件则触发断点；命中次数若满足指定次数，则触发断点；筛选

器用于限制只在某些进程和线程中设置断点。

在图 10-16 所示的界面中还可以为断点设置操作，用于指定在命中断点时打印追踪信息，界面如图 10-17 所示。

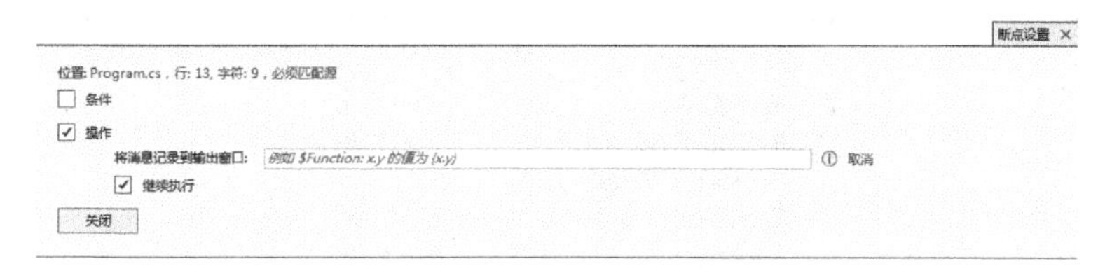

图 10-17　设置断点的操作界面

在该界面中，如果在“将消息记录到输出窗口”文本框中输出图 10-14 断点处“string[] str = new string[5];”中 str 的值，则可以写成“str={str}”的形式，在调试输出窗口中会发现“str=Null”的信息输出。

此外，右击断点，弹出的右键菜单如图 10-18 所示。

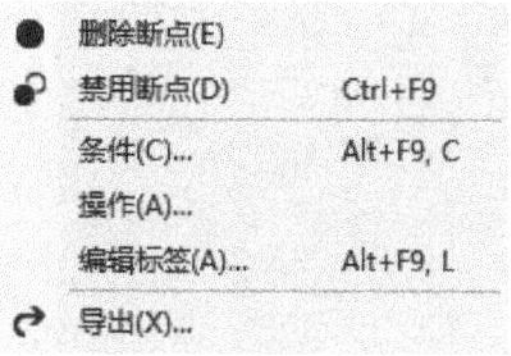

在该菜单中选择“条件”或“操作”命令也可以完成对断点的上述设置。

删除断点(E)
禁用断点(D)　Ctrl+F9
条件(C)...　Alt+F9, C
操作(A)...
编辑标签(A)...　Alt+F9, L
导出(X)...

图 10-18　右击断点时的右键菜单

❷ 管理断点

在断点设置完成后，还可以在图 10-18 所示的菜单中选择进行“删除断点”“禁用断点”“编辑标签”“导出”的操作。“删除断点”操作是取消当前断点，也可以再次单击断点的红点取消；“禁用断点”操作是指暂时跳过该断点，将断点设置为禁用状态后，断点的右键菜单中的“禁用断点”选项更改为“启用断点”，在需要该断点时还可以选择“启用断点”恢复断点；“编辑标签”操作是为断点设置名称；“导出”操作是将断点信息导出到一个 XML 文件中存放。

❸ 程序的调试过程

在设置好断点后，调试程序可以直接按 F5 键，或者在图 10-13 所示的菜单中选择“调试”→“开始调试”命令。在调试程序的过程中，可以直接使用工具栏上的调试快捷键，如图 10-19 所示；或者直接在图 10-13 所示的菜单中选择所需的调试命令。下面介绍常用的调试命令。

继续(C)　代码图

图 10-19　调试快捷键菜单

- 逐语句（ ）：按 F11 键也可以，用于逐条语句运行。
- 逐过程（ ）：按 F10 键也可以，过程是指可以将方法作为一个整体去执行，不会跳进方法中执行。
- 跳出（ ）：按 Shift+F11 组合键也可以，跳出是将程序的调试状态结束，并结束整个程序。

此外，在调试过程中右击，会出现如图 10-20 所示的右键菜单。

在该菜单中也可以选择相应的命令实现调试功能。在调试过程中经常使用该菜单中的

“运行到光标处”命令将程序执行到指定的光标处，忽略程序中设置的断点，用于快速调试程序和定位可能出错的位置。

快速操作和重构...	Ctrl+.
重命名(R)...	Ctrl+R, Ctrl+R
组织 Using(O)	▸
在代码图上显示(C)	Ctrl+`
在代码图上显示调用堆栈(K)	Ctrl+Shift+`
在代码图上查找所有引用	
在代码图上显示相关项(W)	▸
创建单元测试	
创建 IntelliTest	
运行 IntelliTest	
插入代码段(I)...	Ctrl+K, Ctrl+X
外侧代码(S)...	Ctrl+K, Ctrl+S
速览定义	Alt+F12
转到定义(G)	F12
转到实现	Ctrl+F12
查找所有引用(A)	Shift+F12
查看调用层次结构(H)	Ctrl+K, Ctrl+T
断点(B)	▸
添加监视(W)	
添加并行监视(P)	
快速监视(Q)...	Shift+F9
固定到源(P)	
显示下一语句(H)	Alt+数字键 *
单步执行特定函数(F)	▸
逐过程执行属性和运算符(P)	
运行到光标处(N)	Ctrl+F10
将标记的线程运行到光标处(F)	
设置下一语句(X)	Ctrl+Shift+F10
转到反汇编(D)	
交互执行	Ctrl+E, Ctrl+E

图 10-20　调试程序时的右键菜单

❹ 监视器

在调试程序的过程中经常需要知道某些变量的值在运行过程发生的变化，以便发现其在何时发生错误。将程序中的变量或某个表达式放入监视器中即可监视其变化状态。假设将图 10-14 中的循环变量 i 加入监视器，在程序中右击变量 i，在弹出的如图 10-20 所示的菜单中选择“添加监视”命令，效果如图 10-21 所示。

图 10-21　将变量 i 添加到监视器的效果

从图 10-21 中可以看出，在监视器界面的“名称”列中是变量名、“值”列中是当前变量 i 的值，“类型”列中是当前变量的数据类型。在一个监视器中可以设置多个需要监视的变量或表达式。对于监视器中不需要再监视的变量，可以右击该变量，在弹出的右键菜单中选择“删除监视”命令，如图 10-22 所示。

此外，通过图 10-22 所示的菜单还可以进行编辑值、复制值、全部清除等操作。

❺ 快速监视

在调试程序时，如果需要监视变量或表达式的值也可以使用快速监视。例如仍然要监视变量 i 的值，右击变量 i，在弹出的右键菜单中选择“快速监视”命令，弹出如图 10-23 所示的对话框。

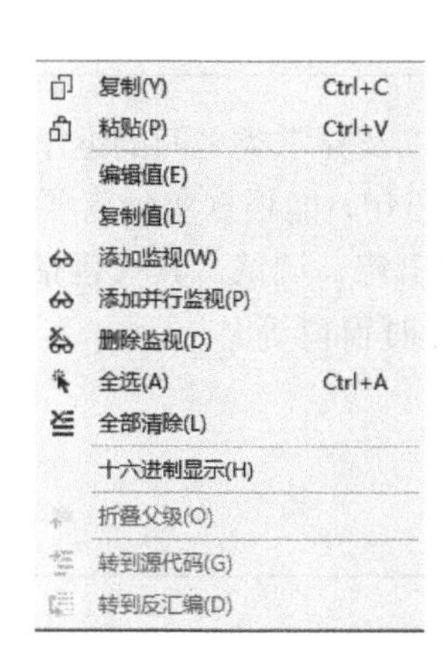

图 10-22　操作监视器内容的右键菜单

图 10-23　“快速监视”对话框

通常，快速监视用于查看变量当前值的状态，与直接加入监视不同的是快速监视一次只能监视一个变量。此外，在“快速监视”对话框处于打开状态时程序是无法继续调试的，如果需要继续监视“快速监视”对话框中的变量，可以单击“添加监视”按钮将当前监视的变量加入到监视器界面中。

❻ 即时窗口

在调试程序时，如果需要对变量或表达式做相关运算，在即时窗口中都可以实现，并显示当前状态下变量或表达式的值。在调试时可以使用“调试”菜单中“窗口”下的命令，在图 10-13 中单击“窗口”出现如图 10-24 所示的子菜单。

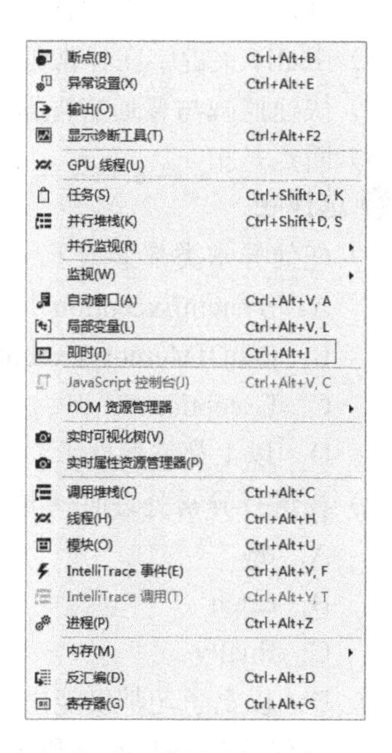

图 10-24　“调试”菜单中的“窗口”子菜单

在其中选择“即时”命令即可出现即时窗口，如图 10-25 所示。

在即时窗口中输入变量 i 的值并按回车键，即出现当前 i 在程序运行到此时的值。

图 10-25　即时窗口

10.5　本章小结

通过本章的学习，读者能掌握 C#语言中常见的异常类以及异常类之间的继承关系，并能使用 try、catch、finally 关键字组成不同形式的处理异常语句，能根据实际需要自定义异常。此外，读者还能掌握 Visual Studio 2015 中常用的调试语句、调试工具（包括 Trace 类和 Debug 类的使用），以及设置断点、设置监视器、使用即时窗口等。

10.6　本章习题

❶ 填空题

（1）常见的 SystemException 类的子类是____________________________。

（2）处理异常的 3 个关键字是____________________________________。

（3）finally 关键字在异常处理中的作用是__________________________。

（4）快速监视与普通监视器的区别是______________________________。

（5）断点是指____。

习题答案

❷ 选择题

（1）任何异常类都继承了（　　）类。

A．SystemException

B．OutOfMemoryException

C．Exception

D．以上都需要继承

（2）在进行异常处理时，异常处理子句（　　）可以出现多次。

A．try

B．catch

C．finally

D．以上子句都仅能出现一次

（3）下列关于 Debug 类和 Trace 类的说法正确的是（　　）。

A．Debug 类和 Trace 类都在 System.Diagnostics 命名空间中

B．Debug 类和 Trace 类输出信息时都属于非中断程序的调试

C．Debug 类在项目是 Debug 模式时才能在输出窗口中输出信息

D．以上都对

❸ 操作题

（1）创建控制台应用程序，定义一个 double 类型的数组，数组长度为 5，从控制台输入值向数组赋值，并对其进行异常处理（不使用 Exception，使用多个 catch 语句获取可能出现的异常）。

（2）创建控制台应用程序，任意构造一个出现空指针异常的程序，并对其进行异常处理。

（3）自定义异常，创建控制台应用程序，要求从控制台输入的值必须是正数，并且大于 100，否则抛出自定义异常，并对其进行处理。

第 11 章

进程与线程

在操作系统中，每运行一个程序都会开启一个进程，一个进程由多个线程构成。线程是程序执行流中最小的单元。在应用程序中分为单线程程序和多线程程序，单线程程序是指在一个进程空间中只有一个线程在执行；多线程程序是指在一个进程空间中有多个线程在执行，并共享同一个进程的大小。

本章的主要知识点如下：

- 认识进程
- 查看并操作进程
- 掌握线程的概念
- 掌握简单线程的编写
- 掌握多线程以及线程同步的操作

11.1 进程的基本操作

进程指在每个操作系统中自动启动的系统进程和一些自动启动的应用程序进程，在 Windows 操作系统中提供了任务管理器来查看当前启动的进程，并能关闭指定的进程。本节将介绍进程类的属性和方法以及如何使用进程类。

11.1.1 认识 Process 类

视频讲解

进程类是指 Process 类，该类所在的命名空间是 System.Diagnostics。Process 类主要提供对本地和远程进程的访问，并提供对本地进程的启动、停止等操作。Process 类的常用属性和方法如表 11-1 所示。

表 11-1　Process 类的常用属性和方法

属性或方法	说　　明
MachineName	属性，获取关联进程正在其上运行的计算机的名称
Id	属性，获取关联进程的唯一标识符
ExitTime	属性，获取关联进程退出的时间
ProcessName	属性，获取该进程的名称
StartTime	属性，获取关联进程启动的时间
Threads	属性，获取在关联进程中运行的一组线程
TotalProcessorTime	属性，获取此进程的总的处理器时间
UserProcessorTime	属性，获取此进程的用户处理器时间
Close()	方法，释放与此组件关联的所有资源
CloseMainWindow()	方法，通过向进程的主窗口发送关闭消息来关闭拥有用户界面的进程
Dispose()	方法，释放由 Component 使用的所有资源
GetCurrentProcess()	方法，获取新的 Process 组件，并将其与当前活动的进程关联
GetProcesses()	方法，为本地计算机上的每个进程资源创建一个新的 Process 组件
GetProcesses(String)	方法，为指定计算机上的每个进程资源创建一个新的 Process 组件
GetProcessesByName(String)	方法，创建新的 Process 组件的数组，并将它们与本地计算机上共享指定的进程名称的所有进程资源关联
Kill()	方法，立即停止关联的进程
Start()	方法，启动（或重用）此 Process 组件的 StartInfo 属性指定的进程资源，并将其与该组件关联
Start(String)	方法，通过指定文档或应用程序文件的名称来启动进程资源，并将资源与新的 Process 组件关联

对于 Process 类的属性和方法将在后面的小节中详细介绍其应用。

11.1.2　使用进程

在实际应用中经常会用到获取本地的进程、启动进程、关闭进程等操作，下面分别以实例形式介绍其具体的操作方法。

视频讲解

用户可以获取当前操作系统中运行的进程，如果要获取所有运行的进程的信息可以使用表 11-1 中的 GetProcesses()方法，如果要获取指定名称的线程可以使用表 11-1 中的 GetProcessesByName(String)方法。

例 11-1　创建 Windows 应用程序，在 RichTextBox 控件中显示所有当前系统中正在运行的进程。

根据题目要求，Windows 窗体的界面设计如图 11-1 所示。

在“查看所有进程”按钮的单击事件中添加查看所有进程的代码，具体如下。

```
//“查看所有进程”按钮的单击事件
private void btnOk_Click(object sender, EventArgs e)
{
    Process[] processes=Process.GetProcesses();
    foreach(Process p in processes)
    {
```

```
            rtbProcesses.Text=rtbProcesses.Text+p.ProcessName+"\r\n";
        }
    }
```

运行该窗体，效果如图 11-2 所示。

图 11-1　查看所有进程窗体的设计

图 11-2　显示当前系统中的所有进程

从上面的运行效果可以看出，已经将系统中运行的进程名称显示在 RichTextBox 中，由于在当前系统中运行的进程较多，所以需要滑动 RichTextBox 控件中的滚动条来查看。读者可以观察当前任务管理器中的进程是否与图 11-2 中的进程相同。

例 11-2　创建 Windows 应用程序，并在文本框中输入需要启动的进程名称，单击“启动进程”按钮启动该进程。

根据题目要求，窗体设计如图 11-3 所示。

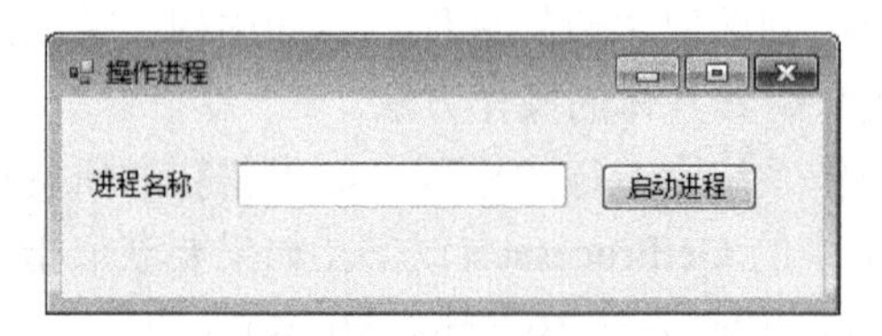

图 11-3　启动进程窗体的设计

在“启动进程”按钮的单击事件中加入相关代码，具体如下。

```
//“启动进程”按钮的单击事件
private void btnStart_Click(object sender, EventArgs e)
{
    //获取进程名称
    string ProcessName=txtProcessName.Text;
    //创建 Process 类的对象
    Process p=new Process();
    //设置进程名称
```

```
        p.StartInfo.FileName=ProcessName;
        //启动进程
        p.Start();
    }
```

运行该窗体，效果如图 11-4 所示。

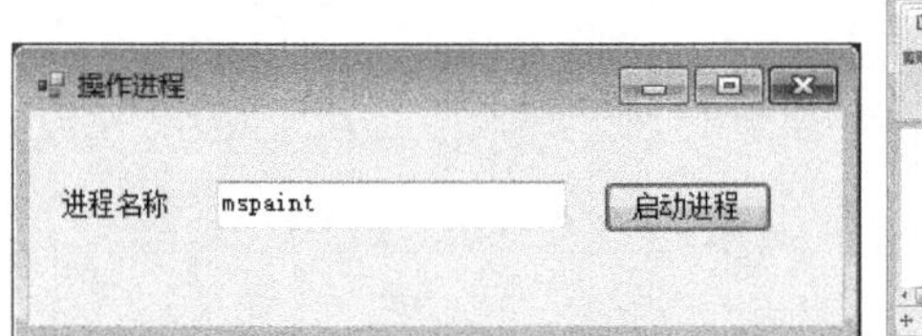

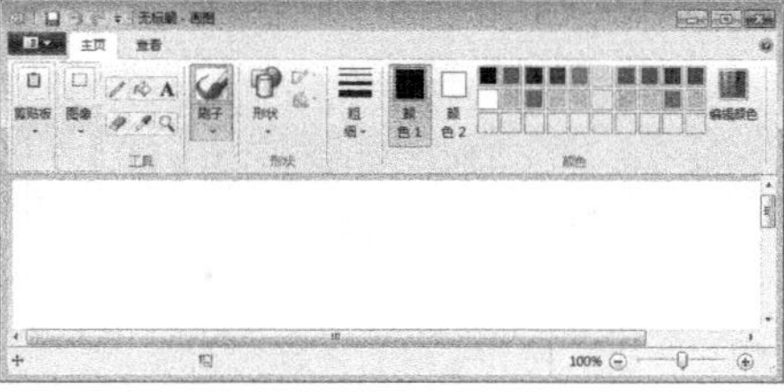

图 11-4　启动画图进程的效果

从上面的运行效果可以看出，在文本框中输入“画图”的进程名称，单击“启动进程”按钮即可显示出画图进程的界面。

例 11-3　创建 Windows 应用程序，在 ListBox 控件中显示所有的进程名称，并右击选中的进程名称，通过弹出的右键菜单将其关闭。

根据题目要求，该窗体的设计如图 11-5 所示。

图 11-5　关闭进程窗体的设计

在窗体加载事件中显示所有进程信息，并在右键菜单中选择“停止进程”命令执行关闭进程的操作，实现该功能的代码如下。

```
public partial class Form1:Form
    {
        public Form1()
        {
            InitializeComponent();
        }
```

```
//窗体加载事件
private void Form1_Load(object sender, EventArgs e)
{
    //获取所有进程信息
    Process[] processes=Process.GetProcesses();
    foreach(Process p in processes)
    {
        //将进程添加到 ListBox 中
        lbProcess.Items.Add(p.ProcessName);

    }
}
//“停止进程”命令的单击事件
private void 停止进程ToolStripMenuItem_Click(object sender, EventArgs e)
{
    //获取进程名称
    string ProcessName=lbProcess.SelectedItem.ToString();
    //根据进程名称获取进程
    Process[] processes=Process.GetProcessesByName(ProcessName);
    //判断是否存在指定进程名称的进程
    if (processes.Length>0)
     {
        try
        {
            foreach (Process p in processes)
            {
                //判断进程是否处于运行状态
                if (!p.HasExited)
                {
                    //关闭进程
                    p.Kill();
                    MessageBox.Show(p.ProcessName+"已关闭！");
                    //获取所有进程信息
                    processes=Process.GetProcesses();
                    //清空 ListBox 中的项
                    lbProcess.Items.Clear();
                    foreach(Process p1 in processes)
                    {
                        //将进程添加到 ListBox 中
                        lbProcess.Items.Add(p1.ProcessName);
                    }
                }
            }
        }
        catch
```

```
                {
                    MessageBox.Show("该进程无法关闭！");
                }
            }
        }
    }
```

运行该窗体，效果如图 11-6 所示。

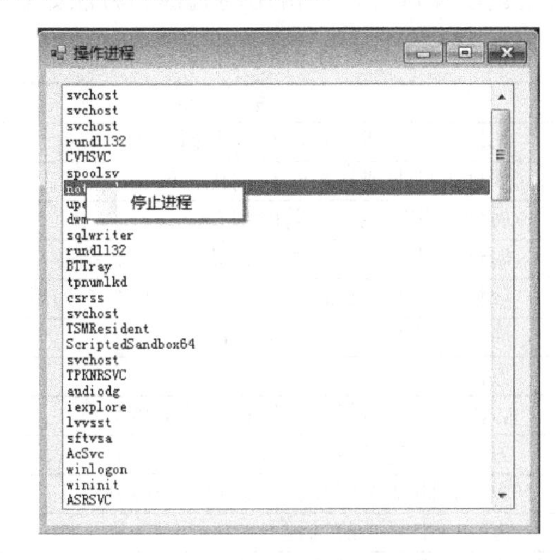

图 11-6　关闭 notepad 进程的效果

运行该程序，则记事本程序被关闭。需要注意的是，一些进程由于权限不够是无法关闭的，因此在关闭进程的代码中要做异常处理。

11.2　线程的基本操作

线程是包含在进程中的，它位于 System.Threading 命名空间中。本节将介绍与线程有关的类、简单线程以及多线程程序的编写。

视频讲解

11.2.1　与线程有关的类

与线程有关的类都在 System.Threading 命名空间中，主要的类如表 11-2 所示。

表 11-2　与线程有关的类

类　名	说　明
Thread	在初始的应用程序中创建其他的线程
ThreadState	指定 Thread 的执行状态，包括开始、运行、挂起等
ThreadPriority	线程在调度时的优先级枚举值，包括 Highest、AboveNormal、Normal、BelowNormal、Lowest
ThreadPool	提供一个线程池，用于执行任务、发送工作项、处理异步 I/O 等操作

续表

类　名	说　明
Monitor	提供同步访问对象的机制
Mutex	用于线程间同步的操作
ThreadAbortException	调用 Thread 类中的 Abort 方法时出现的异常
ThreadStateException	Thead 处于对方法调用无效的 ThreadState 时出现的异常

Thread 类主要用于实现线程的创建以及执行，其常用的属性和方法如表 11-3 所示。

表 11-3　Thread 类中常用的属性和方法

属性或方法	说　明
Name	属性，获取或设置线程的名称
Priority	属性，获取或设置线程的优先级
ThreadState	属性，获取线程当前的状态
IsAlive	属性，获取当前线程是否处于启动状态
IsBackground	属性，获取或设置值，表示该线程是否为后台线程
CurrentThread	属性，获取当前正在运行的线程
Start()	方法，启动线程
Sleep(int millisecondsTimout)	方法，将当前线程暂停指定的毫秒数
Suspend()	方法，挂起当前线程（已经被弃用）
Join()	方法，阻塞调用线程，直到某个线程终止为止
Interrupt()	方法，中断当前线程
Resume()	方法，继续已经挂起的线程（已经被弃用）
Abort()	方法，终止线程

对于表 11-3 中的方法和属性将在后面的小节中以实例方式介绍其具体的应用。

11.2.2　使用简单线程

视频讲解

在使用线程时首先需要创建线程，在使用 Thread 类的构造方法创建其实例时，需要用到 ThreadStart 委托或者 ParameterizedThreadStart 委托创建 Thread 类的实例。ThreadStart 委托只能用于无返回值、无参数的方法，ParameterizedThreadStart 委托则可以用于带参数的方法。

❶ 使用 ThreadStart 委托创建 Thread 类的实例

首先需要创建 ThreadStart 委托的实例，然后再创建 Thread 类的实例。具体的代码如下。

```
ThreadStart ts=new ThreadStart(方法名);
Thread t=new Thread(ts);
```

例 11-4　使用 ThreadStart 委托创建线程，并定义一个方法输出 0～10 中所有的偶数。

根据题目要求，创建控制台应用程序，实现该程序的代码如下。

```
class Program
    {
```

```
        //定义打印 0～10 中的偶数的方法
       private static void PrintEven()
        {
            for(int i=0; i<=10; i=i+2)
            {
                Console.WriteLine(i);
            }
        }
        static void Main(string[] args)
        {
            ThreadStart ts=new ThreadStart(PrintEven);
            Thread t=new Thread(ts);
            t.Start();
        }
    }
```

运行该程序，效果如图 11-7 所示。

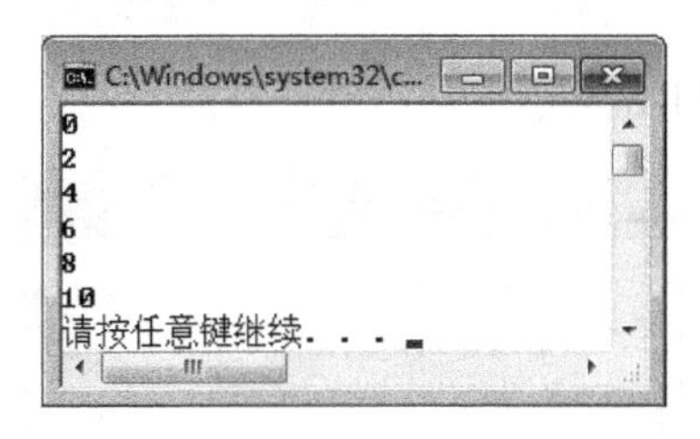

图 11-7　使用线程打印 0～10 中的偶数

从上面的运行效果可以看出，使用 ThreadStart 委托为 PrintEven 方法创建了线程，通过线程的 Start 方法启动线程并调用了 PrintEven 方法。

在一个应用程序中能同时启动多个线程，下面通过例 11-5 演示启动多个线程的效果。

例 11-5　在例 11-4 的基础上添加一个打印 1～10 中的奇数的方法，再分别使用两个 Thread 类的实例启动打印奇数和偶数的方法。

根据题目要求，实现的代码如下。

```
class Program
    {
       //定义打印 1～10 中的奇数的方法
       public static void PrintOdd()
        {
            for(int i=1; i<=10; i=i+2)
            {
                Console.WriteLine(i);
            }
        }
```

```
        //定义打印 0～10 中的偶数的方法
        private static void PrintEven()
        {
            for(int i=0; i<=10; i=i+2)
            {
                Console.WriteLine(i);
            }
        }
        static void Main(string[] args)
        {
            ThreadStart ts1=new ThreadStart(PrintEven);
            Thread t1=new Thread(ts1);
            ThreadStart ts2=new ThreadStart(PrintOdd);
            Thread t2=new Thread(ts2);
            t1.Start();
            t2.Start();
        }
    }
```

运行该程序，效果如图 11-8 所示。

图 11-8　使用两个线程分别打印 1～10 中的奇数和 0～10 中的偶数

从上面的运行效果可以看出，两个线程分别打印了 1～10 中的奇数和 0～10 中的偶数，但并不是按照线程的调用顺序先打印出所有的偶数再打印奇数。需要注意的是，由于没有对线程的执行顺序和操作做控制，所以运行该程序每次打印的值的顺序是不一样的。在下一节中将介绍多线程程序中的同步和互斥。

❷ 使用 ParameterizedThreadStart 委托创建 Thread 类的实例

首先需要创建 ParameterizedThreadStart 委托的实例，然后再创建 Thread 类的实例。具体的代码如下。

```
ParameterizedThreadStart pts=new ParameterizedThreadStart(方法名);
Thread t=new Thread(pts);
```

例 11-6　创建一个方法输出 0～n 的所有偶数。使用 ParameterizedThreadStart 委托调用该方法，并启动打印偶数的线程。

根据题目要求，实现的代码如下。

```
class Program
   {
      //打印 0～n 中的偶数
      private static void PrintEven(object n)
      {
         for(int i=0; i<=(int) n; i=i + 2)
         {
            Console.WriteLine(i);
         }
      }
      static void Main(string[] args)
      {
         ParameterizedThreadStart pts=new ParameterizedThreadStart(PrintEven);
         Thread t=new Thread(pts);
         t.Start(10);
      }
   }
```

运行该程序，效果与图 11-7 类似。需要注意的是，在使用 ParameterizedThreadStart 委托调用带参数的方法时，方法中的参数只能是 object 类型并且只能含有一个参数。在启动线程时要在线程的 Start()方法中为委托的方法传递参数。

如果需要通过 ParameterizedThreadStart 委托引用多个参数的方法，由于委托方法中的参数是 object 类型的，传递多个参数可以通过类的实例来实现。下面通过例 11-7 来演示使用 ParameterizedThreadStart 委托引用多个参数的方法。

例 11-7　创建一个方法输出指定范围内数值的偶数，并创建线程调用该方法。

根据题目要求，实现的代码如下。

```
public class ParameterTest
   {
      public int beginNum;
      public int endNum;
      public ParameterTest(int a, int b)
      {
         this.beginNum=a;
         this.endNum=b;
      }
   }
   class Program
   {
      private static void PrintEven(object n)
      {  //判断 n 是否为 ParameterTest 类的类型
         if(n is ParameterTest)
         {
            int beginNum=((ParameterTest)n).beginNum;
            int endNum=((ParameterTest)n).endNum;
```

```
                for(int i=beginNum; i<=endNum; i++)
                {
                    if(i%2==0)
                    {
                        Console.WriteLine(i);
                    }
                }
            }
        }
        static void Main(string[] args)
        {
            ParameterizedThreadStart pts=new ParameterizedThreadStart
            (PrintEven);
            ParameterTest pt=new ParameterTest(1, 10);
            Thread t=new Thread(pts);
            t.Start(pt);
        }
    }
```

运行该程序，在控制台上将输出 1～10 的偶数，即 2、4、6、8、10。从代码可以看出，通过为 ParameterTest 类中的字段赋值，并将其通过线程的 Start 方法传递给委托引用的方法 PrintEven，即可实现在委托引用的方法中传递多个参数的操作。

11.2.3 多线程

在例 11-5 中通过两个线程分别打印奇数和偶数，每次打印出来的结果是不同的。如果需要控制输出值的顺序，可以通过对线程优先级的设置以及线程调度来实现。线程的优先级使用线程的 Priority 属性设置即可，默认的优先级是 Normal。在设置优先级后，优先级高的线程将优先执行。优先级的值通过 ThreadPriority 枚举类型来设置，从低到高分别为 Lowest、BelowNormal、Normal、AboveNormal、Highest。

视频讲解

例 11-8 改进例 11-5，通过设置线程的优先级来控制输出奇数和偶数的线程，为了看出设置线程优先级的效果将输出 1～100 中的奇数和 0～100 中的偶数。

根据题目要求，实现的代码如下。

```
class Program
    {
        //定义打印 1～100 中的奇数的方法
      public static void PrintOdd()
        {
            for(int i=1; i<=100; i=i+2)
            {
                Console.WriteLine(i);
            }
```

```
        }
        //定义打印 0～100 中的偶数的方法
        private static void PrintEven()
        {
            for(int i=0; i<=100; i=i+2)
            {
                Console.WriteLine(i);
            }
        }
        static void Main(string[] args)
        {
            ThreadStart ts1=new ThreadStart(PrintEven);
            Thread t1=new Thread(ts1);
            //设置打印偶数线程的优先级低
            t1.Priority=ThreadPriority.Lowest;
            ThreadStart ts2=new ThreadStart(PrintOdd);
            Thread t2=new Thread(ts2);
            //设置打印奇数线程的优先级高
            t2.Priority=ThreadPriority.Highest;
            t1.Start();
            t2.Start();
        }
    }
```

运行该程序，效果如图 11-9 所示。

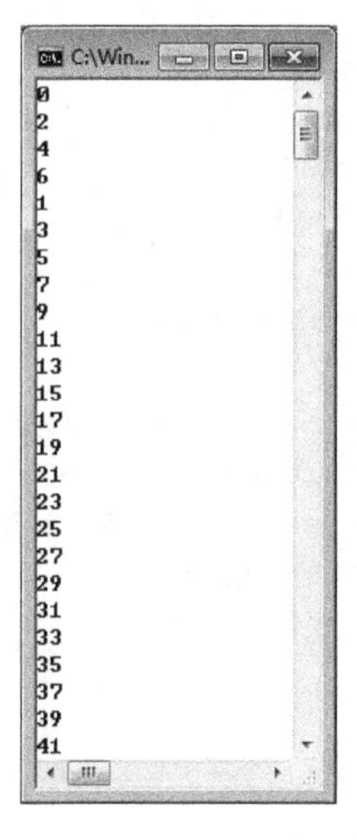

图 11-9　设置线程的优先级后输出奇数和偶数的部分值

从上面的运行效果可以看出，由于输出奇数的线程的优先级高于输出偶数的线程，所以在输出结果中优先输出奇数的次数会更多。此外，每次输出的结果也不是固定的。通过优先级是不能控制线程中的先后执行顺序的，只能是优先级高的线程优先执行的次数多而已。在表 11-3 中列出了对线程状态控制的方法，包括暂停线程（Sleep）、中断线程（Interrupt）、挂起线程（Suspend）、唤醒线程（Resume）、终止线程（Abort）。下面通过实例来演示线程控制的效果。

例 **11-9** 在例 11-5 的基础上使用暂停线程（Sleep）的方法让打印奇数和打印偶数的线程交替执行，即打印 0～10 的数。

根据题目要求，代码如下。

```
class Program
   {
       //定义打印 1～10 中的奇数的方法
       public static void PrintOdd()
       {
           for(int i=1; i<=10; i=i+2)
           {
               //让线程休眠 1 秒
               Thread.Sleep(1000);
               Console.WriteLine(i);
           }
       }
       //定义打印 1～10 中的偶数的方法
       private static void PrintEven()
       {
           for(int i=0; i<=10; i=i+2)
           {
               Console.WriteLine(i);
               //让线程休眠 1 秒
               Thread.Sleep(1000);
           }
        }
        static void Main(string[] args)
        {
           ThreadStart ts1=new ThreadStart(PrintOdd);
           Thread t1=new Thread(ts1);
           ThreadStart ts2=new ThreadStart(PrintEven);
           Thread t2=new Thread(ts2);
           t1.Start();
           t2.Start();
        }
   }
```

运行该程序，效果如图 11-10 所示。

从上面的运行效果可以看出，通过 Sleep 方法能控制两个线程执行的先后顺序。需要注意的是，两个线程虽然交替执行，但每次运行该程序的效果依然是不同的。如果需要固定的输出结果，则要用到线程的同步。关于线程同步的操作将在 11.2.4 小节中详细介绍。

图 11-10　暂停线程（Sleep）方法的应用

例 11-10　模拟发放 10 个红包，当剩余 5 个红包时线程终止。

根据题目要求，代码如下。

```
class Program
    {
        private static int count=10;
        private static void GiveRedEnvelop()
        {
            while(count>0)
            {
                count--;
                if(count==4)
                {
                    //终止当前线程
                    Console.WriteLine("红包暂停发放！");
                    Thread.CurrentThread.Abort();
                }
                Console.WriteLine("剩余{0}个红包", count);
            }
        }
        static void Main(string[] args)
        {
            ThreadStart ts=new ThreadStart(GiveRedEnvelop);
            Thread t=new Thread(ts);
            t.Start();
        }
    }
```

运行该程序，效果如图 11-11 所示。

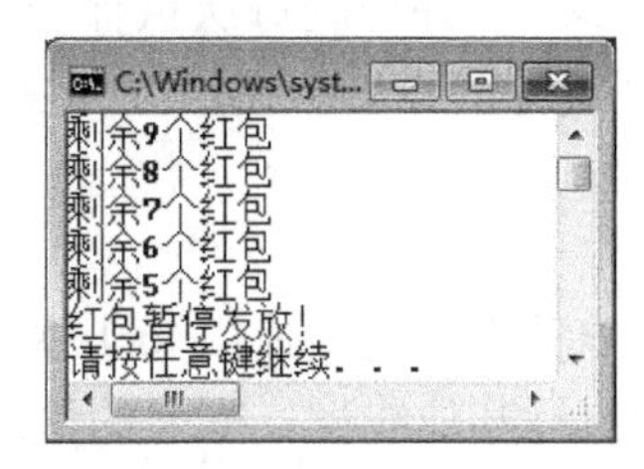

图 11-11　终止线程方法（Abort）的使用

目前，由于挂起线程（Suspend）和唤醒线程（Resume）的操作很容易造成线程的死锁状态，已经被弃用了，而是使用标识字段来设置线程挂起和唤醒的状态。所谓线程死锁就是多个线程之间处于相互等待的状态。

线程分为前台线程和后台线程，前台线程不用等主程序结束，后台线程则需要应用程序运行结束后才能结束。此外，在应用程序运行结束后，后台线程即使没有运行完也会结束，前台线程必须等待自身线程运行结束后才会结束。使用 Thread 对象的 IsBackground 属性来判断线程是否为后台线程。

例 11-11 在例 11-10 的基础上判断发红包的线程是否为后台线程，如果不是后台线程，将其设置为后台线程。

根据题目要求，这里只在 Main()方法中添加了对线程是否为后台线程的判断，Main()方法中的代码如下。

```
static void Main(string[] args)
    {
        ThreadStart ts=new ThreadStart(GiveRedEnvelop);
        Thread t=new Thread(ts);
        t.Start();
        if(t.IsBackground==false)
        {
           Console.WriteLine("该线程不是后台线程!");
           t.IsBackground=true;
        }
        else
        {
           Console.WriteLine("该线程是后台线程!");
        }
    }
```

运行该程序，直接输出“该线程不是后台线程!”，由于将该线程设置为后台线程，则不会输出红包发放的信息。

11.2.4 线程同步

虽然在前面的实例中已经使用线程的 Sleep 方法来控制线程的暂停时间，从而改变多个线程之间的先后顺序，但每次调用线程的结果是随机的。线程同步的方法是将线程资源共享，允许控制每次执行一个线程，并交替执行每个线程。在 C#语言中实现线程同步可以使用 lock 关键字和 Monitor 类、Mutex 类来解决。

视频讲解

❶ lock 关键字

对于线程同步操作最简单的一种方式就是使用 lock 关键字，通过 lock 关键字能保证加锁的线程只有在执行完成后才能执行其他线程。lock 的语法形式如下。

```
lock(object)
{
```

```
    //临界区代码
}
```

这里 lock 后面通常是一个 Object 类型的值，也可以使用 this 关键字来表示。最好是在 lock 中使用私有的非静态或负变量或私有的静态成员变量，即使用 Private 或 Private static 修饰的成员。例如：

```
private Object obj=new Object();
lock(obj)
{
    //临界区代码
}
```

例 11-12　创建控制台应用程序，使用 lock 关键字控制打印奇数和偶数的线程，要求先执行奇数线程，再执行偶数线程。

根据题目要求，代码如下。

```
class Program
    {
        public void PrintEven()
        {
            lock(this)
            {

                for(int i=0; i<=10; i=i+2)
                {
                    Console.WriteLine(Thread.CurrentThread.Name+"--"+i);
                }
            }
        }
        public void PrintOdd()
        {
            lock(this)
            {

                for(int i=1; i<=10; i=i+2)
                {
                    Console.WriteLine(Thread.CurrentThread.Name+"--"+i);
                }
            }
        }
        static void Main(string[] args)
        {
            Program program=new Program();
            ThreadStart ts1=new ThreadStart(program.PrintOdd);
            Thread t1=new Thread(ts1);
            t1.Name="打印奇数的线程";
```

```
            t1.Start();
            ThreadStart ts2=new ThreadStart(program.PrintEven);
            Thread t2=new Thread(ts2);
            t2.Name="打印偶数的线程";
            t2.Start();
        }
    }
```

运行该程序，效果如图 11-12 所示。

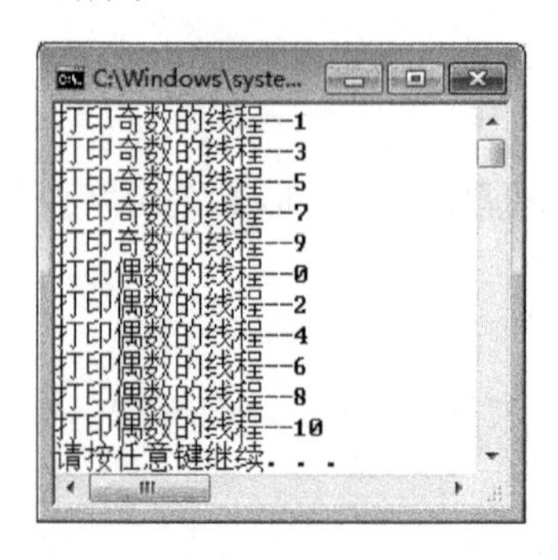

图 11-12　使用 lock 关键字控制线程

从上面的运行效果可以看出，当打印奇数的线程结束后才执行打印偶数的线程，并且每次打印的效果是一样的。

❷ **Monitor 类**

Monitor 类的命名空间是 System.Threading，它的用法要比 lock 的用法复杂一些，但本质是一样的。使用 Monitor 类锁定资源的代码如下。

```
Monitor.Enter(object);
try
{
   //临界区代码
}
finally
{
  Monitor.Exit(object);
}
```

在这里，object 值与 lock 中的 object 值是一样的。简而言之，lock 的写法是 Monitor 类的一种简写。

例 11-13　将例 11-12 中的 lock 关键字替换成 Monitor 类。

根据题目要求，代码如下。

```
class Program
   {
       public void PrintEven()
       {
```

```
            Monitor.Enter(this);
            try
            {
                for(int i=0; i<=10; i=i+2)
                {
                    Console.WriteLine(Thread.CurrentThread.Name+"--"+i);
                }
            }
            finally
            {
                Monitor.Exit(this);
            }
        }
        public void PrintOdd()
        {
            Monitor.Enter(this);
            try
            {
                for(int i=1; i<=10; i=i+2)
                {
                    Console.WriteLine(Thread.CurrentThread.Name+"--"+i);
                }
            }
            finally
            {
                Monitor.Exit(this);
            }
        }
        static void Main(string[] args)
        {
            Program program=new Program();
            ThreadStart ts1=new ThreadStart(program.PrintOdd);
            Thread t1=new Thread(ts1);
            t1.Name="打印奇数的线程";
            t1.Start();
            ThreadStart ts2=new ThreadStart(program.PrintEven);
            Thread t2=new Thread(ts2);
            t2.Name="打印偶数的线程";
            t2.Start();
        }
    }
```

运行该程序，效果与图 11-12 一样。Monitor 类的用法虽然比 lock 关键字复杂，但其能添加等待获得锁定的超时值，这样就不会无限期等待获得对象锁。使用 TryEnter()方法可以给它传送一个超时值，决定等待获得对象锁的最长时间。使用 TryEnter()方法设置获得对象锁的时间的代码如下。

```
Monitor.TryEnter(object,毫秒数)
```

该方法能在指定的毫秒数内结束线程，这样能避免线程之间的死锁现象。此外，还能使用 Monitor 类中的 Wait()方法让线程等待一定的时间，使用 Pulse()方法通知处于等待状态的线程。

❸ Mutex 类

Mutex 类也是用于线程同步操作的类，例如，当多个线程同时访问一个资源时保证一次只能有一个线程访问资源。在 Mutex 类中，WaitOne()方法用于等待资源被释放，ReleaseMutex()方法用于释放资源。WaitOne()方法在等待 ReleaseMutex()方法执行后才会结束。

例 11-14 使用线程互斥实现每个车位每次只能停一辆车的功能。

根据题目要求，停车位即为共享资源，实现的代码如下。

```
class Program
    {
        private static Mutex mutex=new Mutex();

        public static void PakingSpace(object num)
        {
            if(mutex.WaitOne())
            {
                try
                {
                    Console.WriteLine("车牌号为{0}的车驶入！",num);
                    Thread.Sleep(1000);
                }
                finally
                {
                    Console.WriteLine("车牌号为{0}的车离开！", num);
                    mutex.ReleaseMutex();
                }
            }

        }
        static void Main(string[] args)
        {
            ParameterizedThreadStart ts=new ParameterizedThreadStart
            (PakingSpace);
            Thread t1=new Thread(ts);
            t1.Start("辽A12345");
            Thread t2=new Thread(ts);
            t2.Start("京A00011");
        }
    }
```

运行该程序，效果如图 11-13 所示。

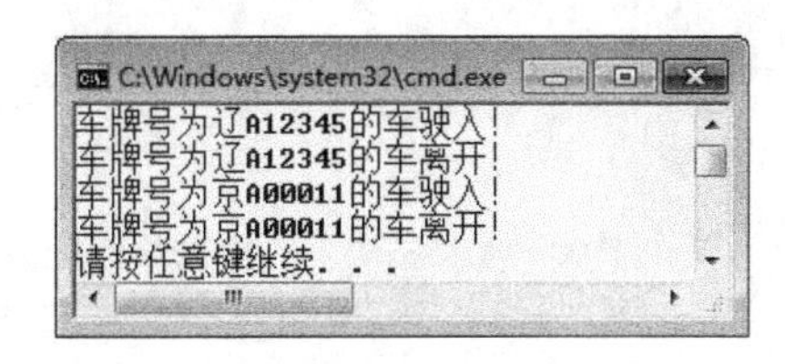

图 11-13　使用 Mutex 类

从上面的运行效果可以看出，每辆车驶入并离开后其他车才能占用停车位，即当一个线程占用资源时，其他线程是不使用该资源的。

11.3　本章小结

通过本章的学习，读者能掌握进程和线程的概念以及区别，获取系统的进程以及进程的操作，包括启动和停止进程；了解与线程相关的类以及创建简单的线程，并能创建多线程的程序，以及实现线程的同步。在实现线程的同步操作中使用了 lock 关键字、Monitor 类以及 Mutex 类的方式。

11.4　本章习题

❶ 填空题

习题答案

（1）进程和线程的关系是________________________。

（2）启动和关闭进程的方法是________________________。

（3）线程休眠的方法是________________________。

❷ 简答题

（1）简述线程与进程的区别。

（2）解释什么是线程的同步。

❸ 编程题

（1）获取当前 Windows 操作系统中正在运行的进程。

（2）使用多线程实现一个线程负责打印小写字母、一个线程负责打印大写字母，每个线程都从 a 打印到 z。要求先打印小写字母再打印大写字母，例如 aAbBcC。

第 12 章

ADO.NET 与数据绑定

任何一个应用程序都离不开数据的存储，数据可以在内存中存储，但只能在程序运行时存取，无法持久保存；数据还可以在磁盘中以文件的形式存储，但文件的管理和查找又十分烦琐无法胜任大数量的存储。将数据存储到数据库中是在应用程序中持久存储数据的常用方式，在 C#语言中提供了 ADO.NET 组件来实现连接数据库以及操作数据库中数据的功能。

本章的主要知识点如下：

- 认识 ADO.NET
- 使用 Connection 类连接数据库
- Command 类的使用
- DataReader 类的使用
- DataSet 类的使用
- 数据绑定

12.1 ADO.NET 概述

ADO.NET 是在 ADO 的基础上发展起来的，ADO（Active Data Object）是一个 COM 组件类库，用于访问数据库，而 ADO.NET 是在.NET 平台上访问数据库的组件。ADO.NET 是以 ODBC（Open Database Connectivity）技术的方式来访问数据库的一种技术。

视频讲解

ADO.NET 中的常用命名空间如表 12-1 所示。

表 12-1 ADO.NET 中的命名空间

命 名 空 间	数据提供程序
System.Data.SqlClient	Microsoft SQL Server
System.Data.Odbc	ODBC
System.Data.OracleClient	Oracle
System.Data.OleDb	OLE DB

在使用 ADO.NET 进行数据库操作时通常会用到 5 个类，分别是 Connection 类、Command 类、DataReader 类、DataAdapter 类、DataSet 类。本书将以连接 SQL Server 为例介绍 ADO.NET 中的对象，引用的命名空间为 System.Data.SqlClient。除了 DataSet 类以外，其他对象的前面都加上 Sql，即 SqlConnection、SqlCommand、SqlDataReader、SqlDataAdapter。

❶ Connection 类

该类主要用于数据库中建立连接和断开连接的操作，并且能通过该类获取当前数据库连接的状态。使用 Connection 类根据数据库的连接串能连接任意数据库，例如 SQL Server、Oracle、MySQL 等。但是在.NET 平台下，由于提供了一个 SQL Server 数据库，并额外提供了一些操作菜单便于操作，所以推荐使用 SQL Server 数据库。

❷ Command 类

该类主要对数据库执行增加、删除、修改以及查询的操作。通过在 Command 类的对象中传入不同的 SQL 语句，并调用相应的方法来执行 SQL 语句。

❸ DataReader 类

该类用于读取从数据库中查询出来的数据，但在读取数据时仅能向前读不能向后读，并且不能修改该类对象中的值。在与数据库的连接中断时，该类对象中的值也随之被清除。

❹ DataAdapter 类

该类与 DataSet 联用，它主要用于将数据库的结果运送到 DataSet 中保存。DataAdapter 可以看作是数据库与 DataSet 的一个桥梁，不仅可以将数据库中的操作结果运送到 DataSet 中，也能将更改后的 DataSet 保存到数据库中。

❺ DataSet 类

该类与 DataReader 类似，都用于存放对数据库查询的结果。不同的是，DataSet 类中的值不仅可以重复多次读取，还可以通过更改 DataSet 中的值更改数据库中的值。此外，DataSet 类中的值在数据库断开连接的情况下依然可以保留原来的值。

12.2 Connection 类的使用

Connection 类是 ADO.NET 组件连接数据库时第一个要使用的类，也是通过编程访问数据库的第一步。本节将介绍 Connection 类中的常用属性和方法，以及如何连接 SQL Server 数据库。

12.2.1 Connection 类

视频讲解

Connection 类根据要访问的数据和访问方式不同，使用的命名空间也不同，类名也稍有区别，本书中使用的是 SqlConnection 类。本书中访问的数据库是微软的 SQL Server 2014 数据库，SqlConnection 类中提供的常用属性和方法如表 12-2 所示。

表 12-2 SqlConnection 类中的属性和方法

属性或方法	说　明
SqlConnection()	无参构造方法
SqlConnection(string connectionString)	带参数的构造方法，数据库连接字符串作为参数
ConnectionString	属性，获取或设置数据库的连接串
State	属性，获取当前数据库的状态，由枚举类型 ConnectionState 为其提供值
ConnectionTimeout	属性，获取在尝试连接时终止尝试并生成错误之前所等待的时间
DataSource	属性，获取要连接的 SQL Server 的实例名
Open()	方法，打开一个数据库连接
Close()	方法，关闭数据库连接
BeginTransaction()	方法，开始一个数据库事务

12.2.2 使用 Connection 类连接数据库

视频讲解

在使用 Connection 类连接 SQL Server 2014 时，先要编写数据库连接串。数据库连接串的书写方法有很多，这里介绍两种常用的方法。

第 1 种方式：

```
server=服务器名称/数据库的实例名;uid=登录名;pwd=密码;database=数据库名称
```

其中：

- server：用于指定要访问数据库的数据库实例名，服务器名称可以换成 IP 地址或者数据库所在的计算机名称，如果访问的是本机数据库，则可以使用“.”来代替，如果使用的是默认的数据库实例名，则可以省略数据库实例名。例如连接的是本机的默认数据库，则可以写成“server=.”。
- uid：登录到指定 SQL Server 数据库实例的用户名，相当于以 SQL Server 身份验证方式登录数据库时使用的用户名，例如 sa 用户。
- pwd：与 uid 用户对应的密码。
- database：要访问数据库实例下的数据库名。

第 2 种方式：

```
Data Source=服务器名称\数据库实例名;Initial Catalog=数据库名称;User ID=用户名;Password=密码
```

其中：

- Data Source：与第 1 种连接串写法中的 server 属性的写法一样，用于指定数据库所在的服务器名称和数据库实例名，如果连接的是本机的默认数据库实例，则写成“Data Source=.”的形式。
- Initial Catalog：与第 1 种连接串写法中的 database 属性的写法一样，用于指定在 Data Source 中数据库实例下的数据库名。
- User ID：与第 1 种连接串写法中的 uid 属性的写法一样，用于指定登录数据库的用户名。

- Password：与第 1 种连接串写法中的 pwd 属性的写法一样，用于指定 User ID 用户名所对应的密码。

此外，还可以在连接字符串中使用 Integrate Security=True 的属性，省略用户名和密码，即以 Windows 身份验证方式登录 SQL Server 数据库。将数据库连接更改如下：

```
Data Source=服务器名称\数据库实例名;Initial Catalog=数据库名称;Integrate Security=True
```

需要注意的是，由于在使用 Windows 身份验证的方式登录数据库时，会对数据库的安全性造成一定的影响，因此不建议使用 Windows 身份验证的方法，而是使用 SQL Server 验证方式登录数据库，即指定用户名和密码。

提示：在 SQL Server 2014 中更改数据库的身份验证方式并不复杂，只需要在 SQL Server 的 SQL Server Management Studio 2014 中右击数据库的服务器结点，弹出如图 12-1 所示的服务器属性界面，并在界面中选择“安全性”选项。

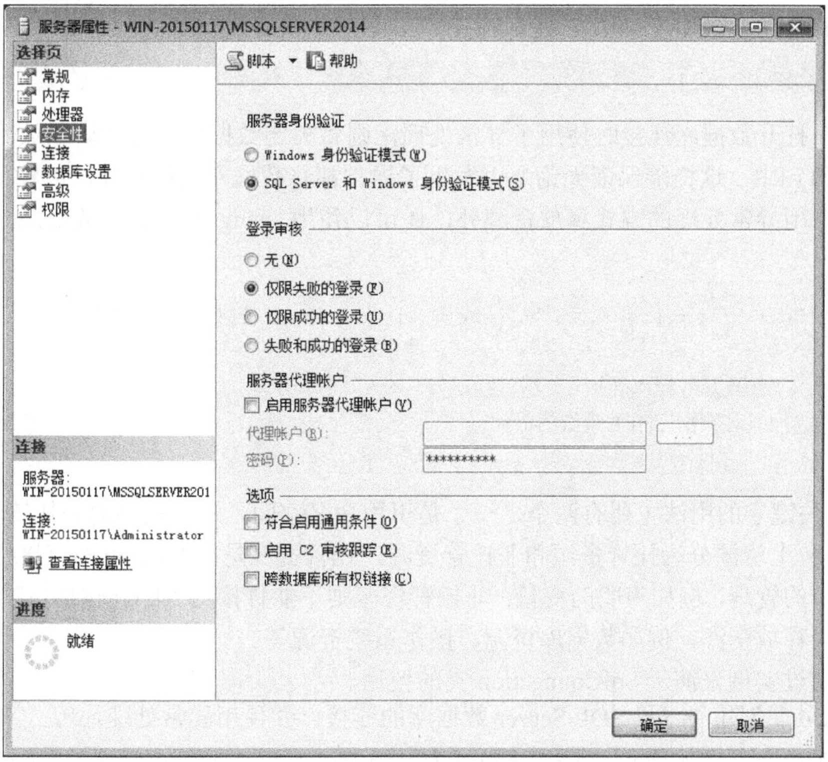

图 12-1　服务器属性界面

在该界面中可以通过选择“服务器身份验证”中的两个选项来切换身份验证方式，默认情况下选中“Windows 身份验证模式”。在选中任意一种身份验证模式后需要重启 SQL Server 服务器才能完成服务器身份验证模式的更改。

在完成了数据库连接串的编写后即可使用 SqlConnection 类与数据库连接，分以下 3

步完成。

❶ 创建 SqlConnection 类的实例

对于 SqlConnection 类来说，表 12-1 中提供了两个构造方法，通常是使用带一个字符串参数的构造方法来设置数据库的连接串创建其实例，语句形式如下。

```
SqlConnection 连接对象名=new SqlConnection(数据库连接串);
```

❷ 打开数据库连接

在创建 SqlConnection 连接类的实例后并没有连接上数据库，需要使用连接类的 Open 方法打开数据库的连接。在使用 Open 方法打开数据库连接时，如果数据库的连接串不正确或者数据库的服务处于关闭状态，会出现打开数据库失败的相关异常，因此需要通过异常处理来处理异常。打开数据库连接的语句形式如下。

```
连接对象名.Open();
```

❸ 关闭数据库连接

在对数据库的操作结束后要将数据库的连接断开，以节省数据库连接的资源。关闭数据库连接的语句形式如下。

```
连接对象名.Close();
```

如果在打开数据库连接时使用了异常处理，则将关闭数据库连接的语句放到异常处理的 finally 语句中，这样能保证无论是否发生了异常都将数据库连接断开，以释放资源。

除了使用异常处理的方式释放资源外，还可以使用 using 的方式释放资源。具体的语句如下。

```
using(SqlConnection 连接对象名=new SqlConnection(数据库连接串))
{
            //打开数据库连接
            //对数据库相关操作的语句
}
```

using 关键字的用法主要有两个，一个是引用命名空间，一个是创建非托管资源对象。在.NET 平台上资源分为托管资源和非托管资源，托管资源是由.NET 框架直接提供对其资源在内存中的管理，例如声明的变量；非托管资源则不能直接由.NET 框架对其管理，需要使用代码来释放资源，例如数据库资源、操作系统资源等。

下面通过实例来演示 SqlConnection 类的使用。

例 12-1 创建与本机 SQL Server 数据库的连接，并使用异常处理。

根据题目要求，连接 SQL Server 数据库时使用的用户名为 sa、密码为 pwdpwd，连接的数据库为 test。创建 Windows 窗体应用程序，并在窗体上放置一个按钮，在按钮的单击事件中加入以下代码。

```
//编写数据库连接串
string connStr="Data Source=.;Initial Catalog=test;User ID=sa;Password=
pwdpwd";
     //创建 SqlConnection 的实例
```

```
 SqlConnection conn=Null;
 try
 {
 conn=new SqlConnection(connStr);
 //打开数据库连接
 conn.Open();
 MessageBox.Show("数据库连接成功! ");
 }
catch(Exception ex)
{
 MessageBox.Show("数据库连接失败! "+ex.Message);
}
finally
{
   if(conn!=Null)
   {
       //关闭数据库连接
       conn.Close();
   }
}
```

执行上面的代码，效果如图 12-2 所示。

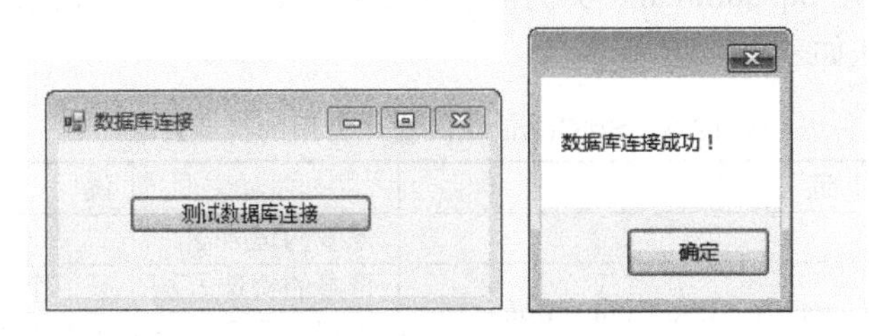

图 12-2 测试数据库连接

从上面的执行效果可以看出，数据库已经成功。

例 12-2 在例 12-1 的基础上使用 using 关键字释放资源。

根据题目要求，省略了 finally 部分的语句，代码如下。

```
//编写数据库连接串
string connStr="Data Source=WIN-20150117//MSSQLSERVER2014;Initial Catalog=
test;User ID=sa;Password=pwdpwd";
           //创建 SqlConnection 的实例
            try
            {
               using(SqlConnection conn=new SqlConnection(connStr))
               {
                 //打开数据库连接
                  conn.Open();
```

```
            MessageBox.Show("数据库连接成功！");
        }
    }
    catch(Exception ex)
    {
        MessageBox.Show("数据库连接失败！"+ex.Message);
    }
```

执行上面的代码，效果与图 12-2 一样。

12.3 Command 类的使用

在与数据库建立连接后即可开始操作数据库中的对象，使用 Command 类中提供的属性和方法可以方便地对数据库中的对象进行操作。本节将介绍如何使用 Command 类来操作数据表中的数据。

12.3.1 Command 类

视频讲解

在 System.Data.SqlClient 命名空间下，对应的 Command 类为 SqlCommand，在创建 SqlCommand 实例前必须已经创建了与数据库的连接，SqlCommand 类中常用的构造方法如表 12-3 所示。

表 12-3 SqlCommand 类中常用的构造方法

构造方法	说明
SqlCommand()	无参构造方法
SqlCommand(string commandText,SqlConnection conn)	带参的构造方法，第 1 个参数是要执行的 SQL 语句，第 2 个参数是数据库的连接对象

对数据库中对象的操作不仅包括对数据表的操作，还包括对数据库、视图、存储过程等数据库对象的操作，本书主要介绍的是对数据表和存储过程的操作。在对不同数据库对象进行操作时，SqlCommand 类提供了不同的属性和方法，常用的属性和方法如表 12-4 所示。

表 12-4 SqlCommand 类中的属性和方法

属性或方法	说明
CommandText	属性，Command 对象中要执行的 SQL 语句
Connection	属性，获取或设置数据库的连接对象
CommandType	属性，获取或设置命令类型
Parameters	属性，设置 Command 对象中 SQL 语句的参数
ExecuteReader()	方法，获取执行查询语句的结果
ExecuteScalar()	方法，返回查询结果中第 1 行第 1 列的值
ExecuteNonQuery()	方法，执行对数据表的增加、删除、修改操作

12.3.2 使用 Command 类操作数据库

视频讲解

Command 类中提供了 3 种命令类型，分别是 Text、TableDirect 以及 StoredProcedure，默认情况下是 Text。所谓 Text 类型是指使用 SQL 语句的形式，包括增加、删除、修改以及查询的 SQL 语句。StoredProcedure 用于执行存储过程；TableDirect 仅在 OLE DB 驱动程序中有效，不在本书的考虑范围内。

在使用 Command 类操作数据库时需要通过以下步骤完成。

❶ 创建 SqlCommand 类的实例

创建 SqlCommand 类的实例分两种情况，一种是命令类型为 Text 的，一种是命令类型为 StoredProcedure 的。

1）命令类型为 Text

```
SqlCommand SqlCommand类的实例名=new SqlCommand(SQL语句,数据库连接类的实例);
```

其中：

- ❑ SQL 语句：指该 SqlCommand 类的实例要执行的 SQL 语句。
- ❑ 数据库连接类的实例：指使用 SqlConnection 类创建的实例，通常数据库连接类的实例处于打开的状态。

2）命令类型为 StoredProcedure

```
SqlCommand SqlCommand类的实例名=new SqlCommand(存储过程名称,数据库连接类的实例);
```

需要注意的是，存储过程必须是当前数据库实例中的存储过程，并且在调用带参数的存储过程时，还需要在 SqlCommand 类的实例中添加对应的存储过程参数。为存储过程添加参数，需要使用 SqlCommand 类实例的 Parameters 属性来设置，具体的代码如下。

```
SqlCommand类实例.Parameters.Add(参数名,参数值);
```

在这里，参数名与存储过程中定义的参数名要一致。

❷ 执行对数据表的操作

在执行对数据表的操作时通常分为两种情况，一种是执行非查询 SQL 语句的操作，即增加、修改、删除的操作，一种是执行查询 SQL 语句的操作。

1）执行非查询 SQL 语句的操作

在执行非查询 SQL 语句时并不需要返回表中的数据，直接使用 SqlCommand 类的 ExecuteNonQuery 方法即可，该方法的返回值是一个整数，用于返回 SqlCommand 类，在执行 SQL 语句后，对表中数据影响的行数。当该方法的返回值为−1 时，代表 SQL 语句执行失败，当该方法的返回值为 0 时，代表 SQL 语句对当前数据表中的数据没有影响。例如要删除学号为 1100 的学生的信息，而表中不存在该学号的学生的信息，SQL 语句可以正常执行，但对表中的影响行数是 0。具体的代码如下。

```
SqlCommand类的实例.ExecuteNonQuery();
```

需要注意的是，如果执行的 SQL 语句在数据库中执行错误，则会产生异常，因此该部分需要进行异常处理。

2）执行查询语句的操作

在执行查询语句时通常需要返回查询结果，SqlCommand 类中提供的 ExecuteReader 方法在执行查询 SQL 语句后，会返回一个 SqlDataReader 类型的值，通过遍历 SqlDataReader 类中的结果即可得到返回值。具体的代码如下。

```
SqlDataReader dr=SqlCommand类的实例.ExecuteReader();
```

对于 DataReader 类的使用请参考本章的 12.4 节。

此外，如果在执行查询语句后并不需要返回所有的查询结果，而仅需要返回一个值，例如查询表中的记录行数，这时可以使用 ExecuteScalar 方法。具体的代码如下。

```
int returnvalue=SqlCommand类的实例.ExecuteScalar();
```

下面通过实例来演示 SqlCommand 类的使用。

例12-3 制作一个用户注册界面，使用 SqlCommand 类向用户信息表中添加一条记录

根据题目要求，先在 SQL Server 2014 中创建用户信息表 userinfo，SQL 语句如下。

```
create table userinfo
(
    id int identity(1,1) primary key,
    name varchar(20),
    password varchar(20)
)
```

为了方便，将表中的 id 设置为主键，并设置为标识列，以保证值的唯一性。使用 SqlCommand 类向表中添加数据的语句如下。

```
//"注册"按钮的单击事件
private void btnAdd_Click(object sender, EventArgs e)
{
    //编写数据库连接串
    string connStr="Data Source=WIN-20150117\\MSSQLSERVER2014; Initial
    Catalog=test;User ID=sa;Password=pwdpwd";
    //创建SqlConnection的实例
    SqlConnection conn=Null;
    try
    {
        conn=new SqlConnection(connStr);
        //打开数据库连接
        conn.Open();
        string sql="insert into userinfo(name,password) values('{0}',
        '{1}')";
        //填充SQL语句
        sql=string.Format(sql, txtName.Text,txtPwd.Text);
        //创建SqlCommand对象
```

```
            SqlCommand cmd=new SqlCommand(sql,conn);
            //执行 SQL 语句
            int returnvalue=cmd.ExecuteNonQuery();
            //判断 SQL 语句是否执行成功
            if(returnvalue!=-1)
            {
                MessageBox.Show("注册成功！");
            }
        }
        catch(Exception ex)
        {
            MessageBox.Show("注册失败！"+ex.Message);
        }
        finally
        {
            if(conn!=Null)
            {
                //关闭数据库连接
                conn.Close();
            }
        }
    }
```

运行窗体，效果如图 12-3 所示。

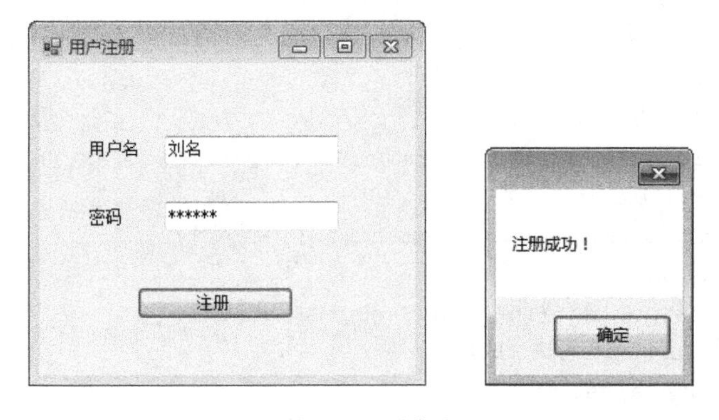

图 12-3　用户注册

从上面的运行效果可以看出，通过 SqlCommand 对象已经将用户信息添加到数据表 userinfo 中。

例 **12-4**　制作一个登录界面，使用 SqlCommand 类判断用户是否登录成功。

根据题目要求，登录功能通过查询语句来实现，即将界面上输入的用户名和密码与数据表中存储的用户信息相比较，如果有与之匹配的用户信息则弹出消息框提示登录成功，否则提示登录失败。实现登录功能的界面如图 12-4 所示。

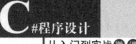

图 12-4　登录界面

在登录界面中的“登录”按钮的单击事件中实现用户登录功能，并在“取消”按钮的单击事件中实现关闭登录窗体的功能，实现的代码如下。

```
//“登录”按钮的单击事件
private void btnLogin_Click(object sender, EventArgs e)
{
    //编写数据库连接串
    string connStr="Data Source=WIN-20150117\\MSSQLSERVER2014; Initial
    Catalog=test;User ID=sa;Password=pwdpwd";
    //创建 SqlConnection 的实例
    SqlConnection conn=Null;
    try
    {
        conn=new SqlConnection(connStr);
        //打开数据库连接
        conn.Open();
        string sql="select count(*) from userinfo where name='{0}' and
        password='{1}'";
        //填充 SQL 语句
        sql=string.Format(sql, txtName.Text, txtPwd.Text);
        //创建 SqlCommand 对象
        SqlCommand cmd=new SqlCommand(sql, conn);
        //执行 SQL 语句
        int returnvalue=(int)cmd.ExecuteScalar();
        //判断 SQL 语句是否执行成功
        if(returnvalue!=0)
        {
            MessageBox.Show("登录成功！");
        }
        else
        {
            MessageBox.Show("登录失败！");
        }
    }
    catch(Exception ex)
    {
```

```
        MessageBox.Show("注册失败！"+ex.Message);
    }
    finally
    {
        if(conn!=Null)
        {
            //关闭数据库连接
            conn.Close();
        }
    }
}
//关闭窗体的单击事件
private void btnCancel_Click(object sender, EventArgs e)
{
    this.Close();
}
```

运行该窗体，效果如图 12-5 所示。

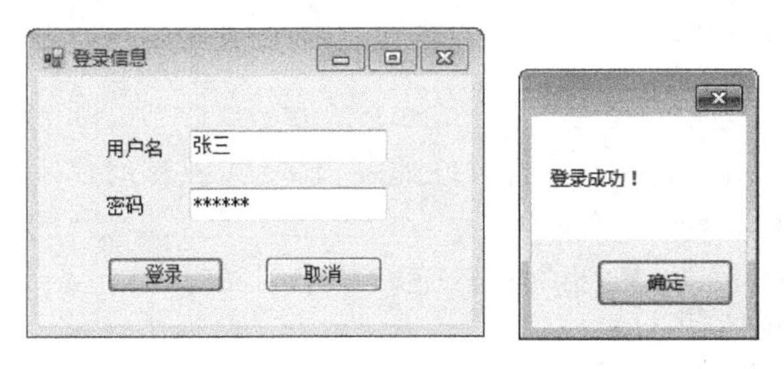

图 12-5　登录成功的效果

从上面的运行效果可以看出，通过使用 SqlCommand 类中的 ExecuteScalar 方法即可判断是否存在界面中输入的用户名和密码。

例 12-5　改进用户注册功能，使用户在注册时用户名唯一。

在例 12-4 的登录功能中有可能出现不同的人注册时的用户名和密码相同的情况，因此很难判断究竟是哪个用户登录。在很多软件中，用户注册功能都会判断用户名是否唯一，或者直接使用邮箱或手机号作为登录名。下面在例 12-3 的注册功能中添加判断用户名是否唯一的功能，实现的代码如下。

```
//“注册”按钮的单击事件
private void btnAdd_Click(object sender, EventArgs e)
{
    //编写数据库连接串
    string connStr="Data Source=WIN-20150117\\MSSQLSERVER2014; Initial
    Catalog=test;User ID=sa;Password=pwdpwd";
    //创建 SqlConnection 的实例
    SqlConnection conn=Null;
    try
```

```
    {
        conn=new SqlConnection(connStr);
        //打开数据库连接
        conn.Open();
        //判断用户名是否重复
        string checkNameSql="select count(*) from userinfo where name=
        '{0}'";
        checkNameSql=string.Format(checkNameSql, txtName.Text);
        //创建 SqlCommand 对象
        SqlCommand cmdCheckName=new SqlCommand(checkNameSql, conn);
        //执行判断用户名是否唯一的 SQL 语句
        int isRepeatName=(int)cmdCheckName.ExecuteScalar();
        if(isRepeatName!=0)
        {
            //用户名重复，则不执行注册操作
            MessageBox.Show("用户名重复！");
            return;
        }
        string sql="insert into userinfo(name,password) values('{0}',
        '{1}')";
        //填充 SQL 语句
        sql=string.Format(sql, txtName.Text,txtPwd.Text);
        //创建 SqlCommand 对象
        SqlCommand cmd=new SqlCommand(sql,conn);
        //执行 SQL 语句
        int returnvalue=cmd.ExecuteNonQuery();
        //判断 SQL 语句是否执行成功
        if(returnvalue!=-1)
        {
            MessageBox.Show("注册成功！");
        }
    }
    catch(Exception ex)
    {
        MessageBox.Show("注册失败！" + ex.Message);
    }
    finally
    {
        if(conn!=Null)
        {
            //关闭数据库连接
            conn.Close();
        }
    }
}
```

运行该窗体，输入已经存在的用户名“张三”，效果如图 12-6 所示。

图 12-6 注册同名用户时的效果

从上面的运行效果可以看出，由于“张三”用户在表中已经存在，所以在注册时会弹出“用户名重复!”的提示。

例 12-6 创建一个存储过程实现用户注册功能，并使用 SqlCommand 类调用存储过程。

用户注册功能的存储过程比较简单，只需要写一个带参数的存储过程将用户名和密码传递给存储过程，并使用 insert 语句将用户名和密码添加到用户信息表中。在存储过程中暂不考虑判断用户名是否重复。创建存储过程的语句如下。

```
create procedure AddUser(@name varchar(20),@password varchar(20))
as
begin
insert into userinfo(name,password) values(@name,@password);
end
```

注册页面与图 12-3 一样，在“注册”按钮的单击事件中调用 AddUser 存储过程，代码如下。

```
//编写数据库连接串
        string connStr = "Data Source=WIN-20150117\\MSSQLSERVER2014; Initial
        Catalog=test;User ID=sa;Password=pwdpwd";
        //创建 SqlConnection 的实例
        SqlConnection conn=Null;
        try
        {
            conn=new SqlConnection(connStr);
            //打开数据库连接
            conn.Open();
            //创建 SqlCommand 对象
            SqlCommand cmd=new SqlCommand("AddUser",conn);
            //设置 SqlCommand 对象的命令类型（CommandType）是存储过程
            cmd.CommandType=CommandType.StoredProcedure;
            //设置存储过程中所需的参数
```

```
            cmd.Parameters.AddWithValue("name", txtName.Text);
            cmd.Parameters.AddWithValue("password", txtPwd.Text);
            //执行存储过程
            int returnvalue=cmd.ExecuteNonQuery();
            Console.WriteLine(returnvalue);
            if(returnvalue!=-1)
            {
                MessageBox.Show("注册成功！");
            }
        }
        catch(Exception ex)
        {
            MessageBox.Show("注册失败！"+ex.Message);
        }
        finally
        {
            if(conn!=Null)
            {
                //关闭数据库连接
                conn.Close();
            }
        }
```

运行该窗体，效果与例 12-3 一致。从上面的代码可以看出，调用存储过程并不复杂，只需要在 SqlCommand 对象中将 CommandType 属性的值改成 StoredProcedure，并添加存储过程中所需要的参数即可。

12.4 DataReader 类的使用

DataReader 类的作用是读取查询结果，与 Command 类中的 ExecuteReader 方法一起使用。本节将介绍 DataReader 类中常用的属性和方法，以及如何使用该类查询表中的数据。

12.4.1 DataReader 类

视频讲解

DataReader 类在 System.Data.SqlClient 命名空间中“，”对应的类是 SqlDataReader，主要用于读取表中的查询结果，并且是以只读方式读取的（即不能修改 DataReader 中存放的数据）。正是由于 DataReader 类的特殊的读取方式，其访问数据的速度比较快，占用的服务器资源比较少。

SqlDataReader 类中常用的属性和方法如表 12-5 所示。

表 12-5 SqlDataReader 类中常用的属性和方法

属性或方法	说　明
FieldCount	属性，获取当前行中的列数
HasRows	属性，获取 DataReader 中是否包含数据
IsClosed	属性，获取 DataReader 的状态是否为已经被关闭
Read	方法，让 DataReader 对象前进到下一条记录
Close	方法，关闭 DataReader 对象
Get×××(int i)	方法，获取指定列的值，其中×××代表的是数据类型。例如获取当前行第 1 列 double 类型的值，获取方法为 GetDouble(o)

下一节将演示 SqlDataReader 的用法。

12.4.2 使用 DataReader 类读取查询结果

在使用 DataReader 类读取查询结果时需要注意，当查询结果仅为一条时，可以使用 if 语句查询 DataReader 对象中的数据，如果返回值是多条数据，需要通过 while 语句遍历 DataReader 对象中的数据。

视频讲解

在使用 DataReader 类读取查询结果时需要通过以下步骤完成：

❶ 执行 SqlCommand 对象中的 ExecuteReader 方法

具体代码如下。

```
SqlDataReader dr=SqlCommand 类实例.ExecuteReader();
```

❷ 遍历 SqlDataReader 中的结果

SqlDataReader 类中提供的 Read 方法用于判断其是否有值，并指向 SqlDataReader 结果中的下一条记录。

```
dr.Read();
```

如果返回值为 True，则可以读取该条记录，否则无法读取。在读取记录时，要根据表中的数据类型来读取表中相应的列。

❸ 关闭 SqlDataReader

下面通过实例来演示 SqlDataReader 类的使用。

例 **12-7** 根据用户姓名查询用户的编号和密码，并将编号和密码显示在标签控件（Label）上。

根据姓名查询用户信息的界面如图 12-7 所示。

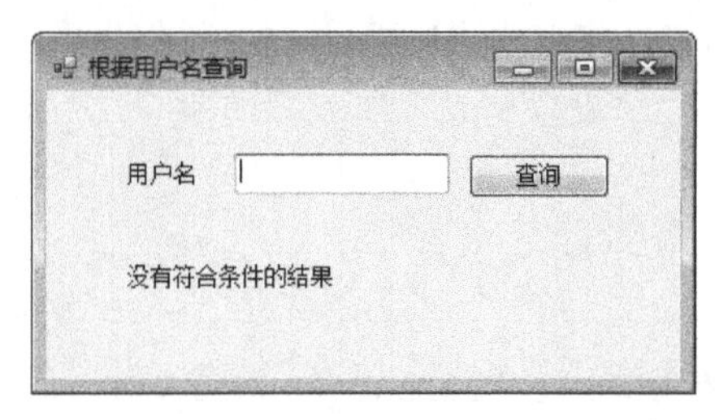

图 12-7 根据用户名查询用户信息的界面

在该界面中默认情况下显示“没有符合条件的结果”，如果根据文本框中输入的用户名能查询到指定用户的信息，则将默认文字替换成用户编号和密码。实现该功能的代码如下。

```
//“查询”按钮的单击事件
private void btnQuery_Click(object sender, EventArgs e)
{
    //编写数据库连接串
    string connStr="Data Source=WIN-20150117\\MSSQLSERVER2014; Initial
    Catalog=test;User ID=sa;Password=pwdpwd";
    //创建 SqlConnection 的实例
    SqlConnection conn=Null;
    //定义 SqlDataReader 类的对象
    SqlDataReader dr=Null;
    try
    {
        conn=new SqlConnection(connStr);
        //打开数据库连接
        conn.Open();
        string sql="select id,password from userinfo where name='{0}'";
        //填充 SQL 语句
        sql=string.Format(sql, txtName.Text);
        //创建 SqlCommand 对象
        SqlCommand cmd=new SqlCommand(sql, conn);
        //执行 SQL 语句
        dr=cmd.ExecuteReader();
        //判断 SQL 语句是否执行成功
        if(dr.Read())
        {
            //读取指定用户名对应的用户编号和密码
            string msg="用户编号: "+dr[0]+" 密码: "+dr[1];
            //将 msg 的值显示在标签上
            lblMsg.Text=msg;
        }
    }
    catch(Exception ex)
    {
        MessageBox.Show("查询失败! " + ex.Message);
    }
    finally
    {
        if(dr!=Null)
        {
            //判断 dr 不为空，关闭 SqlDataReader 对象
            dr.Close();
```

```
        }

        if(conn!=Null )
        {
            //关闭数据库连接
            conn.Close();
        }
    }
}
```

运行该窗体，效果如图 12-8 所示。

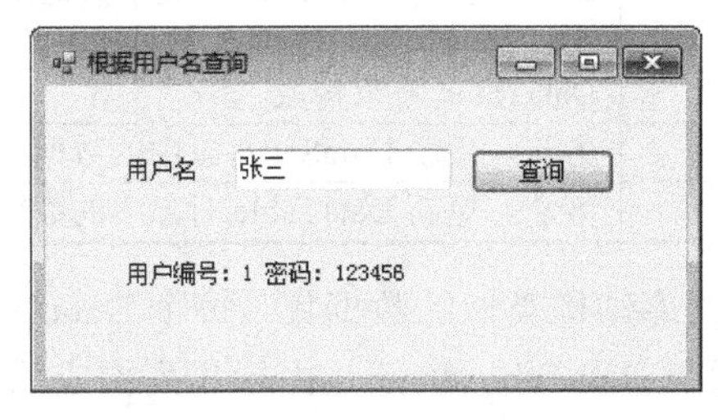

图 12-8　输入用户名“张三”后的查询效果

从上面的运行效果可以看出，“张三”用户对应的用户编号为 1、密码为 123456。需要注意的是，实现上述功能的要求是用户表中的用户名是唯一的，以避免出现查询错误。

12.5　DataAdapter 与 DataSet 类的使用

在执行对表中数据的查询时还能将数据保存到 DataSet 中，但需要借助 DataAdapter 类来实现。在实际应用中，DataAdapter 与 DataSet 是在查询操作中使用最多的类。此外，还可以通过 DataSet 实现对表中数据的增加、修改、删除操作。本节将介绍 DataAdapter 和 DataSet 类的使用。

视频讲解

12.5.1　DataAdapter 与 DataSet 类

DataAdapter 类用于将数据表中的数据查询出来并添加到 DataSet 中，DataAdapter 在 System.Data.SqlClient 命名空间下对应的类名是 SqlDataAdapter，其主要的构造方法如表 12-6 所示。

表 12-6　SqlDataAdapter 类的构造方法

构 造 方 法	说　　明
SqlDataAdapter(SqlCommand cmd)	带参数的构造方法，传递 SqlCommand 类的对象作为参数
SqlDataAdapter(string sql,SqlConnection conn)	带参数的构造方法，sql 参数是指定对数据表执行的 SQL 语句，conn 是数据库的连接对象
SqlDataAdapter()	不带参数的构造方法

从 SqlDataAdapter 类的构造方法可以看出，SqlDataAdapter 类需要与 SqlCommand 类和 SqlConnection 类一起使用。SqlDataAdapter 类常用的属性和方法如表 12-7 所示。

表 12-7　SqlDataAdapter 类常用的属性和方法

属性或方法	说　　明
SelectCommand	属性，设置 SqlDataAdapter 中要执行的查询语句
InsertCommand	属性，设置 SqlDataAdapter 中要执行的添加语句
UpdateCommand	属性，设置 SqlDataAdapter 中要执行的修改语句
DeleteCommand	属性，设置 SqlDataAdapter 中要执行的删除语句
Fill(DataSet ds)	方法，将 SqlDataAdapter 类中查询出的结果填充到 DataSet 对象中
Fill(DataTable dt)	方法，将 SqlDataAdapter 类中查询出的结果填充到 DataTable 对象中，DataTable 是数据表对象，在一个 DataSet 对象中由多个 DataTable 对象构成
Update(DataSet ds)	方法，更新 DataSet 对象中的数据
Update(DataTable dt)	方法，更新 DataTable 对象中的数据

DataSet 类是一种与数据库结构类似的数据集，每个 DataSet 都是由若干个数据表构成的，DataTable 即数据表，每个 DataTable 也都是由行和列构成的，行使用 DataRow 类表示、列使用 DataColumn 类表示。此外，用户还可以通过 DataRelation 类设置数据表之间的关系。下面介绍 DataSet 类以及 DataTable 类的使用，在“使用 DataSet 类更新数据库”一节中介绍其他类的使用。

❶ DataSet 类

DataSet 类中的构造方法如表 12-8 所示。

表 12-8　DataSet 类的构造方法

构 造 方 法	说　　明
DataSet()	无参构造方法
DataSet(string DataSetName)	带参数的构造方法，DataSetName 参数用于指定数据集名称

DataSet 类中常用的属性和方法如表 12-9 所示。

表 12-9　DataSet 类中常用的属性和方法

属性或方法	说　　明
Tables	属性，获取 DataSet 中所有数据表的集合，Tables[0]代表集合中的第一个数据表
CaseSensitive	属性，获取或设置 DataSet 中的字符串是否区分大小写
Relations	属性，获取 DataSet 中包含的关系集合
Clear()	方法，清空 DataSet 中的数据
Copy()	方法，复制 DataSet 中的数据
AcceptChanges()	方法，更新 DataSet 中的数据
HasChanges()	方法，获取 DataSet 中是否有数据发生变化
RejectChanges()	方法，撤销对 DataSet 中数据的更改

❷ DataTable

DataTable 作为 DataSet 中的重要对象，其与数据表的定义是类似的，都是由行和列构成，并有唯一的表名。从 SqlDataAdapter 类的填充方法（Fill）中可以看出允许将数据直接填充到 DataTable 中，这样既能节省存储空间也能简化查找数据表中的数据。DataTable 类中常用的构造方法如表 12-10 所示。

表 12-10　DataTable 中常用的构造方法

构 造 方 法	说　　明
DataTable()	无参构造方法
DataTable(string TableName)	带参数的构造方法，TableName 参数用于指定数据表的名称

DataTable 与 DataSet 有很多相似的属性和方法，在表 12-11 中列出了一些与 DataSet 类不同的属性。

表 12-11　DataTable 中常用的属性

属　　性	说　　明
TableName	属性，获取或设置 DataTable 的名称
Columns	属性，获取 DataTable 中列的集合
Rows	属性，获取 DataTable 中行的集合
DataSet	属性，获取 DataTable 所在的 DataSet
Constraints	属性，获取 DataTable 中的所有约束

12.5.2　使用 DataSet 和 DataTable 类存放查询结果

在实际应用中，将查询结果存储到 DataSet 类或 DataTable 类中均可，在操作查询结果时也非常类似。下面分别通过实例来演示 DataSet 和 DataTable 的使用。

视频讲解

例 **12-8**　创建 Windows 应用程序，查询用户信息表（userinfo）中的所有用户名，并将用户名显示在列表控件（ListBox）中。

根据题目要求，设置用户信息查询界面如图 12-9 所示。

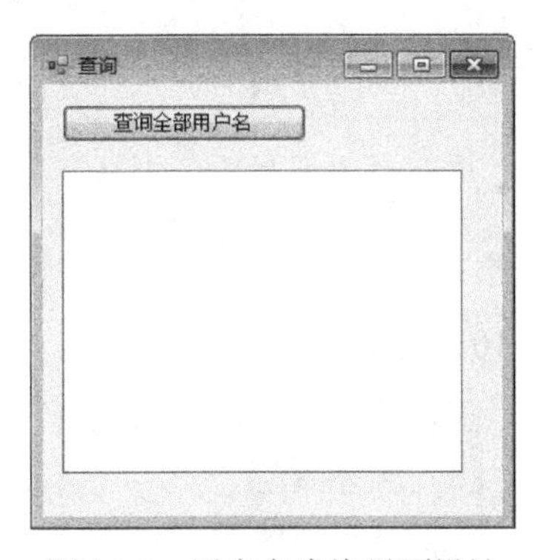

图 12-9　用户名查询界面设计

单击“查询全部用户名”按钮，将所有用户名显示到 ListBox 控件中，首先使用 DataSet 对象存储查询结果，代码如下。

```
// “查询全部用户名” 按钮的单击事件
private void btnQuery_Click(object sender, EventArgs e)
{
```

```
        //编写数据库连接串
        string connStr="Data Source=WIN-20150117\\MSSQLSERVER2014; Initial
        Catalog=test;User ID=sa;Password=pwdpwd";
        //创建 SqlConnection 的实例
        SqlConnection conn=Null;
        try
        {
            conn=new SqlConnection(connStr);
            //打开数据库连接
            conn.Open();
            string sql="select name from userinfo";
            //创建 SqlDataAdapter 类的对象
            SqlDataAdapter sda=new SqlDataAdapter(sql, conn);
            //创建 DataSet 类的对象
            DataSet ds=new DataSet();
            //使用 SqlDataAdapter 对象 sda 将查询结果填充到 DataSet 对象 ds 中
            sda.Fill(ds);
            //设置 ListBox 控件的数据源（DataSource）属性
            listBox1.DataSource=ds.Tables[0];
            //在 ListBox 控件中显示 name 列的值
            listBox1.DisplayMember=ds.Tables[0].Columns[0].ToString();

        }
        catch(Exception ex)
        {
            MessageBox.Show("查询失败！" + ex.Message);
        }
        finally
        {
            if(conn!=Null)
            {
                //关闭数据库连接
                conn.Close();
            }
        }
    }
```

运行该窗体，效果如图 12-10 所示。

图 12-10　查询全部用户名的效果

从上面的运行效果可以看出，已经将用户信息表（userinfo）中的所有用户名显示在列表控件（ListBox）中。需要注意的是，ListBox 控件中的 DataSource 属性用于设置控件中内容的数据源，并需要通过 DisplayMember 属性来指定显示在 ListBox 控件中的内容。在本例中将 DataSet 对象换成 DataTable 对象，更改部分代码如下。

```
//创建 SqlDataAdapter 类的对象
SqlDataAdapter sda = new SqlDataAdapter(sql, conn);
//创建 DataTable 类的对象
DataTable dt = new DataTable();
//使用 SqlDataAdapter 对象 sda 将查询结果填充到 DataSet 对象 dt 中
sda.Fill(dt);
//设置 ListBox 控件的数据源（DataSource）属性
listBox1.DataSource = dt;
//在 ListBox 控件中显示 name 列的值
listBox1.DisplayMember =dt.Columns[0].ToString();
```

更改后再次运行窗体，效果与图 12-10 一样。对于 Windows 应用程序中的控件，除了可以使用代码为其 DataSource 属性设置数据源外，也可以用 Windows 应用程序中所带的自动绑定功能实现。对于自动绑定的操作将在本章的 12.6 节中详细介绍。

12.5.3　DataRow 和 DataColumn 类

视频讲解

前面已经介绍了使用 SqlCommand 对象中的 ExecuteNonQuery 方法执行非查询 SQL 语句来实现对数据表的更新操作，使用 DataSet 对象也能实现相同的功能，并且能节省数据访问时间。每个 DataSet 都是由多个 DataTable 构成的，更新 DataSet 中的数据实际上是通过更新 DataTable 来实现的。每个 DataTable 对象都是由行（DataRow）和列（DataColumn）构成的，下面分别介绍 DataRow 类和 DataColumn 类的使用。

❶ DataRow 类

DataRow 类代表数据表中的行，并允许通过该类直接对数据表进行添加、修改、删除行的操作。DataRow 类中常用的属性和方法如表 12-12 所示。

表 12-12　DataRow 类中的常用属性和方法

属性或方法	说　明
Table	属性，设置 DataRow 对象所创建 DataTable 的名称
RowState	属性，获取当前行的状态
HasErrors	属性，获取当前行是否存在错误
AcceptChanges()	方法，更新 DataTable 中的值
RejectChanges()	方法，撤销对 DataTable 中的值的更新
Delete()	方法，标记当前的行被删除，并在执行 AcceptChanges 方法后更新数据表

在 DataRow 类中没有提供构造方法，需要通过 DataTable 中的 NewRow 方法创建 DataRow 类的对象，具体的语句如下。

```
DataTable dt=new DataTable();
DataRow dr=dt.NewRow();
```

这样，dr 即为新添加的行，每行数据是由多列构成的，如果在 DataTable 对象中已经存在表结构，则直接使用“dr[编号或列名]=值”的形式即可为表中的列赋值。

❷ DataColumn 类

DataColumn 类是数据表中的列对象，与数据库中表的列定义一样，都可以为其设置列名以及数据类型。DataColumn 类中常用的构造方法如表 12-13 所示。

表 12-13 DataColumn 类中的构造方法

构 造 方 法	说　　明
DataColumn()	无参构造方法
DataColumn(string columnName)	带参数的构造方法，columnName 参数代表的是列名
DataColumn(string columnName,Type dataType)	带参数的构造方法，columnName 参数代表的是列名，dataType 参数代表的是列的数据类型

DataColumn 类提供了一些属性对 DataColumn 对象进行设置，常用的属性如表 12-14 所示。

表 12-14 DataColumn 类中常用的属性

属　　性	说　　明
ColumnName	属性，设置 DataColumn 对象的列名
DataType	属性，设置 DataColumn 对象的数据类型
MaxLength	属性，设置 DataColumn 对象值的最大长度
Caption	属性，设置 DataColumn 对象在显示时的列名，类似于给表中的列设置别名
DefaultValue	属性，设置 DataColumn 对象的默认值
AutoIncrement	属性，设置 DataColumn 对象为自动增长列，与 SQL Server 中数据表的标识列类似
AutoIncrementSeed	属性，与 AutoIncrement 属性联用，用于设置自动增长列的初始值
AutoIncrementStep	属性，与 AutoIncrement 属性联用，用于设置自动增长列每次增加的值
Unique	属性，设置 DataColumn 对象的值是唯一的，类似于数据表的唯一约束
AllowDBNull	属性，设置 DataColumn 对象的值是否允许为空

下面通过实例来演示 DataRow 类和 DataColumn 类的使用。

例 12-9 通过 DataRow 类、DataColumn 类以及 DataTable 类设计专业信息表，并向该表中添加专业，在 ListBox 控件中显示所有专业信息。

专业信息表的列包括专业编号、专业名称，要求专业编号是自动增长列，专业名称是唯一值。创建 Windows 应用程序，添加专业信息并查询的界面设计如图 12-11 所示。

图 12-11 添加专业信息并查询的界面

在每次新添加专业名称时将新的专业添加到 ListBox 控件中，实现的代码如下。

```
public partial class MajorManage:Form
    {
        //创建 DataTable 类的对象，其表名为 major
        private DataTable dt=new DataTable("major");
        //在构造方法中初始化 DataTable 对象，设置 DataTable 中的列
        public MajorManage()
        {
            InitializeComponent();
            //创建专业编号列，列名为 id、数据类型是整型
            DataColumn id=new DataColumn("id", typeof(int));
            //设置 id 为自动增长列
            id.AutoIncrement=True;
            //设置 id 列的初始值
            id.AutoIncrementSeed=1;
            //设置 id 列每次增长的值
            id.AutoIncrementStep=1;
            //将 id 列加入到 DataTable 对象中
            dt.Columns.Add(id);
            //创建专业名称列，列名为 name、数据类型是字符串类型
            DataColumn name=new DataColumn("name", typeof(string));
            //设置 name 列的值是唯一的
            name.Unique=True;
            //将 name 列加入到 DataTable 对象中
            dt.Columns.Add(name);
        }
        //“添加”按钮的单击事件
        private void btnAdd_Click(object sender, EventArgs e)
        {
            //向 DataTable 中添加一行，创建 DataRow 对象
            DataRow dr=dt.NewRow();
            //添加专业名称列的值
            dr["name"]=txtName.Text;
            //将 DataRow 添加到 DataTable 对象中
            dt.Rows.Add(dr);
            //设置 ListBox 控件中的 DataSource 属性
            lbMajor.DataSource=dt;
            //设置在 ListBox 控件中显示的列
            lbMajor.DisplayMember=dt.Columns["name"].ToString();
        }
    }
```

运行该窗体，效果如图 12-12 所示。

图 12-12　使用 DataTable 添加和查询专业信息的效果

从上面的运行效果可以看出，DataTable 类的使用与直接设计数据库中的表是类似的，只是没有将数据存储到数据库中。既然使用 DataTable 类能完成与表设计和操作相同的功能，那么通过更新 DataTable 来更新数据库中的数据表效果会事半功倍，并能在离线状态下保存数据。

12.5.4　使用 DataSet 类更新数据库

使用 DataSet 类更新数据库中的数据，还需要使用 System.Data.SqlClient 命名空间中的 SqlCommandBuilder 类自动生成 SqlDataAdapter 对象的添加、修改以及删除方法。在与 SqlDataAdapter 类联用时，只需要在创建 SqlCommandBuilder 类的实例时使用 SqlDataAdapter 对象作为参数即可，语法形式如下。

```
SqlCommandBuilder 对象名=new SqlCommandBuilder(SqlDataAdapter 类的对象);
```

下面通过实例来演示如何使用 DataSet 更新数据库。

例 12-10　使用 DataSet 实现用户注册功能。

根据题目要求，注册页面与例 12-3 一样，只是在“注册”按钮的单击事件中使用 DataSet 向表中添加用户信息。实现的代码如下。

```
//“注册”按钮的单击事件
private void btnAdd_Click(object sender, EventArgs e)
{
    //编写数据库连接串
    string connStr="Data Source=WIN-20150117\\MSSQLSERVER2014; Initial
    Catalog=test;User ID=sa;Password=pwdpwd";
    //创建 SqlConnection 的实例
    SqlConnection conn=Null;
    try
    {
        conn=new SqlConnection(connStr);
        //打开数据库连接
        conn.Open();
        string sql="select*from userinfo";
```

```
            //创建 SqlDataAdapter 类的对象
            SqlDataAdapter sda=new SqlDataAdapter(sql, conn);
            //创建 DataSet 类的对象
            DataSet ds=new DataSet();
            //使用 SqlDataAdapter 对象 sda 将查询结果填充到 DataTable 对象 ds 中
            sda.Fill(ds);
            //创建 SqlCommandBuilder 类的对象
            SqlCommandBuilder cmdBuilder=new SqlCommandBuilder(sda);
            //创建 DataRow 类的对象
            DataRow dr=ds.Tables[0].NewRow();
            //设置 name 列的值
            dr["name"]=txtName.Text;
            //设置 password 列的值
            dr["password"]=txtPwd.Text;
            //向 DataTable 对象中添加一行
            ds.Tables[0].Rows.Add(dr);
            //更新数据库
            sda.Update(ds);
            MessageBox.Show("注册成功！");
        }
        catch(Exception ex)
        {
            MessageBox.Show("注册失败！"+ex.Message);
        }
        finally
        {
            if(conn!=Null)
            {
                //关闭数据库连接
                conn.Close();
            }
        }
    }
```

运行该窗体，输入用户名和密码，单击“注册”按钮后即可将用户信息添加到数据表中。将上述代码中的 DataSet 类换成 DataTable 类也能完成同样的功能，并可以简化代码。使用 DataTable 类完成上面的功能，将 DataSet 替换成 DataTable 的部分代码如下。

```
//创建 DataTable 类的对象
DataTable dt=new DataTable();
//使用 SqlDataAdapter 对象 sda 将查询结果填充到 DataTable 对象 dt 中
sda.Fill(dt);
//创建 SqlCommandBuilder 类的对象
SqlCommandBuilder cmdBuilder=new SqlCommandBuilder(sda);
//创建 DataRow 类的对象
DataRow dr=dt.NewRow();
```

```
//设置 name 列的值
dr["name"]=txtName.Text;
//设置 password 列的值
dr["password"]=txtPwd.Text;
//向 DataTable 对象中添加一行
dt.Rows.Add(dr);
//更新数据库
sda.Update(dt);
```

例 12-11 使用 DataSet 实现更改用户密码的功能。

根据题目要求，在界面上通过文本框输入用户名、原密码以及新密码更新用户密码，界面设计如图 12-13 所示。

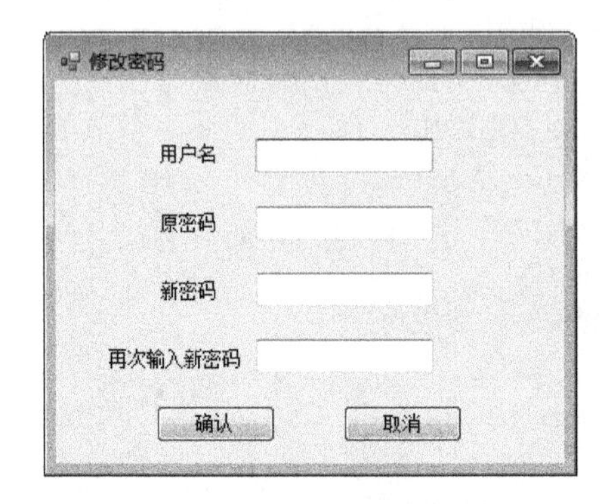

图 12-13　修改密码功能的界面

在“确认”按钮的单击事件中实现密码的修改操作，代码如下。

```
//“确认”按钮的单击事件
private void btnOk_Click(object sender, EventArgs e)
{
    //编写数据库连接串
    string connStr="Data Source=WIN-20150117\\MSSQLSERVER2014; Initial
    Catalog=test;User ID=sa;Password=pwdpwd";
    //创建 SqlConnection 的实例
    SqlConnection conn=Null;
    try
    {
        conn=new SqlConnection(connStr);
        //打开数据库连接
        conn.Open();
        string sql="select*from userinfo where name='{0}' and password=
        '{1}'";
        //填充 SQL 语句
        sql=string.Format(sql, txtName.Text, txtOldPwd.Text);
        //创建 SqlDataAdapter 类的对象
        SqlDataAdapter sda=new SqlDataAdapter(sql, conn);
```

```
            //创建 DataSet 类的对象
            DataSet ds=new DataSet();
            //使用 SqlDataAdapter 对象 sda 将查询结果填充到 DataTable 对象 ds 中
            sda.Fill(ds);
            if(ds.Tables[0].Rows.Count==1)
            {
                //判断新密码不能为空，以及判断两次输入的密码要一致
                if(!"".Equals(txtNewPwd.Text)&&txtNewPwd.Text.Equals
                (txtRePwd.Text))
                {
                    //创建 SqlCommandBuilder 类的对象
                    SqlCommandBuilder cmdBuilder=new SqlCommandBuilder(sda);
                    //创建 DataRow 类的对象
                    DataRow dr=ds.Tables[0].Rows[0];
                    //设置 password 列的值
                    dr["password"]=txtNewPwd.Text;
                    //更新数据库
                    sda.Update(ds);
                    //更新 DataSet 对象中的数据
                    ds.Tables[0].AcceptChanges();
                    MessageBox.Show("密码修改成功！");
                }
                else
                {
                    MessageBox.Show("新密码为空或两次输入的密码不一致！");
                }
            }
        }
        catch(Exception ex)
        {
            MessageBox.Show("密码修改失败！"+ex.Message);
        }
        finally
        {
            if(conn!=Null)
            {
                //关闭数据库连接
                conn.Close();
            }
        }
    }
```

运行该窗体，效果如图 12-14 所示。

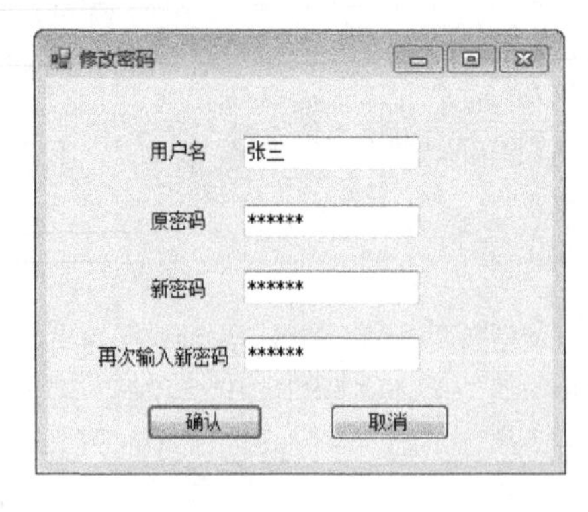

图 12-14　修改密码成功的效果

从上面的运行效果可以看出密码修改成功，读者也可以在数据库中查看用户信息表（userinfo）的数据验证密码是否被修改。如果需要通过 DataSet 删除数据表中的数据，则使用以下代码即可。

```
//删除 DataTable 中的指定行，ds 代表 DataSet 对象
ds.Tables[0].Rows[行数].Delete();
//更新数据库，sda 代表 SqlDataAdapter 对象
sda.Update(ds);
//更新 DataSet 对象中的数据
ds.Tables[0].AcceptChanges();
```

12.6　数据绑定

在 Windows 应用程序中很多控件都提供了 DataSource 属性，并将 DataSet 或 DataTable 的值直接赋给该属性，这样在控件中即可显示从数据库中查询出来的数据。常用的数据绑定控件有文本框（TextBox）、标签（Label）、列表框（ListBox）、组合框（ComboBox）、数据表格（DataGridView）等。本节将介绍有代表性的组合框和数据表格控件的使用。

12.6.1　使用组合框控件

视频讲解

组合框控件（ComboBox）在 Windows 窗体应用程序中是常用的控件，例如用于存放省市信息、专业、图书类型、房间类型等。在 Windows 窗体应用程序中提供了可视化数据绑定和使用代码绑定数据的方法。

❶ 可视化数据绑定

使用数据绑定的方式绑定组合框控件直接单击组合框的◂图标，弹出“ComboBox 任务”菜单，如图 12-15 所示。

在其中选中“使用数据绑定项”复选框，显示“数据绑定模式”菜单，如图 12-16 所示。

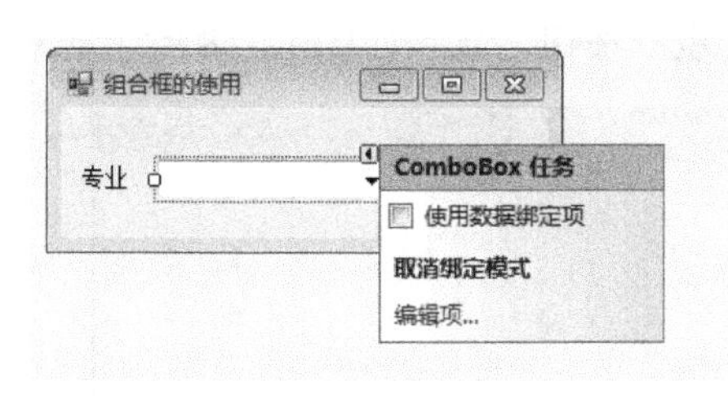

图 12-15 “ComboBox 任务”菜单

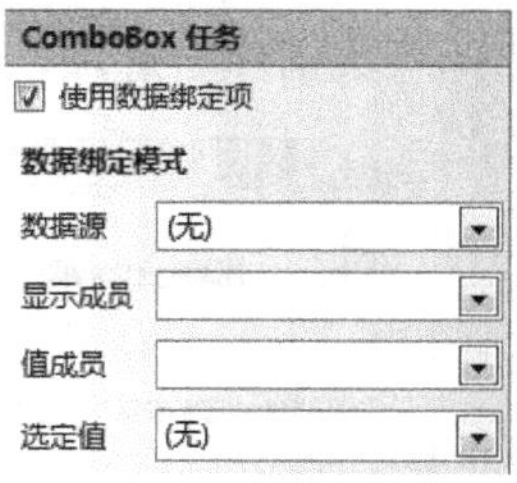

图 12-16 “数据绑定模式”菜单

在该菜单中，“数据源”组合框用于选择要连接数据库中的数据表，相当于为控件设置 DataSource 属性；“显示成员”组合框用于设置在组合框中显示的列名，可以通过组合框的 Text 属性获取；“值成员”组合框用于设置组合框中的隐藏值，可以通过组合框的 Value 属性获取；“选定值”组合框用于设置组合框中所选值使用的列名。下面通过实例来演示组合框的绑定。

例 12-12 创建 Windows 窗体应用程序，设置显示专业信息的组合框，并将“显示成员”设置为专业名称列、将“值成员”设置为专业编号、将“选定值”设置为“计算机”。

根据题目要求，先创建专业信息表，建表语句如下。

```
create table major
(
  id int primary key identity(1,1),
  name varchar(20) unique
);
```

向该表中添加计算机、英语、自动化 3 个专业信息，通过“ComboBox 任务”菜单设置数据绑定项，首先选择“数据源”组合框，并单击“添加项目数据源”链接，弹出如图 12-17 所示的对话框。

图 12-17 “选择数据源类型”对话框

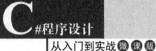

本例选择“数据库”选项，单击“下一步”按钮，显示如图 12-18 所示的对话框。

图 12-18 “选择数据库模型”对话框

选择“数据集”选项，单击“下一步”按钮，显示如图 12-19 所示的对话框。

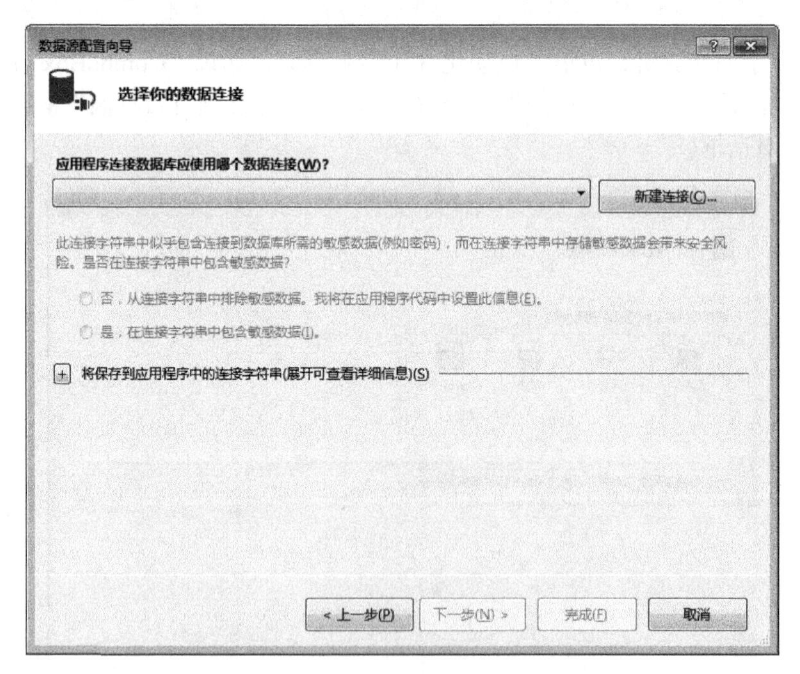

图 12-19 “选择你的数据连接”对话框

在该界面中选择数据连接，如果没有建立数据连接，则需要新建连接。单击“新建连接”按钮，弹出如图 12-20 所示的对话框。

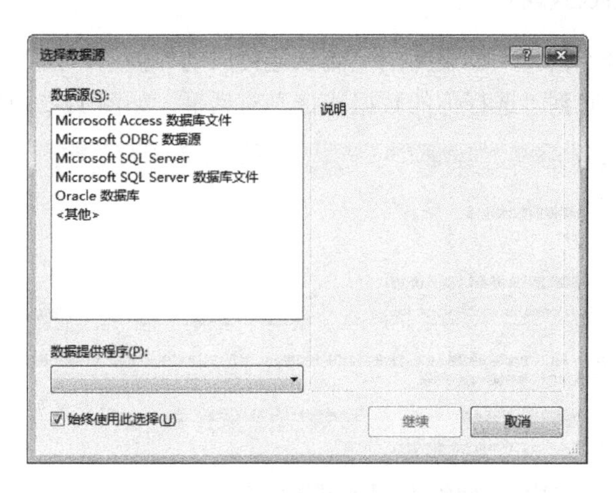

图 12-20 “选择数据源”对话框

其中列出了供用户选择的数据源，也可以添加其他的数据源，这里选择 Microsoft SQL Server 选项，单击“继续”按钮，弹出如图 12-21 所示的对话框。

在其中输入服务器名，选择登录服务器的身份验证方式以及连接的数据库名或数据库文件信息，添加信息后的效果如图 12-22 所示。

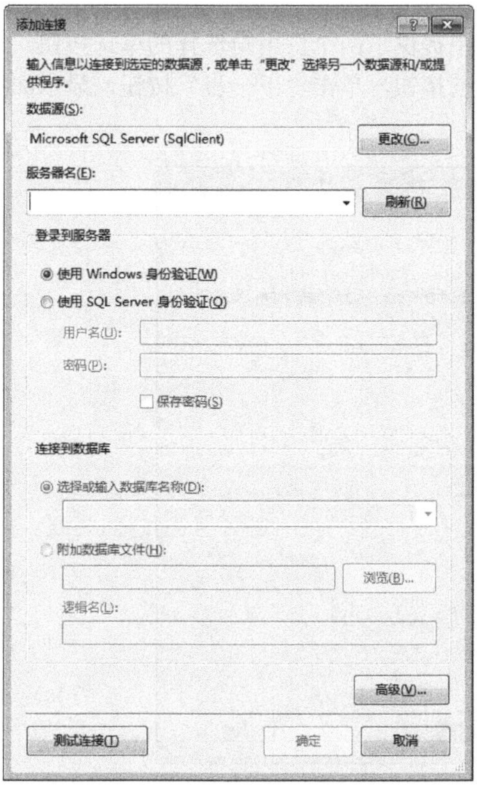

图 12-21 “添加连接”对话框

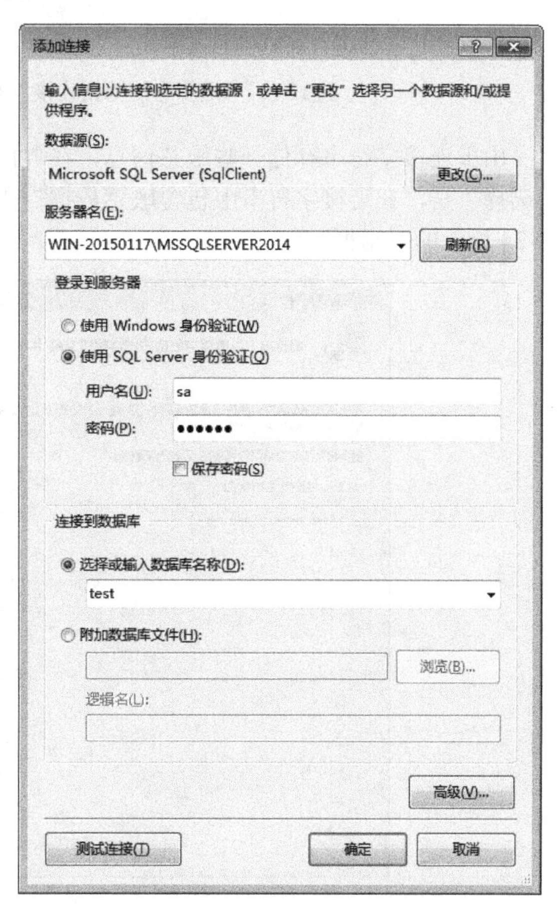

图 12-22 添加连接信息后的效果

单击“测试连接”按钮，如果弹出“测试连接成功”提示，则数据库连接设置正确。单击“确定”按钮，回到“选择你的数据连接”对话框，如图 12-23 所示。

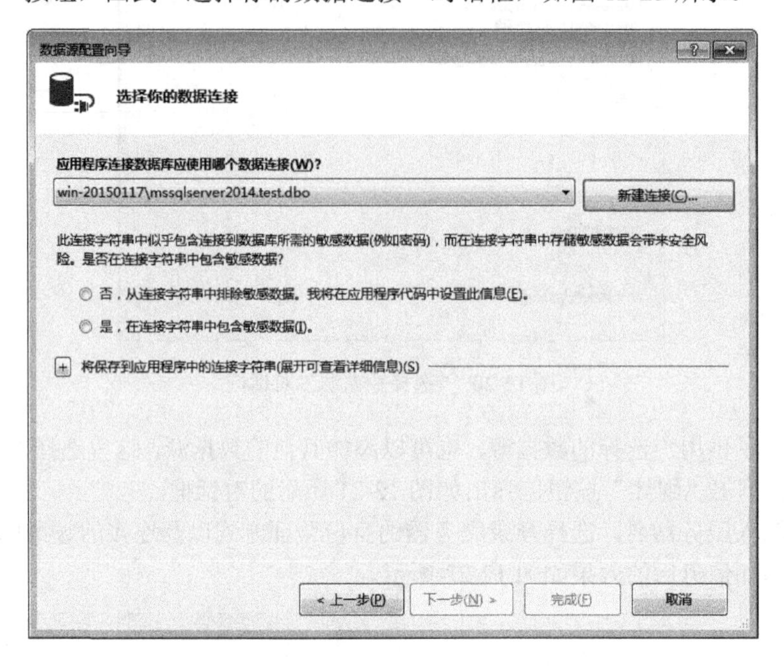

图 12-23 “选择你的数据连接”对话框在设置连接后的效果

由于连接字符串存储一些敏感信息，在界面中提供了两个供用户选择的单选按钮，这里选择“是，在连接字符串中包含敏感数据”单选按钮，单击“下一步”按钮，显示如图 12-24 所示的对话框。

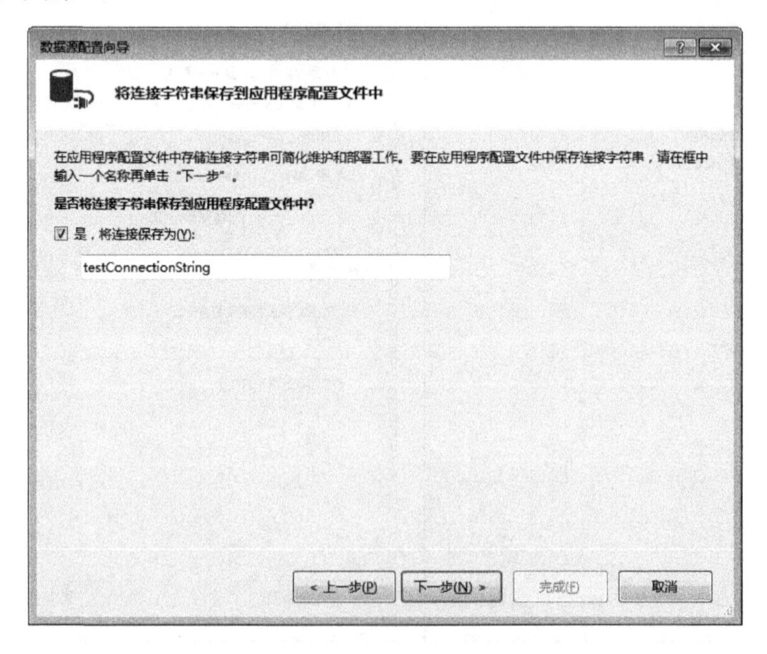

图 12-24 “将连接字符串保存到应用程序配置文件中”对话框

在其中可以为连接字符串设置名称，也可以选择不保存连接串，保存后的连接字符串能在下一次建立数据库连接时使用。单击“下一步”按钮，显示如图 12-25 所示的对话框。

图 12-25　“选择数据库对象”对话框

在其中选择数据库对象，包括表、视图、存储过程、函数，可以选择一个对象，也可以选择多个对象，这里仅选择专业信息表（major），并设置数据集名称，如图 12-26 所示。

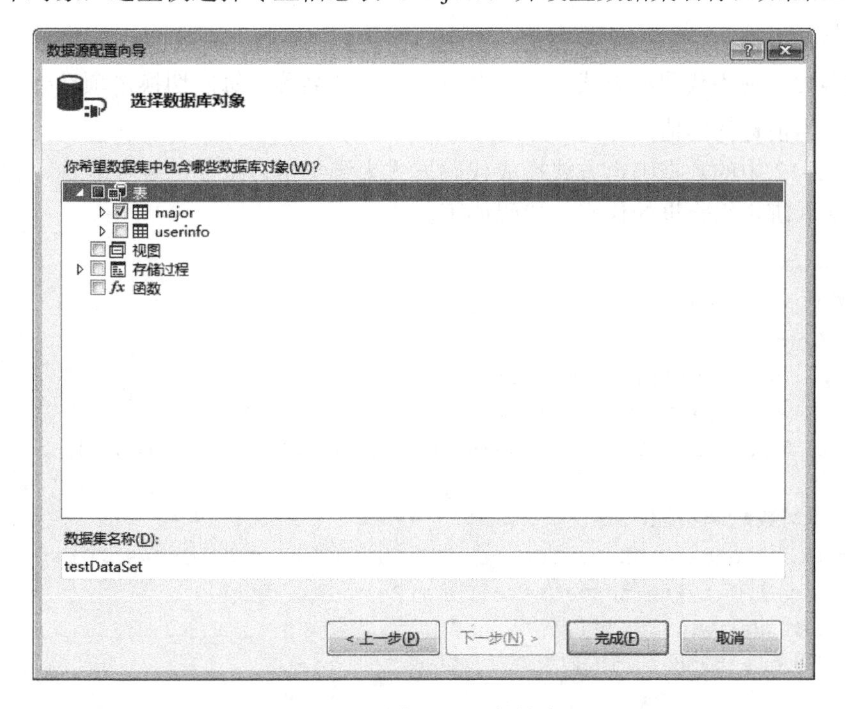

图 12-26　选择 major 表的效果

单击"完成"按钮，即可完成对数据源的设置。完成数据源的设置以后，分别设置"显示成员""值成员""选定值"组合框，设置后的效果如图 12-27 所示。

在数据绑定后运行该窗体，效果如图 12-28 所示。

图 12-27　设置"数据绑定模式"后的效果

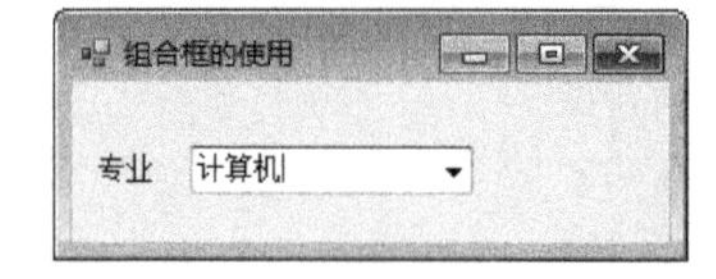

图 12-28　数据绑定后的效果

从上面的运行效果可以看出，在组合框中显示了专业信息表中的专业名称列的值。

❷ 使用代码绑定组合框

与数据绑定控件设置的属性类似，需要通过代码设置组合框的数据源、显示成员、值成员等内容。具体设置的语句如下。

```
组合框对象.DataSource=DataTable 的对象
//设置组合框的显示成员属性
组合框对象.DisplayMember=列名
//设置组合框的值成员属性
组合框对象.ValueMember=列名
```

下面通过实例演示如何通过编写代码绑定组合框。

例 12-13　使用代码的方式绑定组合框显示专业名称，每次切换选项后弹出消息框显示组合框中当前选择的值。

将例 12-12 中的数据绑定方式换成代码方式来绑定组合框显示专业名称，在窗体的加载事件中加入绑定组合框的代码，代码如下。

```
/// <summary>
/// 窗体的加载事件
/// </summary>
/// <param name="sender"></param>
/// <param name="e"></param>
private void ComboBoxDemo2_Load(object sender, EventArgs e)
{
    //编写数据库连接串
    string connStr="Data Source=WIN-20150117\\MSSQLSERVER2014;
    Initial Catalog=test;User ID=sa;Password=pwdpwd";
    //创建 SqlConnection 的实例
    SqlConnection conn=Null;
    try
    {
```

```
        conn=new SqlConnection(connStr);
        //打开数据库连接
        conn.Open();
        string sql="select*from major";
        //创建 SqlDataAdapter 类的对象
        SqlDataAdapter sda=new SqlDataAdapter(sql, conn);
        //创建 DataSet 类的对象
        DataSet ds=new DataSet();
        //使用 SqlDataAdapter 对象 sda 将查询结果填充到 DataSet 对象 ds 中
        sda.Fill(ds);
        //设置组合框的 DataSource 属性
        cbMajor.DataSource=ds.Tables[0];
        //设置组合框的 DisplayMember 属性
        cbMajor.DisplayMember="name";
        //设置组合框的 ValueMember 属性
        cbMajor.ValueMember="id";
    }
    catch(Exception ex)
    {
        MessageBox.Show("出现错误！"+ex.Message);
    }
    finally
    {
        if(conn!=Null)
        {
            //关闭数据库连接
            conn.Close();
        }
    }
}
```

运行该窗体，效果与图 12-28 一样。在组合框的选项改变事件中将组合框中当前显示的内容显示到消息框中，代码如下。

```
/// <summary>
/// 组合框的选项改变事件
/// </summary>
/// <param name="sender"></param>
/// <param name="e"></param>
private void cbMajor_SelectedIndexChanged(object sender, EventArgs e)
{
    if(cbMajor.Tag!=Null) {
         //获取组合框中显示的值
         string name=cbMajor.Text;
         //弹出消息框
         MessageBox.Show("您选中的专业是："+name);
```

```
        }
    }
```

运行该窗体，效果如图 12-29 所示。

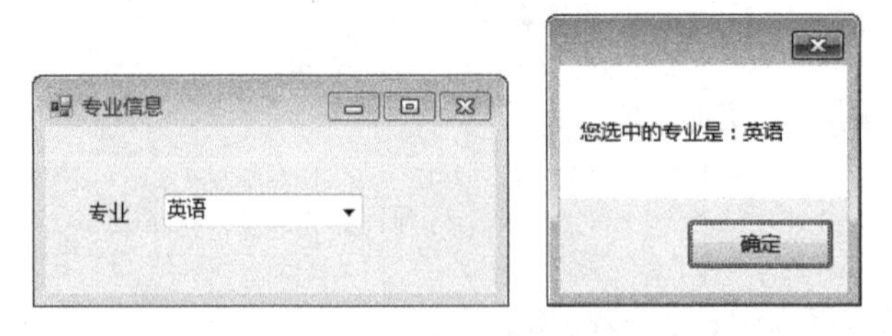

图 12-29　组合框选项改变后弹出消息框的效果

在实际工作中，使用代码绑定的方式是应用最多的方式，一方面体现了代码的灵活性，另一个方面也增强了代码的可移植性。

12.6.2　使用数据表格控件

视频讲解

数据表格控件是 Windows 窗体应用程序中用于查询时以表格形式显示数据的重要控件，同样数据表格控件也可以使用可视化数据绑定和代码的方式来绑定数据表中的数据，并能在数据表格控件中实现对表中数据的修改和删除操作。下面分别介绍使用可视化数据绑定方式绑定数据表格控件和使用代码方式绑定数据表格控件。

❶ 可视化数据绑定方式

数据表格控件的可视化数据绑定也是通过控件的任务菜单完成的，如图 12-30 所示。

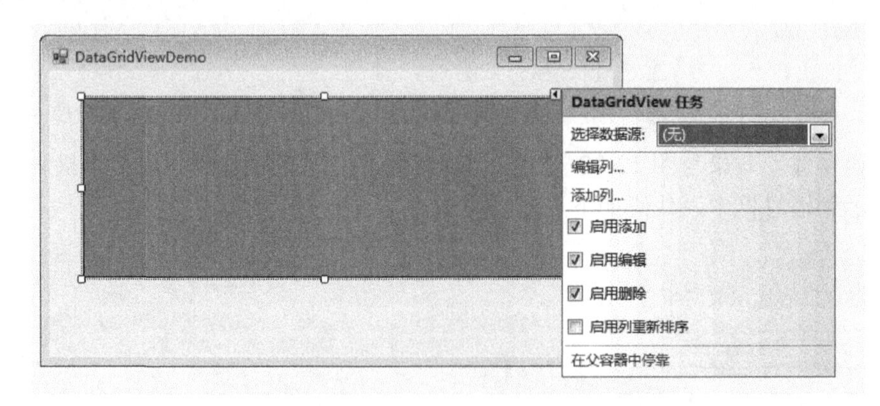

图 12-30　“DataGridView 任务”菜单

在“DataGridView 任务”菜单中提供了“选择数据源”“编辑列”“添加列”，以及“启用添加”“启用编辑”“启用删除”“启用列重新排序”“在父容器中停靠”等选项。其中：

- 选择数据源：与组合框控件中选择数据源的操作是相同的。
- 编辑列：用于在 DataGridView 控件中编辑列，包括添加列、给列设置别名等操作。

- 添加列：用于向 DataGridView 控件中添加列，并且可以在 DataGridView 控件中添加不同类型的控件用于显示新添加的列，例如添加一个按钮用于修改或删除表中的数据。
- 启用添加：允许用户向 DataGridView 控件中添加一行，相当于将 DataGridView 控件中的 AllowUserToAddRows 属性设置为 True。
- 启用编辑：允许用户编辑 DataGridView 控件中的值，相当于将 DataGridView 控件中的 ReadOnly 属性设置为 False。
- 启用删除：允许用户删除 DataGridView 控件中的值，相当于将 DataGridView 控件中的 AllowUserToDeleteRows 属性设置为 True。
- 启用列重新排序：允许启用手动列重新设置，相当于将 DataGridView 控件中的 AllowUserToOrderColumn 属性设置为 True。
- 在父容器中停靠：允许 DataGridView 控件在所在的窗体中最大化。

下面通过实例来演示以可视化的方法绑定 DataGridView 控件。

例 12-14 使用可视化绑定的方法将专业信息表中的专业编号和专业名称显示在 DataGridView 控件中，并为表中的列名设置别名。

根据题目要求，完成该实例需要以下步骤。

1）窗体设计

创建 Windows 窗体应用程序，并添加一个用于显示专业信息的窗体，如图 12-31 所示。

2）为窗体设置数据源

在图 12-31 所示的界面中单击 DataGridView 控件上的按钮，在弹出的“DataGridView 任务”菜单中的选择数据源组合框中为 DataGridView 控件设置数据源，选择数据源的方法与在组合框中选择数据源的方法是一样的，由于在前面的使用组合框的例 12-12 中已经为应用程序设置过数据源，所以这里 DataGridView 控件中的数据源直接选择已经设置好的数据源即可。在选择数据源后，“DataGridView 任务”菜单的效果如图 12-32 所示。

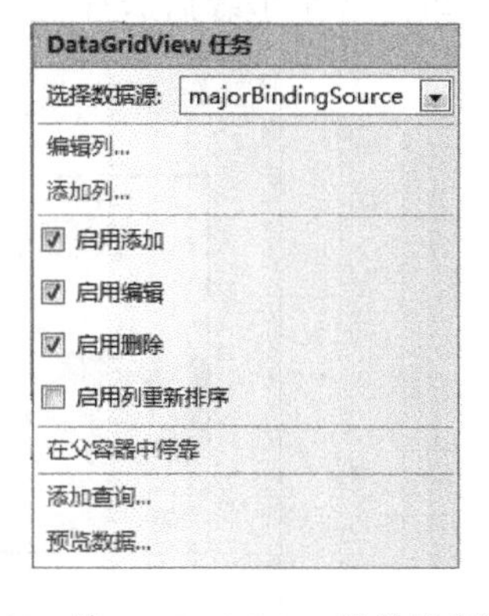

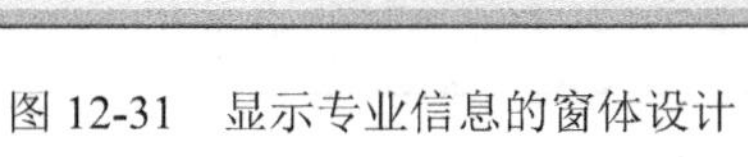

图 12-31 显示专业信息的窗体设计

图 12-32 给 DataGridView 控件选择数据源

3）编辑列

在图 12-32 中单击“编辑列”，弹出如图 12-33 所示的对话框。

在该对话框的左侧列出了专业信息表（major）中的所有列，右侧列出了列的属性，常用的属性如表 12-15 所示。

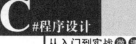

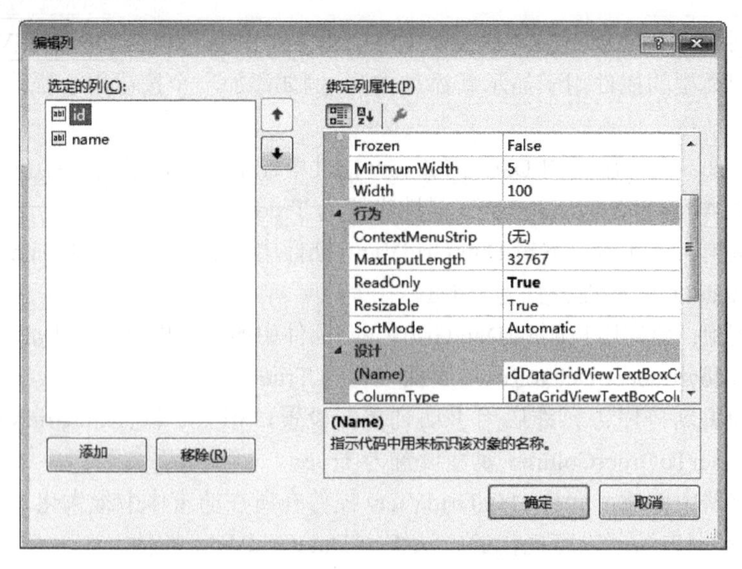

图 12-33 “编辑列”对话框

表 12-15 常用的列属性

属 性 名 称	说　　明
Frozen	设置用户在水平滚动 DataGridView 控件时列是否移动，默认是 False
ColumnType	设置显示列时的控件类型，默认是文本框
DataPropertyName	设置绑定数据源中的列
HeaderName	设置在 DataGridView 列中显示的列标题
Visible	设置该列是否可见

在图 12-33 所示的对话框中将 id 列的列标题（HeaderName）属性设置为“编号”、将 name 列的列标题（HeaderName）属性设置为“专业名称”。

完成以上 3 个步骤后运行该窗体，效果如图 12-34 所示。

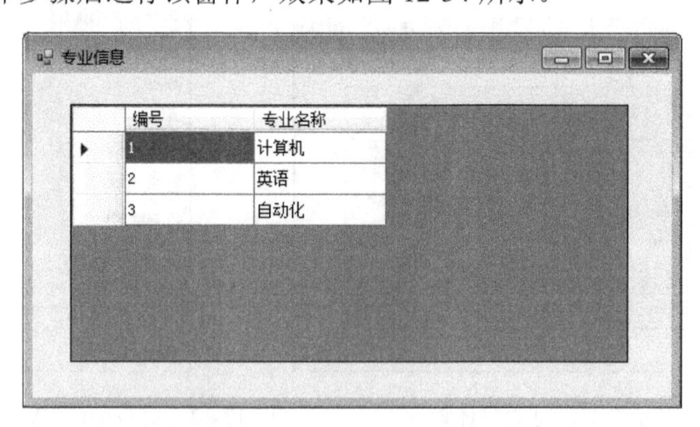

图 12-34 使用可视化数据绑定方式绑定 DataGridView

从上面的运行效果可以看出，使用可视化数据绑定方式可以快速完成将数据表中的数据显示在 DataGridView 控件中的操作，并可以很容易地对绑定列的属性进行相关设置。

❷ 使用代码绑定 DataGridView 控件

使用代码绑定 DataGridView 控件时需要为该控件设置数据源（DataSource）属性，具体的语句如下。

```
DataGridView 控件的名称.DataSource=DataTable 对象;
```

如果使用 DataSet 对象为 DataSource 属性赋值，则需要使用 DataSet 对象的 Tables 属性选择指定的数据表。

下面通过实例来演示如何使用代码绑定 DataGridView 控件。

例 12-15　使用代码的方式绑定 DataGridView 控件。

根据题目要求，在窗体的加载事件中加入代码绑定 DataGridView 控件，其界面设计与图 12-31 所示的一样，实现的代码如下。

```
//窗体加载事件
private void DataGridViewDemo1_Load(object sender, EventArgs e)
{

    //编写数据库连接串
    string connStr="Data Source=WIN-20150117\\MSSQLSERVER2014; Initial
    Catalog=test;User ID=sa;Password=pwdpwd";
    //创建 SqlConnection 的实例
    SqlConnection conn=Null;
    try
    {
        conn = new SqlConnection(connStr);
        //打开数据库连接
        conn.Open();
        string sql="select*from major";
        //创建 SqlDataAdapter 类的对象
        SqlDataAdapter sda=new SqlDataAdapter(sql, conn);
        //创建 DataSet 类的对象
        DataSet ds=new DataSet();
        //使用 SqlDataAdapter 对象 sda 将查询结果填充到 DataSet 对象 ds 中
        sda.Fill(ds);
        //设置数据表格控件的 DataSource 属性
        dgvMajor.DataSource=ds.Tables[0];
    }
    catch(Exception ex)
    {
        MessageBox.Show("出现错误！"+ex.Message);
    }
    finally
    {
        if(conn!=Null)
        {
```

```
                //关闭数据库连接
                conn.Close();
            }
        }
}
```

运行该窗体，效果如图 12-35 所示。

图 12-35　使用代码的方式绑定 DataGridView 控件

从上面的运行效果可以看出，通过设置 DataGridView 控件的 DataSource 属性即可绑定 DataGridView 控件，但绑定后的 DataGridView 控件中的标题是数据表中的列名。如果需要更改 DataGridView 控件的列标题，则需要在上面的代码中加入以下代码。

```
//设置第 1 列的列标题
dgvMajor.Columns[0].HeaderText="编号";
//设置第 2 列的列标题
dgvMajor.Columns[1].HeaderText="专业名称";
```

12.6.3　数据表格控件的应用

视频讲解

本节将实现课程信息管理功能的操作，包括查询、修改、删除课程信息的操作，为了简化实例，添加课程信息的操作直接在 SQL Server 数据库中完成。下面分几个步骤完成。

❶ 创建课程信息表

创建课程信息表的 SQL 语句如下。

```
use test;
create table course
(
   id int primary key identity(1,1),
   name varchar(20),
   credit numeric(3, 1),
   remark varchar(50)
);
```

向表中添加数据的语句如下。

```
insert into course(name,credit,remark) values('计算机基础',2,'无');
insert into course(name,credit,remark) values('C#程序开发',2.5,'机房授课');
insert into course(name,credit,remark) values('数据库原理',1,'无');
insert into course(name,credit,remark) values('体育',1,'无');
insert into course(name,credit,remark) values('职业素质培养',0.5,'无');
```

在 SQL Server 中执行上述 SQL 语句即可完成课程信息表（course）的创建和数据的添加。

❷ 课程信息管理界面的设计

在课程信息管理界面中提供了 DataGridView 控件用于显示课程信息，并提供了根据课程名称查找课程信息、修改以及删除的功能。具体的界面设计如图 12-36 所示。

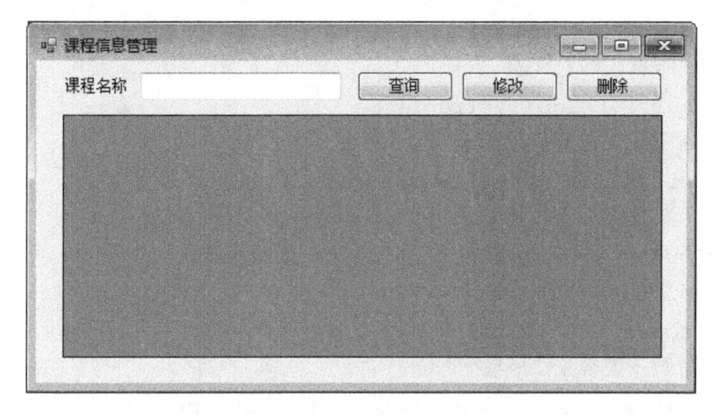

图 12-36　课程信息管理界面设计

❸ 在加载窗体时显示所有课程信息

本例中使用编写代码的方式实现 DataGridView 控件的数据绑定，并在窗体的加载事件中加入数据绑定的代码。由于查询所有课程信息的代码将在后面的修改和删除功能中重复使用，所以单独定义一个方法来实现查询所有课程信息。代码如下。

```
//查询全部课程
private void QueryAllCourse()
{
    //编写数据库连接串
    string connStr="Data Source=WIN-20150117\\MSSQLSERVER2014; Initial
    Catalog=test;User ID=sa;Password=pwdpwd";
    //创建 SqlConnection 的实例
    SqlConnection conn=Null;
    try
    {
        conn=new SqlConnection(connStr);
        //打开数据库连接
        conn.Open();
        string sql="select*from course";
        //创建 SqlDataAdapter 类的对象
```

```
        SqlDataAdapter sda=new SqlDataAdapter(sql, conn);
        //创建 DataSet 类的对象
        DataSet ds=new DataSet();
        //使用 SqlDataAdapter 对象 sda 将查询结果填充到 DataSet 对象 ds 中
        sda.Fill(ds);
        //设置数据表格控件的 DataSource 属性
        dgvCourse.DataSource=ds.Tables[0];
        //设置数据表格上显示的列标题
        dgvCourse.Columns[0].HeaderText="编号";
        dgvCourse.Columns[1].HeaderText="课程名称";
        dgvCourse.Columns[2].HeaderText="学分";
        dgvCourse.Columns[3].HeaderText="备注";
        //设置数据表格为只读
        dgvCourse.ReadOnly=True;
        //设置数据表格不允许添加行
        dgvCourse.AllowUserToAddRows=False;
        //设置数据表格的背景色是白色
        dgvCourse.BackgroundColor=Color.White;
        //设置数据表格控件只允许选中单行
        dgvCourse.MultiSelect=False;
        //设置数据表格控件是整行选中
        dgvCourse.SelectionMode=DataGridViewSelectionMode.FullRowSelect;
    }
    catch(Exception ex)
    {
        MessageBox.Show("查询错误! "+ex.Message);
    }
    finally
    {
        if(conn!=Null)
        {
            //关闭数据库连接
            conn.Close();
        }
    }
}
//窗体加载事件
private void CourseManage_Load(object sender, EventArgs e)
{
    //调用查询全部课程的方法
    QueryAllCourse();
}
```

运行该窗体，效果如图 12-37 所示。

图 12-37　查询全部课程信息

❹ 完成课程名称的模糊查询

在“查询”按钮的单击事件中加入根据课程名称模糊查询的代码，具体如下。

```
//“查询”按钮的单击事件
private void btnQuery_Click(object sender, EventArgs e)
{
    if(txtName.Text!="")
    {
        //编写数据库连接串
        string connStr ="Data Source=WIN-20150117\\MSSQLSERVER2014; Initial
        Catalog=test;User ID=sa;Password=pwdpwd";
        //创建 SqlConnection 的实例
        SqlConnection conn=Null;
        try
        {
            conn=new SqlConnection(connStr);
            //打开数据库连接
            conn.Open();
            //编写模糊查询的 SQL 语句
            string sql="select*from course where name like '%{0}%'";
            //填充占位符的值
            sql=string.Format(sql, txtName.Text);
            //创建 SqlDataAdapter 类的对象
            SqlDataAdapter sda=new SqlDataAdapter(sql, conn);
            //创建 DataSet 类的对象
            DataSet ds=new DataSet();
            //使用 SqlDataAdapter 对象 sda 将查询结果填充到 DataSet 对象 ds 中
            sda.Fill(ds);
            //设置数据表格控件的 DataSource 属性
            dgvCourse.DataSource=ds.Tables[0];
        }
        catch(Exception ex)
        {
            MessageBox.Show("出现错误！" + ex.Message);
```

```
        }
        finally
        {
            if(conn!=Null)
            {
                //关闭数据库连接
                conn.Close();
            }
        }
    }
}
```

运行该窗体，查询效果如图 12-38 所示。

从上面的运行效果可以看出，在文本框中输入“计算机”，则可以实现查询所有课程名称中含有“计算机”字样的课程信息。

❺ 实现修改功能

在 DataGridView 控件中选中一条课程信息，单击“修改”按钮，弹出修改课程信息界面并在该界面中显示要修改的信息，修改界面的设计如图 12-39 所示。

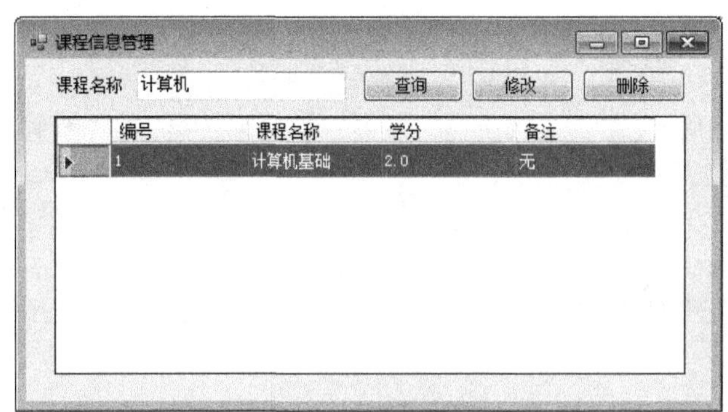

图 12-38　课程名称的模糊查询

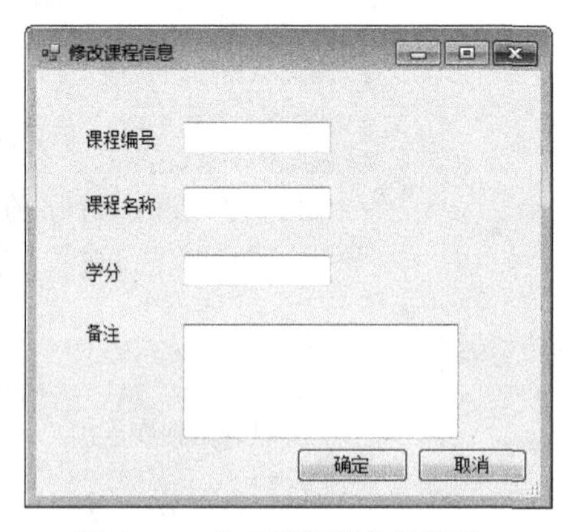

图 12-39　修改课程信息的界面

在图 12-37 所示的界面中选中 DataGridView 控件的一条课程信息，单击“修改”按钮。“修改”按钮的单击事件中的代码如下。

```
//修改课程信息
private void btnUpdate_Click(object sender, EventArgs e)
{
    //获取 DataGridView 控件中选中行的值
    //获取课程编号
    string id=dgvCourse.SelectedRows[0].Cells[0].Value.ToString();
    //获取课程名称
    string name=dgvCourse.SelectedRows[0].Cells[1].Value.ToString();
    //获取学分
    string credit=dgvCourse.SelectedRows[0].Cells[2].Value.ToString();
    //获取备注
```

```
    string remark=dgvCourse.SelectedRows[0].Cells[3].Value.ToString();
    //创建 UpdateForm 类的对象，并将课程信息通过构造方法将值传递给修改界面
    UpdateForm updateForm=new UpdateForm(id, name, credit, remark);
    //弹出修改信息窗体
    DialogResult dr=updateForm.ShowDialog();
    //判断是否单击“确定”按钮
    if(dr==DialogResult.OK)
    {
        //调用查询全部课程方法，即刷新 DataGridView 控件中的数据
        QueryAllCourse();
    }
}
```

修改界面（UpdateForm）中的代码如下。

```
public partial class UpdateForm : Form
{
    public UpdateForm()
    {
        InitializeComponent();
    }
    //创建带参数的构造方法，并将构造方法传递的值显示到相应的文本框中
    public UpdateForm(string id,string name, string credit,string remark)
    {
        InitializeComponent();
        //将构造方法传递的值显示到相应的文本框中
        txtId.Text=id;
        txtName.Text=name;
        txtCredit.Text=credit;
        txtRemark.Text=remark;
    }
    //确认修改
    private void btnOk_Click(object sender, EventArgs e)
    {
        //编写数据库连接串
        string connStr="Data Source=WIN-20150117\\MSSQLSERVER2014; Initial
        Catalog=test;User ID=sa;Password=pwdpwd";
        //创建 SqlConnection 的实例
        SqlConnection conn=Null;
        try
        {
            conn=new SqlConnection(connStr);
            //打开数据库连接
            conn.Open();
            string sql="update course set name='{0}',credit={1},remark=
            '{2}' where id={3}";
            //填充 SQL 语句
            sql=string.Format(sql, txtName.Text, txtCredit.Text,
            txtRemark.Text,txtId.Text);
```

```
            //创建SqlCommand类的对象
            SqlCommand cmd=new SqlCommand(sql, conn);
            //执行修改操作的SQL
            cmd.ExecuteNonQuery();
            //弹出消息提示修改成功
            MessageBox.Show("修改成功！");
            //设置当前窗体的DialogResult结果是OK
            this.DialogResult=DialogResult.OK;
            //关闭修改窗体
            this.Close();
        }
        catch(Exception ex)
        {
            MessageBox.Show("修改失败！"+ex.Message);
        }
        finally
        {
           if(conn!=Null)
           {
                //关闭数据库连接
                conn.Close();
            }
        }
    }
    //"取消"按钮的单击事件
    private void btnCancel_Click(object sender, EventArgs e)
    {
        //关闭窗体
        this.Close();
    }
}
```

修改操作的运行效果如图12-40所示。

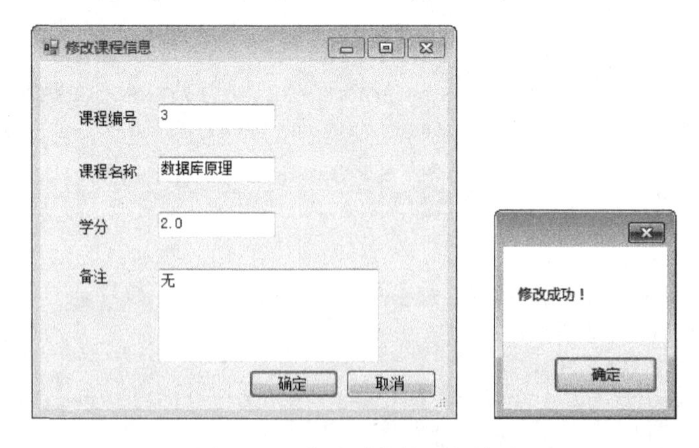

图12-40　修改功能的运行效果

❻ 实现删除功能

在图 12-37 所示的界面中单击“删除”按钮，将选中的课程信息删除并刷新界面中查询出来的数据。实现的代码如下。

```
//“删除”按钮的单击事件
private void btnDel_Click(object sender, EventArgs e)
{
    //获取 DataGridView 控件中选中行的编号列的值
    int id=int.Parse(dgvCourse.SelectedRows[0].Cells[0].Value.ToString());
    //编写数据库连接串
    string connStr="Data Source=WIN-20150117\\MSSQLSERVER2014; Initial
    Catalog=test;User ID=sa;Password=pwdpwd";
    //创建 SqlConnection 的实例
    SqlConnection conn=Null;
    try
    {
        conn=new SqlConnection(connStr);
        //打开数据库连接
        conn.Open();
        string sql="delete from course where id={0} ";
        //填充 SQL 语句
        sql=string.Format(sql, id);
        //创建 SqlCommand 类的对象
        SqlCommand cmd=new SqlCommand(sql, conn);
        //执行修改操作的 SQL
        cmd.ExecuteNonQuery();
        //弹出消息提示删除成功
        MessageBox.Show("删除成功！");
        //调用查询全部课程方法，即刷新 DataGridView 控件中的数据
        QueryAllCourse();
    }
    catch(Exception ex)
    {
        MessageBox.Show("删除失败！" + ex.Message);
    }
    finally
    {
        if(conn!=Null)
        {
            //关闭数据库连接
            conn.Close();
        }
    }
}
```

删除操作的运行效果如图 12-41 所示。

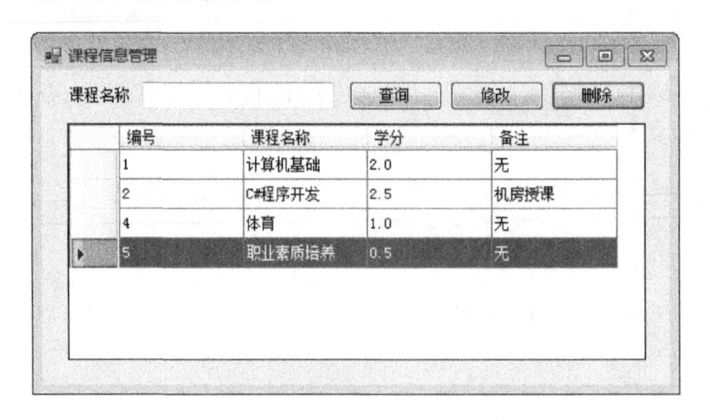

图 12-41　删除操作的运行效果

单击删除消息框中的“确定”按钮，即可刷新 DataGridView 控件中的数据。

12.7　本章小结

通过本章的学习，读者能掌握使用 ADO.NET 组件访问 SQL Server 数据库的方法，包括使用 Connection 类创建和管理数据库的连接、使用 Command 类操作数据表、使用 DataReader 类读取表中的数据，以及使用 DataAdapter 类和 DataSet 类操作表中的数据。此外，读者还能掌握 Windows 窗体程序中常用控件的数据绑定的使用，不仅能使用 Visual Studio 2015 中提供的工具快速绑定控件，也能使用代码绑定控件。

12.8　本章习题

❶ 填空题

（1）ADO.NET 是以____________方式访问数据库的。

（2）判断数据库连接的状态使用 Connection 对象的____________属性。

（3）当数据库连接断开时，在 DataSet 中存放的数据____________（存在、不存在）。

（4）在数据库连接断开时，DataReader 中存放的数据还能访问吗？__________（能、不能）

习题答案

❷ 操作题

为某咖啡厅的价目表提供数据维护，在 SQL Server 数据库中创建咖啡价目表，包括编号、咖啡名称、价格、咖啡产地等信息。使用 ADO.NET 实现对咖啡价目表中的信息进行添加、修改、删除以及查询的操作。

第 13 章

音乐播放器

在快节奏的生活下，越来越多的人喜欢用听音乐的方式减压，目前在网上也有很多音乐播放器的 App 供用户选择。本章将使用 Windows 应用程序开发一款简易的音乐播放器，用于大家收藏自己喜欢的音乐，并方便播放和整理音乐文件。本系统使用 C#中自带的 Windows Media Player 控件来播放音乐文件。

13.1 音乐播放器概述

音乐播放器系统使用 Visual Studio 2015 工具以及 Visual Studio 2015 自带的 SQL Server 数据库作为开发工具。该系统使用 C#中自带的 Windows Media Player 播放器控件来实现音乐播放功能，主界面的运行效果如图 13-1 所示。

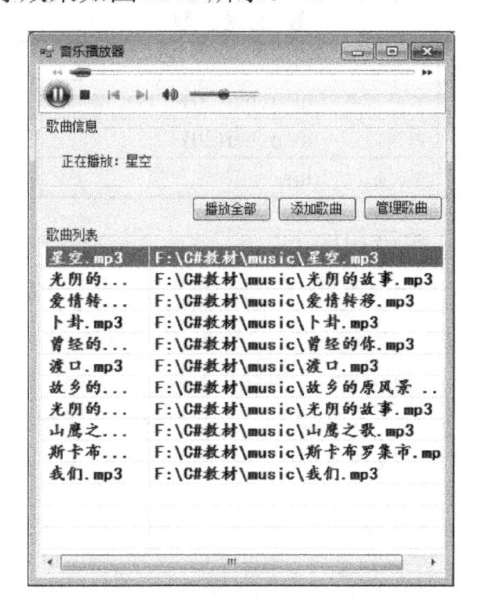

图 13-1　音乐播放器主界面

通过双击歌曲列表中的歌曲播放或者单击“播放全部”按钮播放歌曲。

该系统主要有用户登录注册模块、音乐信息管理模块。

（1）登录注册模块：登录注册模块是每一个系统中必不可少的模块，包括登录功能、注册功能，并提供普通用户和管理员两个不同权限访问本系统。在本系统中管理员和普通用户类似，只是管理员用户能查询全部用户以及全部音乐的信息，本章将重点介绍普通用户操作功能的实现。

（2）音乐信息管理模块：用于添加、删除以及查询歌曲信息，并使用 ShellClass 类获取歌曲信息，允许批量添加歌曲信息。

13.2 系统设计

音乐播放器系统综合了本书前面章节中所学过的内容，并结合了目前 Windows 项目的通用设计，将该系统设计为 3 层结构，即模型层、业务层、视图层。本节从该系统的数据表设计、系统结构设计以及数据库通用类 3 个方面来介绍其主要设计。

13.2.1 数据表设计

在音乐播放器系统中主要包括用户信息表和歌曲信息表。用户信息表包括用户编号、用户名、密码以及用户权限信息。由于歌曲文件的信息是可以直接通过歌曲文件本身获得的，包括文件名、文件大小、歌曲名、歌曲的时长等信息，因此歌曲信息表中的信息与歌曲文件中的主要信息是相似的，再添加歌曲添加时间的信息以及添加用户编号的信息。

用户信息表（users）的信息如表 13-1 所示。

表 13-1 用户信息表（users）

列　　名	数 据 类 型	描　　述
id	int	用户编号，主键，标识列
name	nvarchar(20)	用户名
password	nvarchar(20)	密码
power	int	权限

创建用户信息表（users）的语句如下。

```
create table users
(
    id int identity(1, 1)primary key,
    name nvarchar(20),
    password nvarchar(20),
    power int
);
```

歌曲信息表（songinfo）的信息如表 13-2 所示。

表 13-2　歌曲信息表（songinfo）

列　　名	数 据 类 型	描　　述
songid	int	歌曲编号，主键，标识列
filename	nvarchar(50)	文件名
filesize	nvarchar(20)	文件大小
author	nvarchar(20)	作者
songname	nvarchar(50)	歌曲名
songlength	varchar(12)	歌曲时长
address	nvarchar(50)	地址
releasetime	datetime	上传时间
userid	int	用户编号，外键

创建歌曲信息表（songinfo）的语句如下。

```
create table songinfo (
    songid int identity(1, 1)primary key,
    filename nvarchar(20)Null,
    filesize varchar(20)Null,
    author nvarchar(20)Null,
    songname nvarchar(50)Null,
    songlength varchar(12)Null,
    address nvarchar(50)Null,
    releasetime datetime Null,
    userid int References users(id)
);
```

13.2.2　系统结构

本系统分为模型层、业务层、界面层 3 个层次，模型层主要是对表中的字段进行封装为其他层提供值；业务层主要是对具体功能的实现，例如登录、注册等，并调用通用的数据连接类来实现对表的增、删、改、查操作；界面层主要是由 Windows 窗体构成，用于显示界面效果。在创建 Windows 窗体项目后，分层结构如图 13-2 所示。

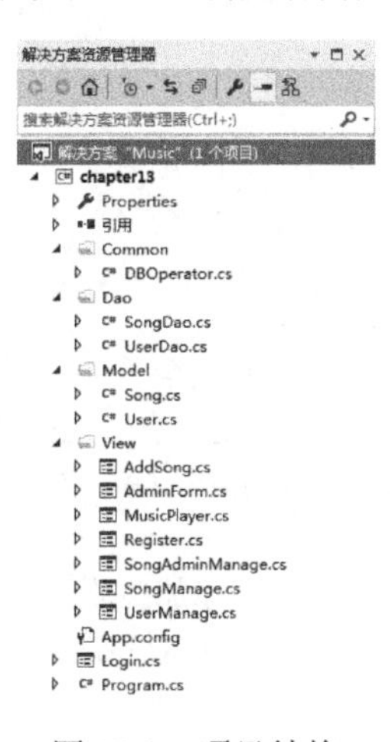

图 13-2　项目结构

其中：

- ❑ Common 文件夹：用于存放该项目中通用的类，在本系统中仅存放一个数据库连接类 DBOperator。
- ❑ Dao 文件夹：业务层，用于存放业务处理和数据库操作相关类，在本系统中分别存放对用户操作的 UserDao 类以及对音乐操作的 SongDao 类。
- ❑ Model 文件夹：模型层，用于存放用户和歌曲信息的实体类，即 User 类和 Song 类。
- ❑ View 文件夹：视图层，用于存放 Windows 窗体的类，包括音乐播放器主界面（MusicPlayer）、用户注册界面（Register）、添加歌曲界面（AddSong）、普通用户管理歌曲界面（SongManage）、管理员管理歌曲界面（SongAdminManage）、管理员管理用户界面（UserManage）、管理员后台管理主界面（AdminForm）。

此外，在该项目中启动窗体是用户登录窗体（Login.cs），即只有在登录后才能使用该系统的其他功能。

13.2.3 数据库通用类

数据库连接类的设计包括对数据表的查询和非查询的操作，代码如下。

```
class DBOperator
    {
        //定义数据库连接对象
        private static SqlConnection conn = new SqlConnection(@"Data Source=
        (localdb)\MSSQLLocalDB;Initial Catalog=music;Integrated Security=
        True;Connect Timeout=30;Encrypt=False;TrustServerCertificate=True;
        ApplicationIntent=ReadWrite;MultiSubnetFailover=False");
        //执行非查询，使用 SqlParameter[]数组添加参数值
        public static int NonQuery(string sql, SqlParameter[] sp)
        {
            int returnvalue=-1;
            SqlTransaction st=Null;
            try
            {
                //打开数据库连接
                conn.Open();
                //开启事务
                st=conn.BeginTransaction();
                //创建 SqlCommand 类的对象
                SqlCommand cmd=new SqlCommand(sql, conn,st);
                if(sp!=Null&&sp.Length!=0)
                {
                    //向命令对象 cmd 中添加参数
                    cmd.Parameters.AddRange(sp);
                }
                //执行对表的非查询操作
```

```
            returnvalue=cmd.ExecuteNonQuery();
            //提交事务
            st.Commit();
        }
        catch(Exception ex)
        {
            MessageBox.Show(ex.Message);
            //回滚事务
            if(st!=Null)
            {
                st.Rollback();
            }
        }
        finally
        {
            if(conn.State==ConnectionState.Open)
            {
                conn.Close();
            }
        }
        return returnvalue;

    }

    //执行查询操作的方法
    public static DataSet Query(string sql, SqlParameter[] sp)
    {
        DataSet ds=Null;
        try
        {
            conn.Open();
            SqlCommand cmd=new SqlCommand(sql, conn);
            if(sp!=Null &&sp.Length!=0)
            {
                cmd.Parameters.AddRange(sp);
            }
            SqlDataAdapter sda=new SqlDataAdapter(cmd);
            ds=new DataSet();
            sda.Fill(ds);
        }
        catch(Exception ex)
        {
            MessageBox.Show(ex.Message);
        }
        finally
```

```
            {
                if(conn.State==ConnectionState.Open)
                {
                    conn.Close();
                }
            }
            return ds;
        }
    }
```

13.3 登录注册模块的实现

登录注册功能是每个软件系统中必不可少的，本系统中的用户权限包括普通用户和管理员，将普通用户设置为0，将管理员设置为1。在注册新用户时仅允许注册普通用户，因此将用户权限列的值直接设置为0。下面分别介绍登录功能和注册功能的实现。

13.3.1 登录功能

在任何一个系统中都有登录功能，通常要求输入用户名和密码，本系统中的登录界面如图13-3所示。

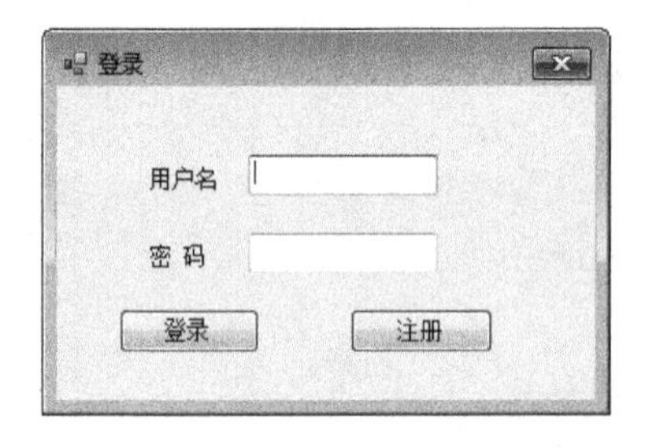

图13-3 登录界面

由于登录界面是本系统中的第一个启动界面，所以在界面上为未注册的用户提供了“注册”按钮，供用户注册时使用。

在用户登录功能中使用对用户信息进行操作的模型层（User.cs）、业务层（UserDao.cs）以及视图层（Login.cs），此外还会使用通用的数据库连接类（DBOperator）。

❶ 模型层（User.cs）

模型层User.cs中主要是对用户表中的列提供get、set访问器，具体的代码如下。

```
public class User
  {
      //用户编号
      public int Id{get; set;}
      //用户名
```

```
        public string Name{get; set;}
        //密码
        public string Password{get; set;}
        //权限 0：普通用户；1：管理员
        public int Power{get; set;}
    }
```

❷ **业务层（UserDao.cs）**

登录功能实际上是对用户信息表的查询操作，即根据用户在登录界面上输入的用户名和密码查询是否含有该用户。在登录功能中使用 UserDao 类中的 Login 方法，具体的代码如下。

```
//登录
public DataSet Login(User user)
{

    string sql="select*from users where name=@name and password=
    @password";
    //创建 SqlParameter 数组，并赋值
    SqlParameter[] sp=new SqlParameter[2];
    sp[0]=new SqlParameter("name", user.Name);
    sp[0].DbType=System.Data.DbType.String;
    sp[1]=new SqlParameter("password", user.Password);
    sp[1].DbType=System.Data.DbType.String;
    return DBOperator.Query(sql, sp);
}
```

在该方法中将 User 类的对象作为参数，这样避免了传递更多的参数，也体现了模型类 User 的作用。方法的返回值是 DataSet 类型，这样方便对结果进行操作。

❸ **视图层（Login.cs）**

在登录窗体中将窗体的启动位置设置为 CenterScreen，界面的设计如图 13-3 所示。实现的代码如下。

```
public partial class Login:Form
    {
        private UserDao userDao=new UserDao();
        public Login()
        {
            InitializeComponent();
        }
        /// <summary>
        /// 登录
        /// </summary>
        private void btnOk_Click(object sender, EventArgs e)
        {
            User user=new User();
```

```
            user.Name=txtName.Text;
            user.Password=txtPwd.Text;
            DataSet ds=userDao.Login(user);
            if(ds!=Null && ds.Tables[0].Rows.Count > 0)
            {
                user.Id=int.Parse(ds.Tables[0].Rows[0]["id"].ToString());
                user.Name=ds.Tables[0].Rows[0]["name"].ToString();
                user.Password=ds.Tables[0].Rows[0]["password"].ToString();
                user.Power=int.Parse(ds.Tables[0].Rows[0]["power"].
                ToString());
                //显示音乐播放器主界面
                MusicPlayer mp=new MusicPlayer(user);
                mp.Show();
                //隐藏登录界面
                this.Hide();

            }
            else
            {
                MessageBox.Show("登录失败！");
            }
        }
        /// <summary>
        /// 注册
        /// </summary>
        private void btnReg_Click(object sender, EventArgs e)
        {
            //显示注册窗体
            Register reg=new Register();
            reg.Show();
            //隐藏当前窗体
            this.Hide();
        }
    }
```

13.3.2 注册功能

注册功能主要用于添加用户信息，对用户信息表做添加操作。注册功能的界面如图13-4所示。

在本系统中用户名不允许重复，因此在注册用户信息时还需要对用户表进行一次查询操作。此外，在用户注册时还需要对界面中输入的值做相应的验证，要求用户名不为空、密码不为空以及两次输入的密码一致等。在注册功能中仍然用到了模型类User，读者可以参考登录功能部分的User类内容。下面具体介绍用户注册功能的业务层（UserDao.cs）和视图层（Register.cs）的实现。

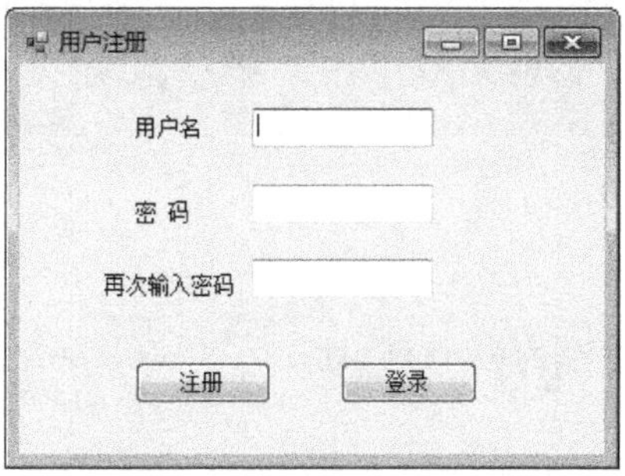

用户注册
用户名
密 码
再次输入密码
注册　登录

图 13-4　用户注册界面

❶ 业务层（UserDao.cs）

在业务层中主要用到判断用户名是否重复的方法 IsRepeatName 以及注册的方法 Register，具体的代码如下。

```
//判断用户名是否重复
public bool IsRepeatName(string name)
{
    //用户名重复，则 flag 值为 False
    bool flag=False;
    //判断用户名是否重复的 SQL 语句
    string sql="select count(*) from users where name=@name";
    SqlParameter[] sp=new SqlParameter[1];
    sp[0]=new SqlParameter("name", name);
    sp[0].DbType=DbType.String;
    DataSet ds=DBOperator.Query(sql, sp);
    if(ds.Tables[0].Rows[0][0].ToString()=="0")
    {
        //用户名不重复，则 flag 的值为 True
        flag=True;
    }
    return flag;
}
//用户注册
public int Register(User user)
{
    //编写添加用户的 SQL 语句
    string sql="insert into users(name,password,power)values(@name,
    @password,0)";
    //创建 SqlParameter 数组，并赋值
    SqlParameter[] sp=new SqlParameter[2];
    sp[0]=new SqlParameter("name", user.Name);
    sp[0].DbType=System.Data.DbType.String;
    sp[1]=new SqlParameter("password", user.Password);
```

```
    sp[1].DbType=System.Data.DbType.String;
    //调用数据库操作类中的非查询方法 NonQuery，并返回结果
    return DBOperator.NonQuery(sql, sp);
}
```

❷ 视图层（Register.cs）

具体的代码如下：

```
public partial class Register:Form
    {
        public Register()
        {
            InitializeComponent();
        }
        //注册
        private void btnOk_Click(object sender, EventArgs e)
        {
            //获取用户名
            string name=txtName.Text;
            //获取密码
            string password=txtPwd.Text;
            //获取第二次输入的密码
            string repassword=txtrepwd.Text;
            UserDao userDao=new UserDao();
            if("".Equals(name))
            {
                MessageBox.Show("用户名不能为空！");
                return;
            }
            else if("".Equals(password))
            {
                MessageBox.Show("密码不能为空！");
                return;
            }
            else if("".Equals(repassword))
            {
                MessageBox.Show("第二次输入的密码不能为空！");
                return;
            }
            else if(!password.Equals(repassword))
            {
                MessageBox.Show("两次输入的密码不一致！");
                return;
            }
```

```
            else if(!userDao.IsRepeatName(name))
            {
                MessageBox.Show("用户名重复！");
                return;
            }
            User user=new User();
            user.Name=name;
            user.Password = password;
            if(userDao.Register(user)!=-1)
            {
                MessageBox.Show("注册成功！");
            }
            else
            {
                MessageBox.Show("注册失败！");
            }

        }
        //打开登录窗体
        private void btnLogin_Click(object sender, EventArgs e)
        {
            //显示登录窗体
            Login login=new Login();
            login.Show();
            //隐藏当前窗体
            this.Hide();
        }
    }
```

13.4　歌曲操作功能的实现

在本系统中对歌曲的操作包括播放歌曲、添加歌曲、管理歌曲，对于管理歌曲的功能按照普通用户和管理员权限略有不同，管理员能查询所有用户添加的歌曲信息，而普通用户只能检索自己添加的歌曲信息。管理员操作与普通用户操作的实现代码类似，本节以普通用户操作为例介绍播放歌曲、添加歌曲以及管理歌曲的功能的实现。

13.4.1　播放歌曲

在音乐播放操作界面中需要引用 Windows Media Player 控件，该控件的添加方法是在“选择工具箱项”对话框的“COM 组件”选项卡中选择 Windows Media Player，如图 13-5 所示。

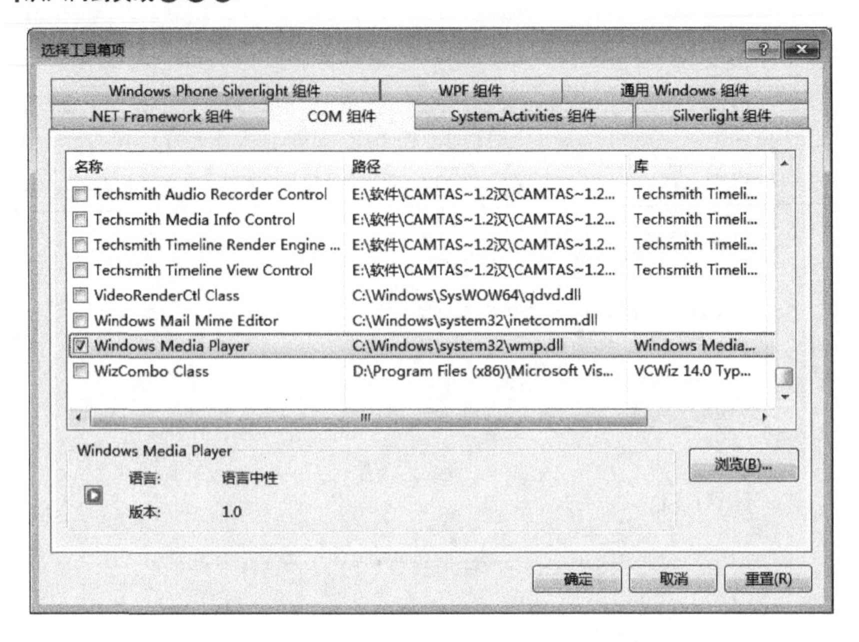

图 13-5　添加 Windows Media Player 控件

通过该控件可以实现音乐播放、停止以及播放下一首等操作，与 Windows Media Player 播放器的效果是一样的。在本系统中主要完成对歌曲信息的管理，并将指定的歌曲在该播放器中播放。

对于普通用户来说，对歌曲的操作包括添加歌曲、删除歌曲以及查询歌曲的操作，当然在删除歌曲和查询歌曲时仅能对用户自己添加的歌曲操作。管理员用户则可以查看全部用户的歌曲信息。下面分别从模型层、业务层以及视图层介绍音乐播放操作的功能。

❶ 歌曲信息的模型层（Song.cs）

歌曲信息的模型类（Song.cs）的代码如下。

```
class Song
    {
        //歌曲编号
        public int Id{get; set;}
        //歌曲名称
        public string Name{get; set;}
        //文件大小
        public string Filesize{get; set;}
        //歌曲地址
        public string Address{get; set;}
        //文件名
        public string Filename{get; set;}
        //作者
        public string Author{get; set;}
        //歌曲时长
        public string SongTime{get; set;}
        //歌曲提交的时间
```

```
        public DateTime ReleaseTime{get; set;}
        //用户信息
        public User user{get; set;}
    }
```

❷ **音乐播放操作的业务层（SongDao.cs）**

将所有对歌曲操作的方法都放置到业务层 SongDao.cs 中，在播放歌曲的操作中主要用到根据登录用户的用户编号查询其所添加的歌曲显示在 ListView 控件中，涉及的方法名是 QueryAllByUserId。具体的代码如下。

```
//根据用户编号查询歌曲信息
public DataSet QueryAllByUserId(int userid)
{
    string sql="select filename,address from songinfo where userid=@userid";
    SqlParameter[] sp=new SqlParameter[1];
    sp[0]=new SqlParameter("@userid", userid);
    DataSet ds=DBOperator.Query(sql, sp);
    return ds;
}
```

从上面的代码可以看出，在 DataSet 数据集中仅根据用户编号返回文件名和地址。在 ListView 控件中显示歌曲时显示文件名和歌曲地址，若播放歌曲根据歌曲地址播放即可。

❸ **音乐播放操作的视图层（MusicPlayer.cs）**

MusicPlayer 类是音乐播放操作的类，在界面中不仅包含播放歌曲的操作，还包含了添加歌曲和管理歌曲的操作。在本系统中播放歌曲包括播放全部和双击 ListView 歌曲列表中的一首歌曲播放，分别在“播放全部”按钮的单击事件（btnPlayAll_Click）和 ListView 的双击事件（listView1_DoubleClick）中完成。MusicPlayer 类中的代码如下。

```
public partial class MusicPlayer:Form
    {
        private User user=new User();
        public MusicPlayer()
        {
            InitializeComponent();
        }
        public MusicPlayer(User user)
        {
            InitializeComponent();
            this.user=user;
            //显示当前登录用户存放的歌曲信息
            this.QueryAllSong();
        }
        //根据用户编号查询所有歌曲信息，并添加到 ListView 控件中
        private void QueryAllSong()
        {
            //清空 listView1 控件中的歌曲
```

```
        listView1.Items.Clear();
        //创建 SongDao 类的对象
        SongDao songDao=new SongDao();
        //调用根据用户编号查询歌曲信息的方法
        DataSet ds=songDao.QueryAllByUserId(user.Id);
        //创建 ListViewItem 数组
        ListViewItem[] listViewItem=new ListViewItem[ds.Tables[0].
        Rows.Count];
        //遍历数据集，并将数据集中的歌曲添加到 ListViewItem 数组中
        for(int i=0; i<ds.Tables[0].Rows.Count; i++)
        {
            listViewItem[i]=new ListViewItem(new string[] { ds.Tables[0].
            Rows[i][0].ToString(), ds.Tables[0].Rows[i][1].ToString() });
        }
        //向 listView1 控件中添加歌曲
        listView1.Items.AddRange(listViewItem);
    }
    //添加歌曲
    private void btnAdd_Click(object sender, EventArgs e)
    {
        //调用添加歌曲的窗体
        AddSong addSong=new AddSong(user);
        addSong.Show();
    }
    // listView1 中的双击事件
    private void listView1_DoubleClick(object sender, EventArgs e)
    {
        if(this.listView1.SelectedItems.Count>0)
        {
            //设置 Windows Media Player 播放器中播放音乐的地址
            axWindowsMediaPlayer1.URL=listView1.SelectedItems[0].
            SubItems[1].Text;
            //播放音乐
            axWindowsMediaPlayer1.Ctlcontrols.play();
        }
    }
    //播放全部歌曲
    private void btnPlayAll_Click(object sender, EventArgs e)
    {
        IWMPMedia media;
        //将 ListView 中的歌曲添加到 Windows Media Player 的当前播放列表中
        for(int i=0; i<listView1.Items.Count; i++)
        {
            media=axWindowsMediaPlayer1.newMedia(listView1.Items[i].
            SubItems[1].Text);
            axWindowsMediaPlayer1.currentPlaylist.appendItem(media);
        }
```

```
        //播放音乐
        axWindowsMediaPlayer1.Ctlcontrols.play();

    }
    //歌曲更改时设置在标签上显示当前播放的歌曲
    private void axWindowsMediaPlayer1_MediaChange(object sender,
    AxWMPLib._WMPOCXEvents_MediaChangeEvent e)
    {
        label1.Text="正在播放："+axWindowsMediaPlayer1.currentMedia.
        name;
    }
    //管理歌曲
    private void btnManage_Click(object sender, EventArgs e)
    {
        if(user.Power==0)
        {
            //如果是普通用户，则打开普通用户的音乐管理界面
            SongManage songManage=new SongManage(user);
            DialogResult dr=songManage.ShowDialog();
            if(dr==DialogResult.OK)
            {
                this.QueryAllSong();
            }
        }
        else if (user.Power==1)
        {
            //如果是管理员，则显示管理员操作界面
            AdminForm adminForm=new AdminForm();
            adminForm.Show();
        }
    }
    ///退出音乐播放器
    private void MusicPlayer_FormClosed(object sender, FormClosedEventArgs e)
    {
        //退出应用程序
        Application.Exit();
    }
    ///移除 ListView 中的歌曲
    private void 移除 ToolStripMenuItem_Click(object sender, EventArgs e)
    {
        for(int i=0; i<listView1.SelectedItems.Count; i++)
        {
            //移除选中项
            listView1.SelectedItems[i].Remove();
        }
    }
}
```

在播放歌曲界面中，如果需要去除某些暂时不想播放的歌曲，可以直接右击该歌曲，然后选择“移除”命令，但并不是从数据库中将歌曲删除，而是从当前播放列表中移除，效果如图 13-6 所示。

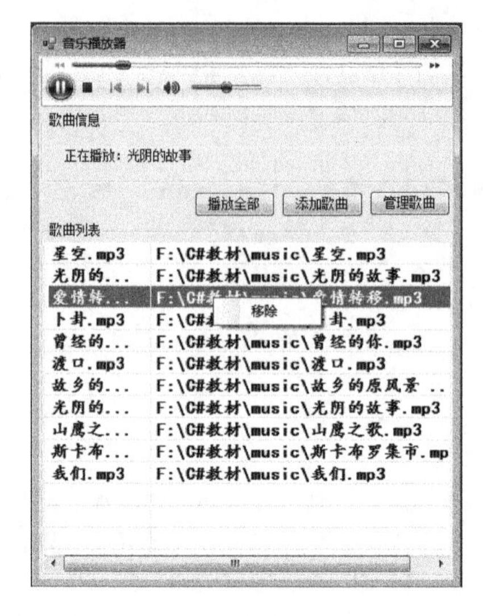

图 13-6　从歌曲列表中移除歌曲的效果

13.4.2　添加歌曲

由于歌曲本身就带有一些通用的信息，例如歌曲名、文件大小、作者等，因此并不需要手工录入歌曲信息，而是直接从文件中提取信息即可。提取歌曲中的文件信息需要用 ShellClass 类完成。添加歌曲的界面如图 13-7 所示。

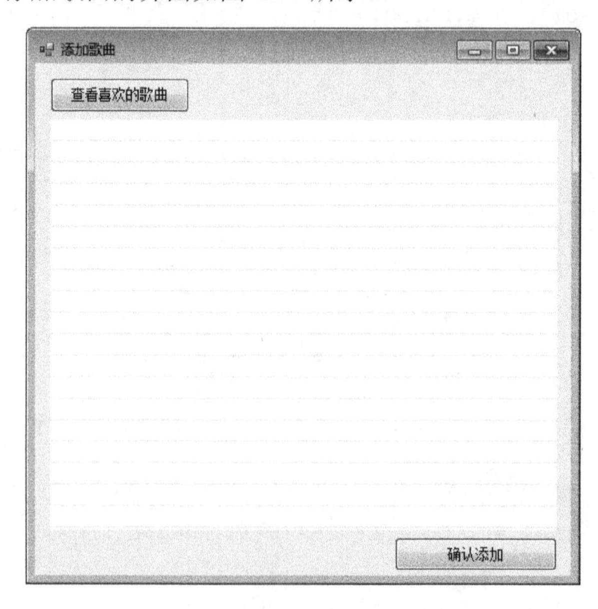

图 13-7　添加歌曲的界面

在该界面中，首先能通过单击“查看喜欢的歌曲”按钮来查找本地的音乐文件，并添加到 ListView 控件中，然后单击“确认添加”按钮，将 ListView 控件中的歌曲添加到数据表 songinfo 中。实现该功能除了用到模型层的 Song.cs 文件以外，还会用到业务层 SongDao.cs 中的添加音乐文件的方法，以及视图层 AddSong.cs 中的代码。

❶ 添加歌曲操作的业务层

添加歌曲信息，在业务层 SongDao.cs 中仅用到了方法 AddSong，代码如下。

```
///添加歌曲信息
public int AddSong(List<Song> list)
{
    int returnvalue=0;
    string sql="insert into songinfo(filename,filesize,author,songname,
    songlength,address,releasetime,userid)values(@filename,@filesize,
    @author,@songname,@songlength,@address,@releasetime,@userid)";
    {
        SqlParameter[] sp=new SqlParameter[8];
        foreach(Song song in list)
        {
            sp[0]=new SqlParameter("@filename", song.Filename);
            sp[1]=new SqlParameter("@filesize", song.Filesize);
            sp[2]=new SqlParameter("@author", song.Author);
            sp[3]=new SqlParameter("@songname", song.Name);
            sp[4]=new SqlParameter("@songlength", song.SongTime);
            sp[5]=new SqlParameter("@address", song.Address);
            sp[6]=new SqlParameter("@releasetime", song.ReleaseTime);
            sp[7]=new SqlParameter("@userid", song.user.Id);
            returnvalue=DBOperator.NonQuery(sql, sp);
        }
        return returnvalue;
    }
}
```

从上面的方法可以看出，在方法中传递了 List<Song>集合作为参数，在方法中遍历该集合，将集合中的所有歌曲添加到数据表中。

❷ 添加歌曲操作的视图层

添加歌曲操作是在 AddSong.cs 中进行的，包括使用打开文件对话框来检索文件以及将选中的文件读取到 ListView 控件中，具体的代码如下。

```
public partial class AddSong:Form
{
    private User user=new User();
    public AddSong()
    {
        InitializeComponent();
    }
    public AddSong(User user)
```

```
{
    InitializeComponent();
    this.user=user;
}
//显示打开文件对话框
private void btnSelectSong_Click(object sender, EventArgs e)
{
    ofdSong.Filter="MP3 文件|*.mp3;*.MP3|音乐(*.ape;*.wav;*.mp3;
    *.wmv;*.mid)|*.ape;*.wav;*.mp3;*.wmv;*.mid";
    //设置可以选择多个文件
    ofdSong.Multiselect=True;
    DialogResult dr=ofdSong.ShowDialog();
    if(dr==DialogResult.OK)
    {
        ListViewItem lvm=Null;
        foreach (string fileName in ofdSong.FileNames)
        {
            lvm=new ListViewItem();
            lvm.Text=fileName;
            this.listView1.Items.Add(lvm);
        }
    }

}
public string[] getMusicInfo(string fileurl)
{
    string[] arrmusicinfo=new string[5];
    if(fileurl!=string.Empty)
    {
        ShellClass shl=new ShellClass();
        Folder fdr=shl.NameSpace(Path.GetDirectoryName(fileurl));
        FolderItem item=fdr.ParseName(Path.GetFileName(fileurl));
        //获取音乐文件中的信息
        arrmusicinfo[0]=fdr.GetDetailsOf(item, 0);    //文件名
        arrmusicinfo[1]=fdr.GetDetailsOf(item, 1);    //文件大小
        arrmusicinfo[2]=fdr.GetDetailsOf(item, 13);   //作者
        arrmusicinfo[3]=fdr.GetDetailsOf(item, 21);   //歌曲名
        if (string.IsNullOrEmpty(arrmusicinfo[3]))
        { arrmusicinfo[3]=Path.GetFileNameWithoutExtension
        (fileurl); } //假如文件中没有办法获取歌曲名，就用文件名作为歌曲名
        arrmusicinfo[4]=fdr.GetDetailsOf(item, 27);  //歌曲时长
    }
    return arrmusicinfo;
}
//批量添加歌曲
```

```
private void btnAddBatch_Click(object sender, EventArgs e)
{
    string[] strarr;
    List<Song> list=new List<Song>();
    //添加到音乐列表中的音乐数量
    int i=this.listView1.Items.Count;
    if(i==0)
    {
        MessageBox.Show("您还没有选择歌曲！ ");
        return;
    }
    for(int x=0; x<i; x++)
    {
        Song song=new Song();
        //从音乐文件中获取相关信息
        string filename=this.listView1.Items[x].Text;
        strarr=this.getMusicInfo(filename);
        //文件名
        song.Filename=strarr[0];
        //文件大小
        song.Filesize=strarr[1];
        //作者
        song.Author=strarr[2];
        //歌曲名
        song.Name=strarr[3];
        //歌曲时长
        song.SongTime=strarr[4];
        //地址
        song.Address=filename;
        //提交时间
        song.ReleaseTime=DateTime.Now;
        //用户编号
        song.user=user;
        list.Add(song);
    }
    //调用添加歌曲的方法
    SongDao songDao=new SongDao();
    if(songDao.AddSong(list)!=-1)
    {
        MessageBox.Show("歌曲添加成功！ ");
    }
    else
    {
        MessageBox.Show("歌曲添加失败！ ");
    }
```

```
        }
    }
```

运行添加歌曲窗体，单击“查看喜欢的歌曲”按钮，并选择歌曲信息，效果如图 13-8 所示。

图 13-8　选择歌曲后的效果

单击“确认添加”按钮，即可将 ListView 控件中的歌曲添加到数据表 songinfo 中。通过这种添加方式即可批量添加歌曲信息，并且不必手动填写歌曲信息，为用户减轻了添加歌曲的工作量。

13.4.3　管理歌曲

对于普通用户来说，管理歌曲信息主要是对歌曲信息的查询和删除操作，由于添加歌曲信息非常简单，因此如果需要修改信息，重新添加歌曲信息即可。在图 13-1 所示的界面中单击“管理歌曲”按钮，效果如图 13-9 所示。

歌曲管理

歌曲名称　查询　删除

编号	文件名	文件大小	作者	歌曲名	歌曲时长
2	星空.mp3	13.8 MB	许巍	星空	00:06:03
2005	光阴的故事.mp3	8.42 MB		光阴的故事	00:03:40
3005	爱情转移.mp3	11.1 MB		爱情转移	00:04:52
3006	卜卦.mp3	8.36 MB	崔子格	卜卦	00:03:34
3007	曾经的你.mp3	9.99 MB	许巍	曾经的你	00:04:21
3008	渡口.mp3	8.86 MB		渡口	00:03:52
3009	故乡的原风景...	4.31 MB	宗次郎	故乡的原风景	00:04:42

图 13-9　歌曲管理界面

在该界面中根据登录的用户编号从 songinfo 表中检索出所有歌曲信息，并将歌曲信息显示在 DataGridView 控件中。该界面实现了根据歌曲名称模糊查询以及将选中的歌曲信息删除的操作。实现的具体操作依然使用模型层 Song.cs 以及业务层 SongDao.cs。

❶ 与歌曲管理相关的业务层中的方法

在 SongDao 类中，与歌曲管理相关的方法有根据歌曲名称查询的方法（QueryByName）和删除歌曲的方法（DeleteById），以及根据用户编号查询歌曲信息的方法（QueryAllSongByUserId）。根据用户编号查询歌曲信息的方法请读者参考播放歌曲功能部分的代码。根据歌曲名称查询的方法和删除歌曲的方法实现的代码如下。

```
//根据歌曲名称查询歌曲信息
public DataSet QueryByName(string name)
{
    string sql="select*from songinfo where songname like @songname ";
    SqlParameter[] sp=new SqlParameter[1];
    sp[0]=new SqlParameter("@songname", "%"+name+"%");
    DataSet ds=DBOperator.Query(sql, sp);
    return ds;
}
//根据 id 删除歌曲信息
public int DeleteById(int[] ids)
{
    //将整型数组转换为字符串，并在每个整数值之间用逗号隔开
    string delIds=string.Join(",", ids);
    string sql="delete from songinfo where songid in ("+delIds+")";
    //调用非查询方法，执行删除操作
    return DBOperator.NonQuery(sql, Null);
}
```

在 DeleteById 方法中，将该方法中传递过来的整型数组使用字符串 Join 方法，在每个值中间加入一个逗号，以方便构成删除的 SQL 语句。

❷ 视图层

歌曲管理的视图层所用到的类是 SongManage，实现的代码如下。

```
public partial class SongManage:Form
  {
      private User user=new User();

      public SongManage()
      {
          InitializeComponent();
      }
      public SongManage(User user)
      {
          InitializeComponent();
          this.user=user;
```

```
        //调用绑定 DataGridView 的方法
        this.InitGridView();
    }
    //查询歌曲信息，绑定 DataGridView
    public void InitGridView()
    {
        //根据用户编号查询所有歌曲信息
        SongDao songDao=new SongDao();
        DataSet ds=songDao.QueryAllSongByUserId(user.Id);
        //绑定 DataGridView
        dataGridView1.DataSource=ds.Tables[0];
        //设置 DataGridView 中的列标题
        dataGridView1.Columns[0].HeaderText="编号";
        dataGridView1.Columns[1].HeaderText="文件名";
        dataGridView1.Columns[2].HeaderText="文件大小";
        dataGridView1.Columns[3].HeaderText="作者";
        dataGridView1.Columns[4].HeaderText="歌曲名";
        dataGridView1.Columns[5].HeaderText="歌曲时长";
        dataGridView1.Columns[6].HeaderText="地址";
        dataGridView1.Columns[7].HeaderText="上传时间";
        dataGridView1.Columns[8].Visible=False;
    }
    //删除选中的歌曲
    private void btnDel_Click(object sender, EventArgs e)
    {
        //将 DataGridView 中选中的行数作为数组的长度，创建整型数组存放歌曲编号
        int[] ids=new int[dataGridView1.SelectedRows.Count];
        for(int i=0; i < dataGridView1.SelectedRows.Count; i++)
        {
            ids[i]=int.Parse(dataGridView1.SelectedRows[i].Cells[0].
            Value.ToString());
        }
        //创建 SongDao 类的对象
        SongDao songDao=new SongDao();
        //调用根据 id 删除歌曲的方法
        if(songDao.DeleteById(ids)!=-1)
        {
            //删除成功，刷新 DataGridView 中的数据
            MessageBox.Show("删除成功！");
            this.InitGridView();
        }
        else
        {
            MessageBox.Show("删除失败！");
        }
```

```
        }
        //关闭窗体的事件
        private void SongManage_FormClosed(object sender, FormClosedEventArgs e)
        {
            //设置当前窗体的 DialogResult 值为 OK
            this.DialogResult=DialogResult.OK;
        }
        //根据歌曲名称查询歌曲信息
        private void btnQuery_Click(object sender, EventArgs e)
        {
            //创建 SongDao 类的对象
            SongDao songDao=new SongDao();
            //调用根据歌曲名称查询歌曲信息的方法
            DataSet ds=songDao.QueryByName(txtName.Text);
            //重新设置 DataGridView 的数据源
            dataGridView1.DataSource=ds.Tables[0];
        }
    }
```

运行该窗体，查询歌曲信息的效果如图 13-10 所示。

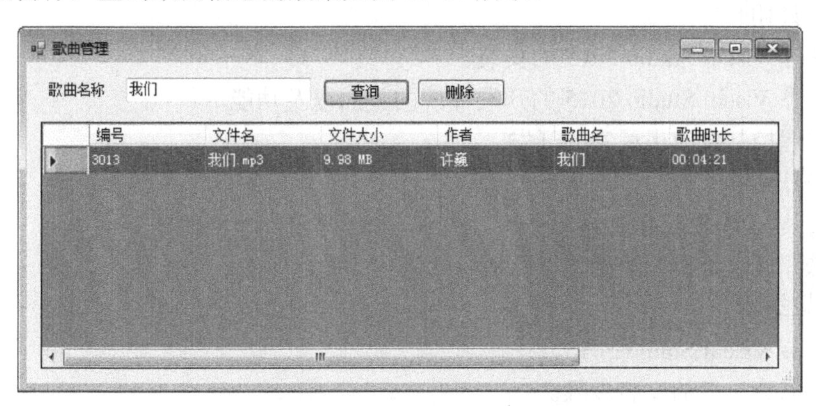

图 13-10　歌曲管理界面中查询操作的效果

13.5　本章小结

通过本章的学习，读者能够完成一个简易的音乐播放器系统，并能将本书中所学的知识点综合运用。本章中所介绍的音乐播放器只提供了对用户本地歌曲的播放和管理操作，读者也可以将其扩展到在局域网或互联网的环境中共享播放的歌曲，并提供一些歌曲推荐的操作。此外，读者还可以在用户管理方面加以扩展，提供修改密码、找回密码等功能。

实验

实验 1　熟悉 Visual Studio 2015 的开发环境

❶ 实验目的

（1）掌握 Visual Studio 2015 的安装。

（2）熟悉 Visual Studio 2015 的开发环境的界面以及功能。

（3）掌握控制台应用程序的开发。

❷ 实验内容

（1）安装 Visual Studio 2015。

（2）掌握控制台程序的创建以及运行。

❸ 实验步骤

（1）安装 Visual Studio 2015。

参考本书第 1 章的安装步骤。

（2）创建控制台应用程序，输出显示“这是控制台应用程序”。

创建控制台应用程序，在 Main 方法中输入如下代码，由于篇幅有限，在此省去命名空间引用部分。

```
namespace Test1_1
{
    class Program
    {
        static void Main(string[] args)
        {
            Console.WriteLine("这是控制台应用程序！");
        }
    }
}
```

运行该程序，效果如图 A-1 所示。

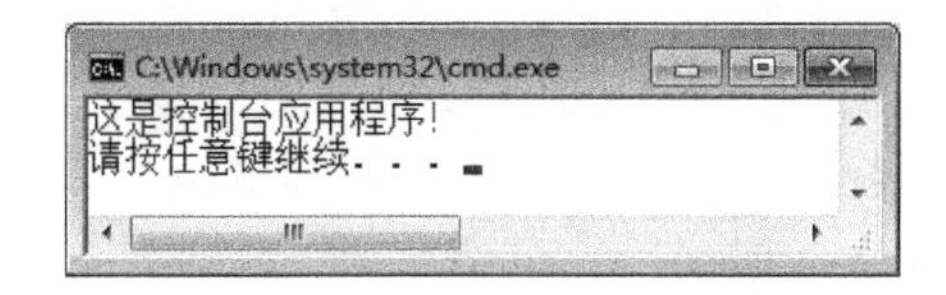

图 A-1　实验 1-1 的运行效果

实验 2　掌握 C#的基本语法

❶ 实验目的

（1）掌握 C#语言中的基本数据类型。

（2）掌握 C#语言中运算符的使用。

（3）掌握 C#语言中常量和变量的定义。

（4）掌握 C#语言中条件语句的使用。

（5）掌握 C#语言中循环语句的使用。

❷ 实验内容

（1）基本数据类型和运算符的使用。

（2）常量和变量的定义。

（3）条件语句的使用。

（4）循环语句的使用。

❸ 实验步骤

（1）分别定义长整型、浮点型、布尔类型、字符型的变量并赋值，将每个变量的值输出到控制台。

创建控制台应用程序，在 Main 方法中编写程序，代码如下所示。

```
namespace Test2_1
{
    class Program
    {
        static void Main(string[] args)
        {
            //声明变量并赋值
            long a=12345L;
            double b=12.34;
            bool c=true;
            char d='A';
            //输出变量的值
            Console.WriteLine("a="+a);
            Console.WriteLine("b="+b);
            Console.WriteLine("c="+c);
```

```
            Console.WriteLine("d="+d);
        }
    }
}
```

运行该程序，效果如图 A-2 所示。

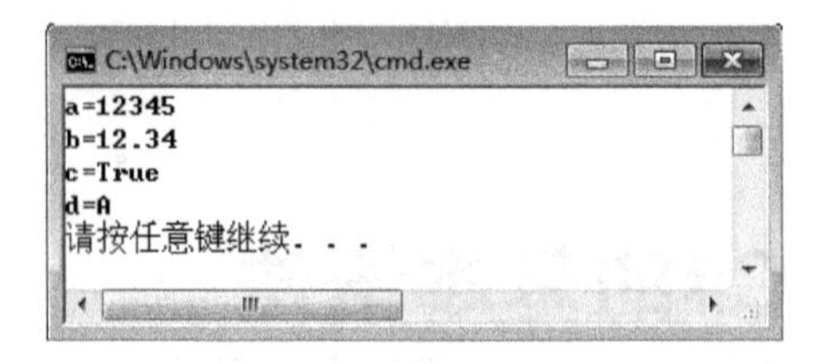

图 A-2　实验 2-1 的运行效果

（2）从控制台输入年份，判断是否为闰年。

创建控制台应用程序，在 Main 方法中编写程序，代码如下所示。

```
namespace Test2_2
{
    class Program
    {
        static void Main(string[] args)
        {
            //从控制台输入年份
            int year =int.Parse(Console.ReadLine());
            //判断输入的年份是否为闰年
            if(year%400==0 || (year%4==0&&year%100!=0))
            {
                Console.WriteLine(year+"是闰年!");
            }
            else
            {
                Console.WriteLine(year+"不是闰年!");
            }
        }
    }
}
```

运行该程序，效果如图 A-3 所示。

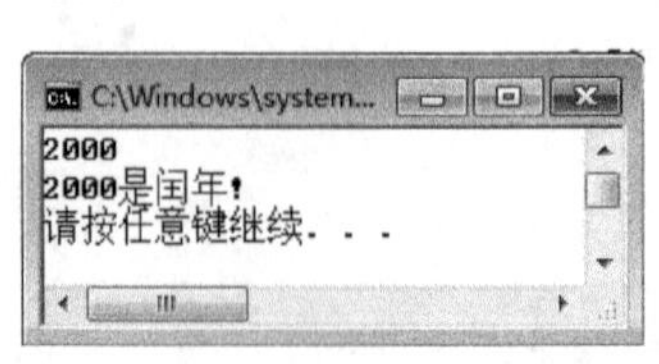

图 A-3　实验 2-2 的运行效果

（3）输出 1～100 之间的素数。

素数也称质数，是指在大于 1 的整数中，只能被 1 和这个数本身整除的数，如 2、3、5、7、11。创建控制台应用程序，在 Main 方法中编写程序，代码如下所示。

```
namespace Test2_3
{
    class Program
    {
        static void Main(string[] args)
        {
            bool isPrime;
            for(int m=2; m <= 100; m++)
            {
                isPrime=true;
                for(int i=2; i < m; i++)
                {
                    if(m % i == 0)
                    {
                        isPrime=false;
                        break;
                    }
                }
                if(isPrime == true)
                {
                    Console.Write(m+" ");
                }
            }
        }
    }
}
```

运行该程序，效果如图 A-4 所示。

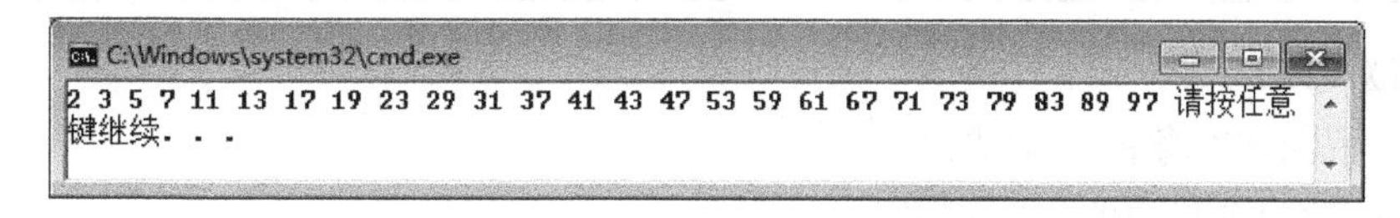

图 A-4　实验 2-3 的运行效果

（4）打印。

输出所有的“水仙花数”。所谓“水仙花数”，是指一个三位数，其各位数字立方和等于该数本身。例如，153 是一个“水仙花数”，因为 $153=1^3+5^3+3^3$。

创建控制台应用程序，在 Main 方法中编写程序，代码如下所示。

```
namespace Test2_4
{
```

```
    class Program
    {
        static void Main(string[] args)
        {
            int i,j,k;
            for(int n=100; n < 1000; n++)
            {
                i=n/100;            //百位数字
                j=n%100/10;         //十位数字
                k=n%10;             //个位数字
                if(i*i*i+j*j*j+k*k*k==n)
                {
                    Console.WriteLine(n+" ");
                }
            }
        }
    }
}
```

运行该程序，效果如图 A-5 所示。

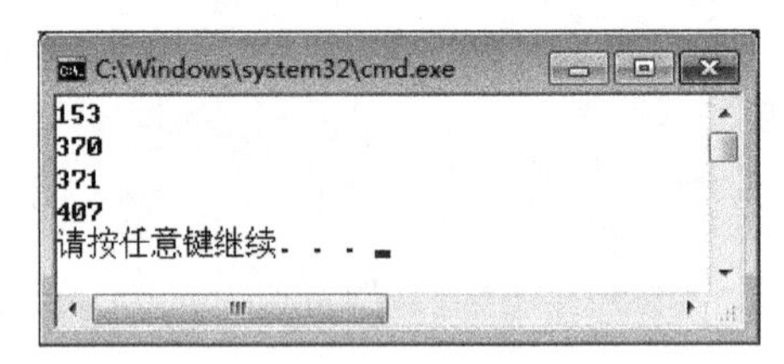

图 A-5　实验 2-4 的运行效果

实验 3　类和方法

❶ 实验目的

（1）了解面向对象的基本概念。

（2）掌握 C#语言中的类的定义。

（3）掌握 C#语言中方法和属性的定义。

（4）掌握 C#语言中构造方法的作用。

（5）掌握 C#语言中方法重载和方法的递归调用。

（6）掌握 C#中常用类的使用。

❷ 实验内容

（1）类的定义。

（2）方法和属性的定义。

（3）构造方法的定义。

（4）方法重载的使用。

❸ 实验步骤

（1）创建控制台应用程序，完成如下功能。

① 创建商品信息类 Product，在类中定义商品编号、商品名称、商品价格、商品类型属性。

② 在商品信息类 Product 中定义输出商品名称、商品价格的方法。

③ 在商品信息类 Product 中添加一个调整价格的方法。

创建控制台应用程序，定义 Product 类，并在 Main 方法中调用 Product 类中的方法，代码如下所示。

```
namespace Test3_1
{
    class Product
    {
        private int id;
        private string name;
        private double price;
        private string typeName;
        /// <summary>
        /// 商品编号属性
        /// </summary>
        public int Id
        {
            get
            {
                return id;
            }

            set
            {
                id=value;
            }
        }
        /// <summary>
        /// 商品名称
        /// </summary>
        public string Name
        {
            get
            {
                return name;
            }

            set
```

```
        {
            name=value;
        }
    }
    /// <summary>
    /// 商品价格属性
    /// </summary>
    public double Price
    {
        get
        {
            return price;
        }

        set
        {
            price=value;
        }
    }
    /// <summary>
    /// 商品类型属性
    /// </summary>
    public string TypeName
    {
        get
        {
            return typeName;
        }

        set
        {
            typeName=value;
        }
    }
    /// <summary>
    /// 打印商品名称和商品价格
    /// </summary>
    public void PrintMsg()
    {
        Console.WriteLine("商品名称:{0};商品价格: {1}", this.Name, this.
        Price);
    }
    /// <summary>
    /// 更改商品价格
    /// </summary>
```

```
        /// <param name="price"></param>
        public void ChangePrice(double price)
        {
            this.Price=price;
         }
    }
}
```

在 Main 方法中调用 Product 类中的属性和方法，代码如下所示。

```
namespace Test3_1
{
    class Program
    {
        static void Main(string[] args)
        {
            Product product=new Product();
            //为商品属性赋值
            product.Id=1;
            product.Name="运动服";
            product.Price=108;
            product.TypeName="服饰";
            //调用打印商品名称和价格的方法
            product.PrintMsg();
            //调整商品价格
            product.ChangePrice(158);
            //再次调用打印商品名称和价格的方法
            product.PrintMsg();
        }
    }
}
```

运行效果如图 A-6 所示。

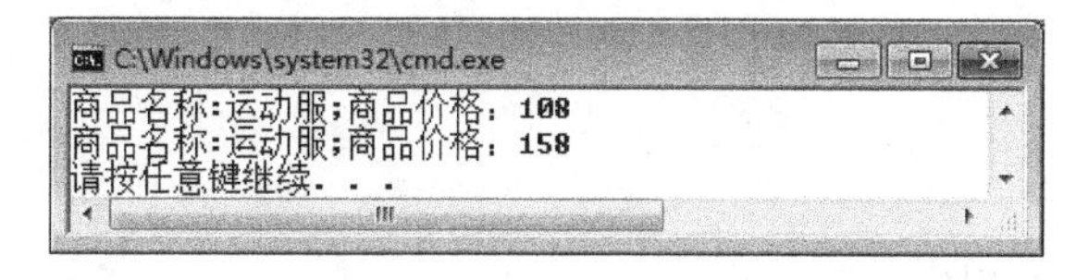

图 A-6　实验 3-1 的效果

（2）使用控制台应用程序实现方法重载完成求最大值的方法。

创建控制台应用程序，分别定义三个方法，一个方法用于计算两个整数的最大值，一个方法用于计算三个整数的最大值，一个方法用于计算两个小数的最大值。具体代码如下所示。

```
namespace Test3_2
{
```

```
    class Test
    {
        //计算两个整数的最大值
        public int Max(int a, int b)
        {
            return a > b ? a : b;
        }
        //计算三个整数的最大值
        public int Max(int a, int b, int c)
        {
            return Max(Max(a, b), c);
        }
        //计算两个小数的最大值
        public double Max(double d1, double d2)
        {
            return d1 > d2 ? d1 : d2;
        }
    }
}
```

在 Main 方法中调用 Test 类中求最大值的方法 Max，代码如下所示。

```
namespace Test3_2
{
    class Program
    {
        static void Main(string[] args)
        {
            Test test=new Test();
            Console.WriteLine("1 和 9 的最大值是{0}",test.Max(1, 9));
            Console.WriteLine("1 和 9、6 的最大值是{0}", test.Max(1, 9,6));
            Console.WriteLine("1.5 和 1.3 的最大值是{0}", test.Max(1.5, 1.3));

        }
    }
}
```

运行该程序，效果如图 A-7 所示。

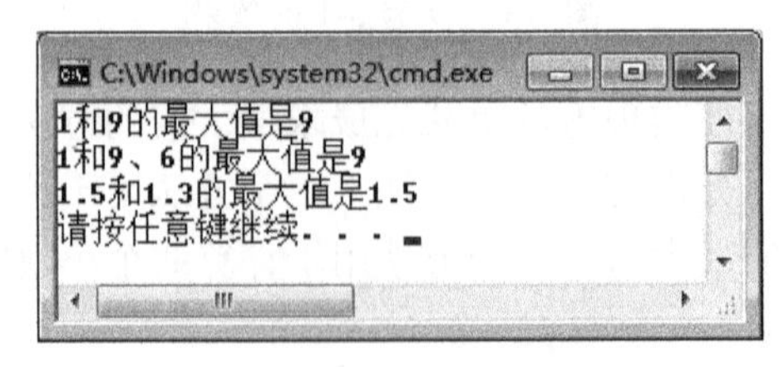

图 A-7　实验 3-2 的运行结果

实验 4 字符串和数组

❶ 实验目的

（1）掌握字符串中的常用方法。

（2）掌握正则表达式的使用。

（3）掌握一维数组的创建和操作。

（4）了解二维数组的创建和操作。

（5）了解枚举类型和结构体类型的使用。

❷ 实验内容

（1）字符串中常用的方法。

（2）正则表达式的使用。

（3）数组的创建和操作。

（4）枚举类型的使用。

（5）结构体类型的使用。

❸ 实验步骤

（1）创建控制台应用程序实现用户注册程序的数据验证，注册信息包括用户名、密码、邮箱，其中，用户名必须由字母构成且长度不能小于 6；密码长度在 6～14 位之间，并且两次输入密码要一致；邮箱的书写规则必须是正确的。

创建控制台应用程序，在 Main 方法中实现用户注册的操作，并在所有注册信息符合条件后，输出“注册成功”的提示。代码如下所示。

```
namespace Test4_1
{
    class Program
    {
        static void Main(string[] args)
        {
            Console.WriteLine("请输入注册信息：");
            Console.WriteLine("请输入用户名（由字母构成且长度不能小于 6）：");
            string username=Console.ReadLine();
            Regex regex=new Regex(@"^[A-Za-z]{6,}$");
            if ( regex.IsMatch(username))
            {
                Console.WriteLine("用户名格式正确!");
            }
            else
            {
                Console.WriteLine("用户名格式错误！");
                return;
            }
```

```
        Console.WriteLine("请输入密码(密码长度在 6~14 位之间):");
        string password=Console.ReadLine();
        if(password.Length >= 6 && password.Length <= 14)
        {
            Console.WriteLine("密码格式正确!");
        }
        else
        {
            Console.WriteLine("密码格式不正确!");
            return;
        }
        Console.WriteLine("请再次输入密码（要求两次输入密码一致：");
        string repassword=Console.ReadLine();
        if(password.Equals(repassword))
        {
            Console.WriteLine("两次密码输入一致！");
        }
        else
        {
            Console.WriteLine("两次密码输入不一致！");
            return;
        }
        Console.WriteLine("请输入邮箱（要求格式正确）：");
        string email=Console.ReadLine();
        regex=new Regex(@"^(\w)+(\.\w+)*@(\w)+((\.\w+)+)$");
        if(regex.IsMatch(email))
        {
            Console.WriteLine("邮箱格式正确！");
        }
        else
        {
            Console.WriteLine("邮箱格式不正确！");
            return;
        }
        Console.WriteLine("用户注册成功！");
        Console.WriteLine("用户名{0},密码{1},邮箱{2}", username, password,
        email);
        }
    }
}
```

运行该程序，效果如图 A-8 所示。

（2）创建控制台应用程序，在一维数组中存放商品信息，并按照商品价格降序输出商品信息。

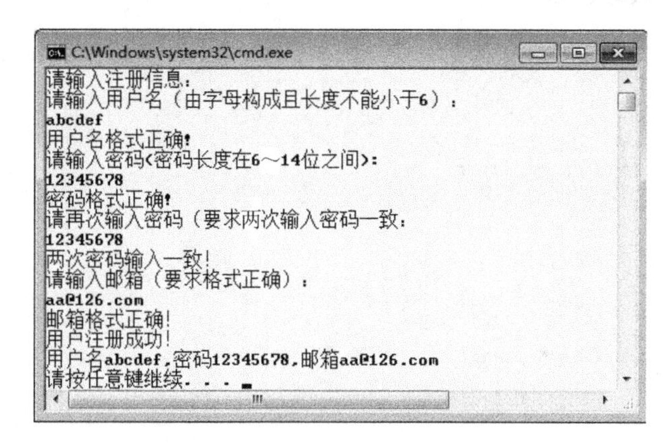

图 A-8 实验 4-1 的运行效果

创建控制台应用程序，首先使用结构体存放商品信息，使用枚举类型定义商品类型，然后在 Main 方法中将商品信息添加到数组中并对商品价格降序排列。商品信息类的代码如下所示。

```
namespace Test4_2
{
    enum ProductType{电子产品,矿泉水,图书}
    struct Product
    {

        private string name;
        private double price;
        private ProductType proType;
        /// <summary>
        /// 定义商品名称属性
        /// </summary>
        public string Name
        {
            get
            {
                return name;
            }

            set
            {
                name=value;
            }
        }
        /// <summary>
        /// 定义商品价格属性
        /// </summary>
        public double Price
```

```
        {
            get
            {
                return price;
            }

            set
            {
                price=value;
            }
        }
        /// <summary>
        /// 商品类型
        /// </summary>
        internal ProductType ProType
        {
            get
            {
                return proType;
            }

            set
            {
                proType=value;
            }
        }
    }
}
```

Main 方法中的代码如下所示。

```
namespace Test4_2
{
    class Program
    {
        static void Main(string[] args)
        {
            //创建 Product 类型的数组，存放商品信息
            Product[] pro=new Product[3];
            pro[0]=new Product();
            pro[0].Name="笔记本电脑";
            pro[0].Price=5000;
            pro[0].ProType=ProductType.电子产品;
            pro[1]=new Product();
            pro[1].Name="矿泉水";
            pro[1].Price=3;
```

```
            pro[0].ProType=ProductType.矿泉水;
            pro[2]=new Product();
            pro[2].Name="计算机基础教程";
            pro[2].Price=49.9;
            pro[2].ProType=ProductType.图书;
            //对商品信息按照商品价格降序排列
            for(int i=0; i < pro.Length-1; i++)
            {
                for(int j=0; j < pro.Length-i-1; j++)
                {
                    if(pro[j].Price < pro[j+1].Price)
                    {
                        Product temp=pro[j];
                        pro[j]=pro[j+1];
                        pro[j+1]=temp;
                    }
                }
            }
            //输出排序后的商品信息
            for(int i=0; i < pro.Length; i++)
            {
                Console.WriteLine("商品名称：{0},商品价格：{1},商品类型：{2}",
                pro[i].Name, pro[i].Price,pro[i].ProType);
            }
        }
    }
}
```

运行该程序，效果如图 A-9 所示。

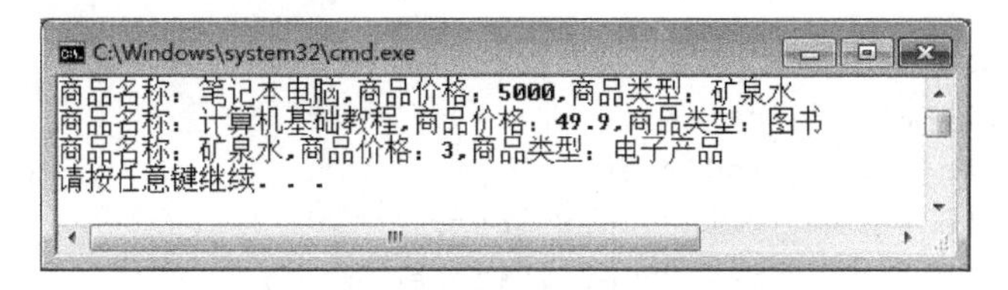

图 A-9　实验 4-2 的运行效果

实验 5　继承和多态

❶ 实验目的

（1）掌握继承关系的使用。

（2）掌握接口的定义和使用。

（3）掌握多态的使用。

❷ 实验内容

（1）继承关系的使用。

（2）接口的定义和使用。

（3）多态的使用。

❸ 实验步骤

（1）创建控制台应用程序，设计酒店人员管理系统中的人员信息类，并根据不同的方式计算人员工资，服务员按小时计算工资，厨师按月计算工资。

创建人员信息类，包括编号、姓名、身份证号、手机号、健康证号属性以及计算工资的方法；服务员信息类除了人员信息中的内容外，还要包括工作小时、每小时的工资标准；厨师类除了人员信息中的内容外，还要包括厨师等级、月薪的信息。在 Main 方法中分别创建服务员类和厨师类的对象，并输出人员的个人信息和工资。

```
namespace Test5_1
{
    abstract class Person
    {
        /// <summary>
        /// 构造方法
        /// </summary>
        public Person(int id, string name, string idNumber, string
        cellPhoneNumber,string healthCertificateNumber)
        {
            this.id=id;
            this.name=name;
            this.idNumber=idNumber;
            this.cellPhoneNumber=cellPhoneNumber;
            this.healthCertificateNumber=healthCertificateNumber;
        }
        private int id;
        private string name;
        private string idNumber;
        private string cellPhoneNumber;
        private string healthCertificateNumber;
        /// <summary>
        /// 编号
        /// </summary>
        public int Id
        {
            get
            {
                return id;
            }

            set
```

```
        {
            id=value;
        }
    }
    /// <summary>
    /// 姓名
    /// </summary>
    public string Name
    {
        get
        {
            return name;
        }

        set
        {
            name=value;
        }
    }
    /// <summary>
    /// 身份证号
    /// </summary>
    public string IdNumber
    {
        get
        {
            return idNumber;
        }

        set
        {
            idNumber=value;
        }
    }
    /// <summary>
    /// 健康证号
    /// </summary>
    public string HealthCertificateNumber
    {
        get
        {
            return healthCertificateNumber;
        }

        set
```

```
        {
            healthCertificateNumber=value;
        }
    }

    public string CellPhoneNumber
    {
        get
        {
            return cellPhoneNumber;
        }

        set
        {
            cellPhoneNumber=value;
        }
    }

    /// <summary>
    /// 获取员工工资
    /// </summary>
    /// <returns></returns>
    public abstract double getSalary();

    public override string ToSalary();
    {
         return"编号: "+this.id+" 姓名: "+this.name+" 身份证号: "+this.
         idNumber+" 手机号: "+this.cellPhoneNumber+" 健康证号: "+this.
         healthCertificateMumber;
     }
}
/// <summary>
/// 服务员类
/// </summary>
sealed class Waiter : Person
{
    public Waiter(int count,double wage, int id, string name, string
    idNumber, string cellPhoneNumber,string healthCertificateNumber)
    :base(id,name,idNumber, cellPhoneNumber,healthCertificateNumber)
     {
        this.count=count;
        this.wage=wage;
     }
    private int count;
    private double wage;
```

```
    /// <summary>
    /// 工作时长
    /// </summary>
    public int Count
    {
        get
        {
            return count;
        }

        set
        {
            count=value;
        }
    }
    /// <summary>
    /// 每小时工资
    /// </summary>
    public double Wage
    {
        get
        {
            return wage;
        }

        set
        {
            wage=value;
        }
    }

    /// <summary>
    /// 获取员工工资
    /// </summary>
    /// <returns></returns>
    public override double getSalary()
    {
        return Count * Wage;
    }
}
sealed class Cook : Person
{
    /// <summary>
    /// 构造方法
    /// </summary>
```

```
public Cook(string level, double salary,int id, string name, string
idNumber, string cellPhoneNumber, string healthCertificateNumber) :
base(id, name, idNumber, cellPhoneNumber, healthCertificateNumber)
{
    this.level=level;
    this.salary=salary;
}
private string level;
private double salary;
/// <summary>
/// 厨师等级
/// </summary>
public string Level
{
    get
    {
        return level;
    }

    set
    {
        level=value;
    }
}
/// <summary>
/// 月工资
/// </summary>
public double Salary
{
    get
    {
        return salary;
    }

    set
    {
        salary=value;
    }
}
/// <summary>
/// 获取厨师工资
/// </summary>
/// <returns></returns>
public override double getSalary()
{
```

```
            return salary;
        }
    }
}
```

在 Main 方法中使用多态的方式分别创建服务员和厨师的对象，并输出相应的信息，代码如下所示。

```
namespace Test5_1
{
    class Program
    {
        static void Main(string[] args)
        {
            Person p1=new Waiter(20, 100, 1001, "张月", "11010119950101123X",
            "18612345678", "102030405060");
            Person p2=new Cook("特一级", 5000, 2001, "刘兴",
            "210101199002101228", "18812345678", "102030405070");
            Console.WriteLine(p1.ToString());
            Console.WriteLine(p2.ToString());
        }
    }
}
```

运行该程序，效果如图 A-10 所示。

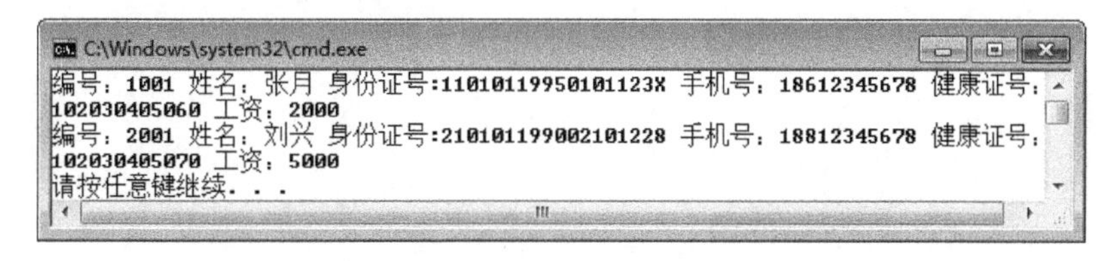

图 A-10　实验 5-1 的运行效果

（2）创建控制台应用程序，定义接口实现员工信息的添加和查询的操作。（要求员工的数量不超过 5 人。）

首先创建员工信息类（Person）、管理员工的接口（IManage）、接口的实现类（Manage），具体的代码如下所示。

```
namespace Test5_2
{
    class Person
    {
        public Person(int id, string name, int age)
        {
            this.Id=id;
            this.Name=name;
            this.Age=age;
```

```
        }
        public Person() { }
        private int id;
        private string name;
        private int age;

        public int Id
        {
            get
            {
                return id;
            }

            set
            {
                id=value;
            }
        }

        public string Name
        {
            get
            {
                return name;
            }

            set
            {
                name=value;
            }
        }

        public int Age
        {
            get
            {
                return age;
            }

            set
            {
                age=value;
            }
        }
```

```
    public override string ToString()
    {
        return " 员工编号："+this.Id+" 姓名："+this.Name+" 年龄："+this.Age;
    }
}
interface IManage
{
    /// <summary>
    /// 添加员工信息
    /// </summary>
    /// <param name="person"></param>
    /// <returns></returns>
    Person[] Add(Person person);
    /// <summary>
    /// 查询员工信息
    /// </summary>
    /// <param name="person"></param>
    /// <returns></returns>
    void Query(Person person);

}
/// <summary>
/// 员工信息管理接口的实现类
/// </summary>
class Manage : IManage
{
    //定义存放员工信息的数组
    private Person[] p=new Person[5];
    //员工信息数组的下标
    private int count=0;
    public Person[] Add(Person person)
    {

        foreach(Person p1 in p)
        {
            if(p1!=null &&p1.Id == person.Id)
            {
                Console.WriteLine("员工编号重复！");
                return null;
            }
        }


            if(count <= p.Length-1)
            {
```

```
                    p[count]=person;
                    count++;
                    Console.WriteLine("员工信息添加成功！");
                }
                else
                {
                    Console.WriteLine("员工信息已经录满！");
                }

            return p;
        }
        /// <summary>
        /// 查询员工信息
        /// </summary>
        public void Query(Person person)
        {
            foreach(Person p1 in p)
            {
                if(p1!=null && p1.Id == person.Id)
                {
                    Console.WriteLine("您查询的员工信息为{0}", p1.ToString());
                    return;
                }
            }
            Console.WriteLine("没有符合条件的员工信息!");
        }
    }
}
```

在 Main 方法中，调用 Manage 类中添加员工信息、查询员工信息的方法，代码如下所示。

```
namespace Test5_2
{
    class Program
    {
        static void Main(string[] args)
        {
            Manage m=new Manage();
            Person p1=new Person(1, "李明", 25);
            m.Add(p1);
            m.Query(p1);
        }
    }
}
```

运行该程序，效果如图 A-11 所示。

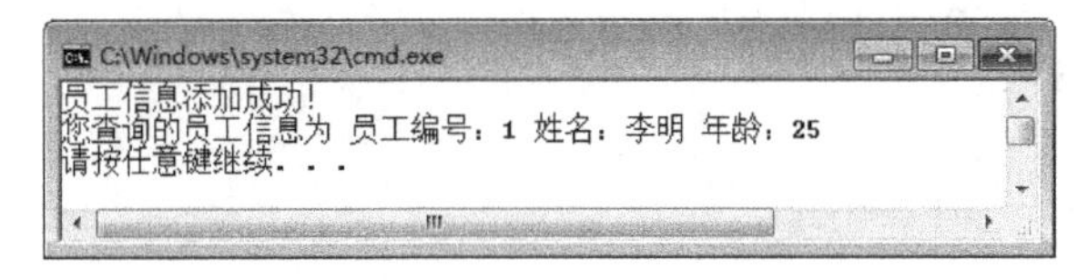

图 A-11 实验 5-2 的运行效果

实验 6 集合和泛型

❶ 实验目的

（1）掌握集合的使用。

（2）掌握泛型的使用。

（3）掌握比较器的使用。

❷ 实验内容

（1）集合的使用。

（2）泛型的使用。

（3）比较器的使用。

❸ 实验步骤

创建控制台应用程序，完成对商品信息的添加、修改、删除、查询、排序等操作。

（1）创建 ArrayList 泛型集合，并在泛型集合中添加商品信息。（为了简化实验数据，商品信息主要包括商品编号、商品名称、商品价格。）

（2）根据商品编号修改商品信息。

（3）根据商品编号删除商品信息。

（4）根据商品名称查询商品信息。

（5）查询商品的全部信息，并按商品价格降序排列。

下面分别完成实验中的每个步骤：

（1）创建商品信息类，并编写添加商品信息的方法向 ArrayList 集合中添加值，代码如下所示。

```
namespace Test6_1
{
    class Product:IComparable<Product>
    {
        public Product(int id, string name, double price)
        {
            this.Id=id;
            this.Name=name;
            this.Price=price;
        }
        private int id;
```

```
private string name;
private double price;
public int Id
{
    get
    {
        return id;
    }

    set
    {
        id=value;
    }
}

public string Name
{
    get
    {
        return name;
    }

    set
    {
        name=value;
    }
}
public double Price
{
    get
    {
        return price;
    }

    set
    {
        price=value;
    }
}

public override string ToString()
{
    return " 商品编号: "+this.Id+" 名称: "+this.Name+" 价格: "+this.price;
}
/// <summary>
```

```
        /// 添加比较器，按照商品价格比较
        /// </summary>
        public int CompareTo(Product other)
        {
            if (this.price < other.price)
            {
                return -1;
            }
            return 1;

        }
    }
```

```
class Manage
{
    private List<Product> arrayList=new List<Product>();
        /// <summary>
        /// 添加商品
        /// </summary>
        /// <param name="product"></param>
        public void Add(Product product)
        {
            arrayList.Add(product);
        }
        /// <summary>
        /// 查询所有商品信息，按照从小到大的顺序输出
        /// </summary>
        public void QueryAll()
        {
            //将集合中的商品信息按照商品价格从小到大排序
            arrayList.Sort();
            foreach (Product pro in arrayList)
            {
                Console.WriteLine(pro);
            }
        }
        /// <summary>
        /// 根据商品编号修改商品信息
        /// </summary>
        /// <param name="product"></param>
        public void Update(Product product)
        {
            foreach(Product pro in arrayList)
            {
                if(pro.Id==product.Id)
```

```
                {
                    pro.Name=product.Name;
                    pro.Price=product.Price;
                }
            }
        }
        /// <summary>
        /// 根据商品编号删除商品信息
        /// </summary>
        /// <param name="product"></param>
        public void Delete(int id)
        {
            for(int i=0;i<arrayList.Count;i++)
            {
                if(arrayList[i].Id ==id)
                {
                    arrayList.RemoveAt(i);
                }
            }
        }
        /// <summary>
        /// 根据商品名称查询商品信息
        /// </summary>
        /// <param name="product"></param>
        public void QueryByName(string name)
        {
            foreach(Product pro in arrayList)
            {
                if(pro.Name.Equals(name))
                {
                    Console.WriteLine(pro);
                }
            }
        }
    }
}
```

在 Main 方法中，调用 Manage 中的方法管理商品信息，代码如下所示。

```
namespace Test6_1
{
    class Program
    {
        static void Main(string[] args)
        {
            Manage manage = new Manage();
```

```
        while(true)
        {
            Console.WriteLine("请选择操作：");
            Console.WriteLine("1.添加商品信息");
            Console.WriteLine("2.修改商品信息");
            Console.WriteLine("3.删除商品信息");
            Console.WriteLine("4：根据商品名称查询商品信息");
            Console.WriteLine("5：查询全部商品信息");
            Console.WriteLine("6：退出");
            int choose = int.Parse(Console.ReadLine());
            if(choose == 1)
            {
                Console.WriteLine("请输入商品编号：");
                int id = int.Parse(Console.ReadLine());
                Console.WriteLine("请输入商品名称：");
                string name = Console.ReadLine();
                Console.WriteLine("请输入商品价格：");
                double price = double.Parse(Console.ReadLine());
                manage.Add(new Product(id, name, price));
                Console.WriteLine("添加成功！");
            }
            else if(choose == 2)
            {
                Console.WriteLine("请要修改的商品编号：");
                int id = int.Parse(Console.ReadLine());
                Console.WriteLine("请输入修改后的商品名称：");
                string name = Console.ReadLine();
                Console.WriteLine("请输入修改后的商品价格：");
                double price = double.Parse(Console.ReadLine());
                manage.Update(new Product(id, name, price));
                Console.WriteLine("修改成功！");
            }
            else if(choose == 3)
            {
                Console.WriteLine("请输入要删除的商品编号：");
                int id = int.Parse(Console.ReadLine());
                manage.Delete(id);
                Console.WriteLine("删除成功!");
            }
            else if(choose == 4)
            {
                Console.WriteLine("请输入要查询的商品名称：");
                string name = Console.ReadLine();
                manage.QueryByName(name);
            }
```

```
                else if(choose == 5)
                {
                    manage.QueryAll();
                }
                else if (choose == 6)
                {
                    Console.WriteLine("退出程序！");
                    break;
                }
            }
        }
    }
}
```

运行该程序，部分操作的效果如图 A-12 所示。

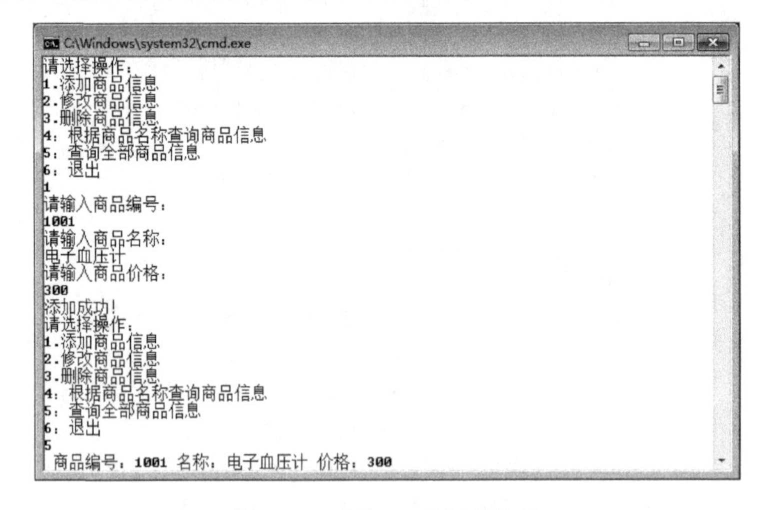

图 A-12　实验 6-1 的运行效果

实验 7　文件和流

❶ 实验目的

（1）掌握文件的创建和管理。

（2）掌握文本流的使用。

（3）掌握文件流的使用。

（4）掌握二进制流的使用。

❷ 实验内容

（1）文件的创建和使用。

（2）读写文件内容。

❸ 实验步骤

创建控制台应用程序，完成文件创建以及读写的操作。实现文件操作的方法如下：

（1）根据指定路径创建文件。

（2）向该文件中写入商品信息。

（3）读取文件中的商品信息。

（4）复制文件。

（5）删除文件。

创建控制台应用程序，定义商品信息类（Product）和文件操作类（OperatorFile）。Product.cs 文件的代码如下所示。

```
namespace Test7_1
{
    class Product
    {
        public Product(int id, string name, double price)
        {
            this.Id=id;
            this.Name=name;
            this.Price=price;
        }
        private int id;
        private string name;
        private double price;
        public int Id
        {
            get
            {
                return id;
            }

            set
            {
                id=value;
            }
        }

        public string Name
        {
            get
            {
                return name;
            }

            set
```

```
            {
               name=value;
            }
         }
         public double Price
         {
            get
            {
               return price;
            }

            set
            {
               price=value;
            }
         }
      }
   }
```

OperatorFile.cs 文件的代码如下所示。

```
namespace Test7_1
{
   class OperatorFile
   {
      /// <summary>
      /// 创建文件
      /// </summary>
      /// <param name="name"></param>
      public void Create(string filename)
      {
         string directory=Path.GetDirectoryName(filename);
         if(!Directory.Exists(directory))
         {
            Directory.CreateDirectory(directory);
         }
         if(!File.Exists(filename))
         {
            FileStream fs=File.Create(filename);
            Console.WriteLine("文件创建成功！");
            fs.Close();
         }
         else
         {
            Console.WriteLine("该文件已存在！");
         }
```

```
}
/// <summary>
/// 向文件中写入内容
/// </summary>
/// <param name="name"></param>
public void Write(string filename,Product product)
{
    //判断文件是否存在
    if(!File.Exists(filename))
    {
        this.Create(filename);
    }
    //创建 FileStream 类的实例
    FileStream fs=new FileStream(filename,FileMode.Open,
    FileAccess.ReadWrite, FileShare.ReadWrite);
    //创建 StreamWriter 类的实例
    StreamWriter streamWriter=new StreamWriter(fs);
    //向文件中写入商品信息
    streamWriter.WriteLine(product.Id+":"+product.Name+":"+
    product.Price);
    //刷新缓存
    streamWriter.Flush();
    //关闭流
    streamWriter.Close();
}
/// <summary>
/// 读取文件中的内容
/// </summary>
/// <param name="filename"></param>
public void Read(string filename)
{
    //判断文件是否存在
    if(!File.Exists(filename))
    {
        Console.WriteLine("您要读取的文件不存在！");
        return;
    }
    //创建 FileStream 类的实例
    FileStream fs=new FileStream(filename, FileMode.Open, FileAccess.
    Read, FileShare.ReadWrite);
    //创建 StreamReader 类的实例
    StreamReader streamReader=new StreamReader(fs);
    //判断文件中是否有字符
    while(streamReader.Peek() != -1)
    {
```

```
                //读取文件中的一行字符
                string str=streamReader.ReadLine();
                Console.WriteLine(str);
            }
            streamReader.Close();
        }
        /// <summary>
        /// 复制文件
        /// </summary>
        /// <param name="sourceFile"></param>
        /// <param name="newFile"></param>
        public void Copy(string sourceFileName, string desFileName)
        {
            if(!File.Exists(sourceFileName))
            {
                Console.WriteLine("源文件不存在！");
                return;
            }
            else if(!Directory.Exists(Path.GetDirectoryName(desFileName)))
            {
                Console.WriteLine("目标文件路径不存在！");
                return;
            }
            File.Copy(sourceFileName, desFileName);
            Console.WriteLine("文件复制完成");
        }
        /// <summary>
        /// 删除文件
        /// </summary>
        /// <param name="filename"></param>
        public void Delete(string filename)
        {
            if(File.Exists(filename))
            {
                File.Delete(filename);
                Console.WriteLine("文件删除成功！");
            }
            else
            {
                Console.WriteLine("要删除的文件不存在！");
            }
        }
    }
}
```

在 Main 方法中，调用 OperatorFile 类中的方法，代码如下所示。

```
namespace Test7_1
```

```
{
    class Program
    {
        static void Main(string[] args)
        {
            //创建文件操作类的对象
            OperatorFile operatorFile=new OperatorFile();
            while(true)
            {
                Console.WriteLine("请选择操作：");
                Console.WriteLine("1、创建文件");
                Console.WriteLine("2、向文件中写入商品信息");
                Console.WriteLine("3、读取文件中的商品信息");
                Console.WriteLine("4、复制文件");
                Console.WriteLine("5、删除文件");
                Console.WriteLine("6、退出");
                int choose=int.Parse(Console.ReadLine());
                if(choose == 1)
                {
                    Console.WriteLine("请输入文件名（完整路径）:");
                    string filename=Console.ReadLine();
                    operatorFile.Create(filename);
                }
                else if(choose == 2)
                {
                    Console.WriteLine("请输入商品编号：");
                    int id=int.Parse(Console.ReadLine());
                    Console.WriteLine("请输入商品名称：");
                    string name=Console.ReadLine();
                    Console.WriteLine("请输入商品价格：");
                    double price=double.Parse(Console.ReadLine());
                    Product product=new Product(id, name, price);
                    Console.WriteLine("请输入保存商品信息的文件名(完整路径)：");
                    string filename=Console.ReadLine();
                    operatorFile.Write(filename, product);
                }
                else if (choose==3)
                {
                    Console.WriteLine("请输入文件名（完整路径）：");
                    string filename=Console.ReadLine();
                    operatorFile.Read(filename);
                }
                else if (choose==4)
                {
                    Console.WriteLine("请输入源文件路径：");
                    string sourceFileName=Console.ReadLine();
                    Console.WriteLine("请输入目标文件路径：");
                    string descFileName=Console.ReadLine();
                    operatorFile.Copy(sourceFileName, descFileName);
                }
```

```
                else if (choose==5)
                {
                    Console.WriteLine("请输入要删除的文件：（完整路径）");
                    string filename=Console.ReadLine();
                    operatorFile.Delete(filename);
                }
                else if(choose==6)
                {
                    Console.WriteLine("退出！");
                    break;
                }
            }
        }
    }
}
```

运行该程序，效果如图 A-13 所示。

```
C:\Windows\system32\cmd.exe
请选择操作：
1、创建文件
2、向文件中写入商品信息
3、读取文件中的商品信息
4、复制文件
5、删除文件
6、退出
2
请输入商品编号：
1001
请输入商品名称：
苹果
请输入商品价格：
5.00
请输入保存商品信息的文件名<完整路径>：
f:\test7-1\test.txt
请选择操作：
1、创建文件
2、向文件中写入商品信息
3、读取文件的中商品信息
4、复制文件
5、删除文件
6、退出
3
请输入文件名（完整路径）：
f:\test7-1\test.txt
1001:苹果:5
```

图 A-13　实验 7-1 的部分运行效果

实验 8　Windows 应用程序

❶ 实验目的

（1）掌握 Windows 应用程序中控件的使用。

（2）掌握对话框控件的使用。

❷ 实验内容

（1）使用基本控件设计窗体。

（2）使用对话框控件。

❸ 实验步骤

（1）设计商品信息添加窗体，并在添加完成后在对话框中显示出来。

（2）将商品信息直接添加到文件 Product.txt 中，将 Product.txt 信息读取到多行文本框控件中。

创建 Windows 窗体程序，分别创建浏览文件信息的窗体和添加商品信息的窗体，界面如图 A-14、图 A-15 所示。

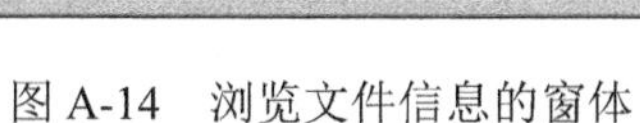
图 A-14　浏览文件信息的窗体

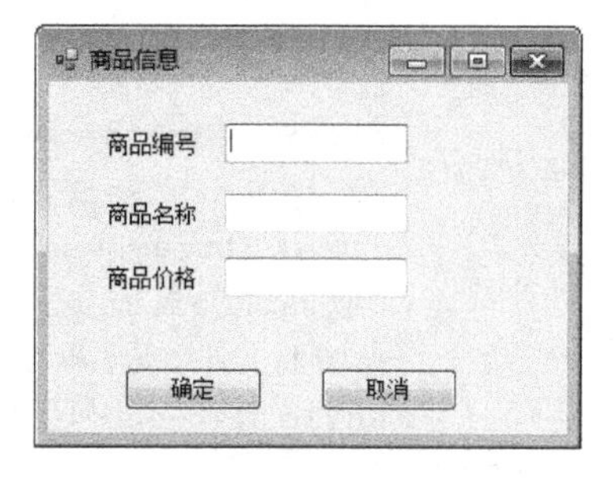

图 A-15　添加商品信息的窗体

在“浏览文件信息”窗体中，分别在“读取商品信息”按钮和“添加商品信息”按钮加入相应的代码，代码如下所示。

```
namespace Test8_1
{
    public partial class ShowForm:Form
    {
        public ShowForm()
        {
            InitializeComponent();
        }
        /// <summary>
        ///“添加商品信息”按钮的单击事件
        /// </summary>
        /// <param name="sender"></param>
        /// <param name="e"></param>
        private void btn_add_Click(object sender, EventArgs e)
        {
            AddForm addForm=new AddForm();
            addForm.Show();
        }
        /// <summary>
        ///“读取商品信息”按钮的单击事件
        /// </summary>
        /// <param name="sender"></param>
        /// <param name="e"></param>
        private void btn_read_Click(object sender, EventArgs e)
```

```
        {
            richTextBox1.Text="";
            string filename=@"f:\test8-1\test.txt";
            //判断文件是否存在
            if(!File.Exists(filename))
            {
                Console.WriteLine("您要读取的文件不存在！");
                return;
            }
            //创建 FileStream 类的实例
            FileStream fs=new FileStream(filename, FileMode.Open,
            FileAccess.Read, FileShare.ReadWrite);
            //创建 StreamReader 类的实例
            StreamReader streamReader=new StreamReader(fs);
            //判断文件中是否有字符
            while (streamReader.Peek()!=-1)
            {
                //读取文件中的一行字符
                string str=streamReader.ReadLine();
                richTextBox1.Text += str+"\n";
            }
            streamReader.Close();
        }
    }
}
```

“添加商品信息”窗体的“确定”按钮的单击事件中，实现弹出消息框提示添加的商品信息，并将信息写入到指定的文件中。代码如下所示。

```
namespace Test8_1
{
    public partial class AddForm:Form
    {
        public AddForm()
        {
            InitializeComponent();
        }
        /// <summary>
        /// “确认”按钮的单击事件
        /// </summary>
        /// <param name="sender"></param>
        /// <param name="e"></param>
        private void btn_ok_Click(object sender, EventArgs e)
        {
            string id=txtId.Text;
            string name=txtName.Text;
```

```
            string price=txtPrice.Text;
            MessageBox.Show(id+","+name+","+price);
            //创建 FileStream 类的实例
            FileStream fs=new FileStream(@"f:\test8-1\test.txt",
            FileMode.Append, FileAccess.Write, FileShare.ReadWrite);
            //创建 StreamWriter 类的实例
            StreamWriter streamWriter=new StreamWriter(fs);
            //向文件中写入商品信息
            streamWriter.WriteLine(id+":"+name+":"+price);
            //刷新缓存
            streamWriter.Flush();
            //关闭流
            streamWriter.Close();
        }
        /// <summary>
        /// “取消”按钮的单击事件
        /// </summary>
        /// <param name="sender"></param>
        /// <param name="e"></param>
        private void btn_cancel_Click(object sender, EventArgs e)
        {
            this.Close();
        }
    }
}
```

在该项目的 Program.cs 中，将启动窗体设置为 ShowForm，代码如下所示。

```
namespace Test8_1
{
    static class Program
    {
        /// <summary>
        /// 应用程序的主入口点
        /// </summary>
        [STAThread]
        static void Main()
        {
            Application.EnableVisualStyles();
            Application.SetCompatibleTextRenderingDefault(false);
            Application.Run(new ShowForm());
        }
    }
}
```

运行该项目，浏览文件中商品信息的效果如图 A-16 所示。

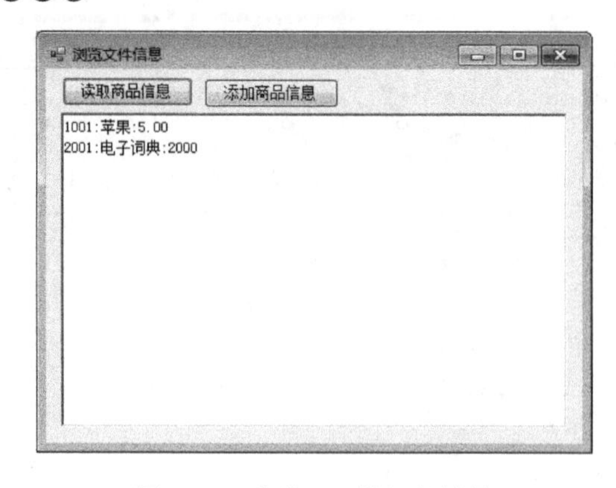

图 A-16　实验 8-1 的运行效果

实验 9　进程与线程

❶ 实验目的

（1）了解进程的使用。

（2）掌握线程的使用。

（3）掌握多线程程序的编写。

❷ 实验内容

（1）使用进程。

（2）使用线程。

（3）使用多线程。

❸ 实验步骤

（1）创建 Windows 应用程序，实现查看当前系统中的所有进程，并能根据指定的线程名称启动和停止进程。（具体代码参考本书中第 11 章中 11.1 节的内容。）

（2）创建 Windows 应用程序，实现多线程程序，假设某公司财务部门的员工共用一个企业账户，完成财务部门员工存取款的操作。

创建 Windows 应用程序，设计员工存取款界面如图 A-17 所示。

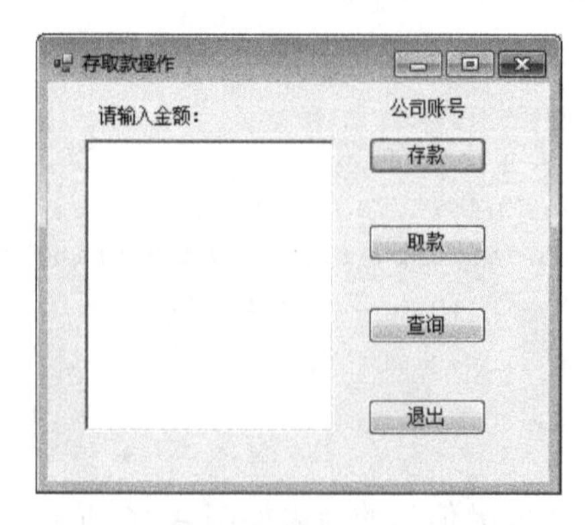

图 A-17　员工存取款界面

在该项目中，设计账户信息类 Account，并在该类中添加存款、取款的方法，代码如下所示。

```
namespace Test9_1
{
    class Account
    {
        public static string name="公司账号";
        public static double money;
        private static Object obj=new object();
        /// <summary>
        /// 存钱
        /// </summary>
        /// <param name="money"></param>
        public static void put(Object value)
        {
            lock(obj)
            {
                money+=Convert.ToDouble(value);
            }
        }
        /// <summary>
        /// 取钱
        /// </summary>
        /// <param name="money"></param>
        /// <returns></returns>
        public static void get(Object value)
        {
            lock(obj)
            {
            if (money>=Convert.ToDouble(value))
            {
                money-=Convert.ToDouble(value);
            }
            }
        }
    }
}
```

在图 A-17 所示的员工存取款中，实现存款、取款、查询余额以及退出操作的功能，代码如下所示。

```
namespace Test9_1
{
    public partial class ManageForm:Form
    {
```

```
        public ManageForm()
        {
            InitializeComponent();
        }
        /// <summary>
        ///“退出”按钮的单击事件
        /// </summary>
        /// <param name="sender"></param>
        /// <param name="e"></param>
        private void btn_Exit_Click(object sender, EventArgs e)
        {
            this.Close();
        }
        /// <summary>
        /// 存款
        /// </summary>
        /// <param name="sender"></param>
        /// <param name="e"></param>
        private void btn_Put_Click(object sender, EventArgs e)
        {
            label1.Text="请输入金额:";
            Thread t=new Thread(new ParameterizedThreadStart(Account.put));
            t.Start(rtxtValue.Text.Trim());
            MessageBox.Show("已存入:"+rtxtValue.Text+"元");
        }
        /// <summary>
        /// 取款
        /// </summary>
        /// <param name="sender"></param>
        /// <param name="e"></param>
        private void btn_Get_Click(object sender, EventArgs e)
        {
            label1.Text="请输入金额:";
            Thread t=new Thread(new ParameterizedThreadStart(Account.get));
            t.Start(rtxtValue.Text.Trim());
            MessageBox.Show("已取出:"+rtxtValue.Text+"元");
        }
        /// <summary>
        /// 显示余额
        /// </summary>
        /// <param name="sender"></param>
        /// <param name="e"></param>
        private void btn_Query_Click(object sender, EventArgs e)
        {
            label1.Text="余额为:";
            rtxtValue.Text=Account.money.ToString();
        }
```

```
        private void ManageForm_Load(object sender, EventArgs e)
        {
            //在 label2 上显示账号名称
            label2.Text=Account.name;
        }
    }
}
```

运行该项目，存款操作的效果如图 A-18 所示。

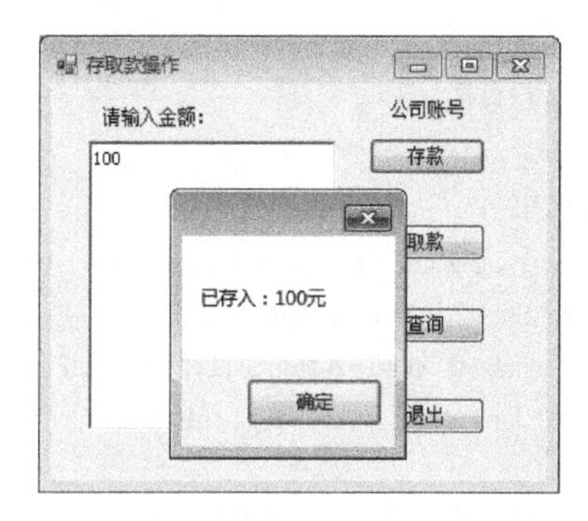

图 A-18　实验 9-2 的运行效果

实验 10　ADO.NET 与数据绑定

❶ 实验目的

（1）了解 ADO.NET 的作用。

（2）掌握 ADO.NET 中常用类的使用。

（3）掌握数据绑定控件的使用。

❷ 实验内容

（1）使用 ADO.NET。

（2）使用数据绑定控件。

❸ 实验步骤

（1）编写数据库连接类。

在数据库连接类中定义对数据表的查询和非查询的操作，代码如下所示。

```
namespace Test10_1
{
    class DBOperator
    {

            //定义数据库连接对象
            private static SqlConnection conn=new SqlConnection(@"Data
            Source=(localdb)\MSSQLLocalDB;Initial Catalog=productdb;
```

```
Integrated Security=True;Connect Timeout=30;Encrypt=False;
TrustServerCertificate=True;ApplicationIntent=ReadWrite;
MultiSubnetFailover=False");
//执行非查询，使用 SqlParameter[]数组添加参数值
public static int NonQuery(string sql, SqlParameter[] sp)
{
    int returnvalue=-1;
    SqlTransaction st=null;
    try
    {
        //打开数据库连接
        conn.Open();
        //开启事务
        st=conn.BeginTransaction();
        //创建 SqlCommand 类的对象
        SqlCommand cmd=new SqlCommand(sql, conn, st);
        if(sp != null && sp.Length != 0)
        {
            //向命令对象 cmd 中添加参数
            cmd.Parameters.AddRange(sp);
        }
        //执行对表的非查询操作
        returnvalue=cmd.ExecuteNonQuery();
        //提交事务
        st.Commit();
    }
    catch(Exception ex)
    {
        MessageBox.Show(ex.Message);
        //回滚事务
        if(st!=null)
        {
            st.Rollback();
        }
    }
    finally
    {
        if(conn.State==ConnectionState.Open)
        {
            conn.Close();
        }
    }
    return returnvalue;

}
```

```
        //执行查询操作的方法
        public static DataSet Query(string sql, SqlParameter[] sp)
        {
            DataSet ds=null;
            try
            {
                conn.Open();
                SqlCommand cmd=new SqlCommand(sql, conn);
                if(sp != null && sp.Length != 0)
                {
                    cmd.Parameters.AddRange(sp);
                }
                SqlDataAdapter sda=new SqlDataAdapter(cmd);
                ds=new DataSet();
                sda.Fill(ds);
            }
            catch(Exception ex)
            {
                MessageBox.Show(ex.Message);
            }
            finally
            {
                if(conn.State==ConnectionState.Open)
                {
                    conn.Close();
                }
            }
            return ds;
        }
    }
}
```

（2）实现商品信息的管理，包括添加、修改、删除、查询的操作。

在本实验中，使用的数据库是 SQL Server，并创建一个名为 ProductDB 的数据库。为了简化数据操作，在本实例中仅使用商品信息表，表中的列信息如表 A-1 所示。

表 A-1 商品信息表（product）

列 名	数 据 类 型	描 述
id	int	商品编号，主键，标识列
name	nvarchar(50)	商品名称
price	numeric(7,2)	商品价格
ptype	nvarchar(30)	商品类型

创建 Windows 窗体，实现商品信息的查询，在该窗体中使用 DataGridView 控件，既可以使用绑定的方式设置 DataGridView 控件中的值，也可以使用代码的方式设置

DataGridView 控件中的值，本例中使用代码的方式来设置 DataGridView 控件中的值。商品信息查询界面的设计如图 A-19 所示。

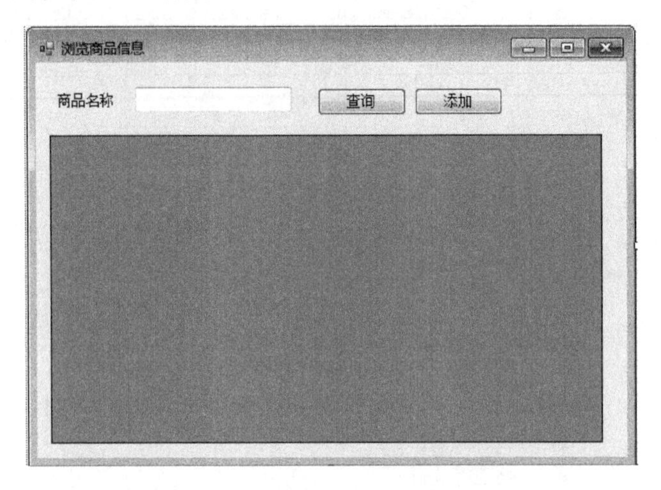

图 A-19　商品信息查询界面

在该界面中，除了实现查询功能，还实现了右击 DataGridView 中选中的行，通过右键菜单选择删除或修改的功能以及单击“添加”按钮弹出添加商品界面完成添加商品的功能。查询商品信息窗体（QueryForm.cs）和修改商品信息窗体（UpdateForm.cs）的代码如下所示。

QueryForm.cs 文件的代码如下所示。

```
namespace Test10_2
{
    public partial class QueryForm:Form
    {
        public QueryForm()
        {
            InitializeComponent();
        }
        /// <summary>
        /// 窗体加载事件
        /// </summary>
        /// <param name="sender"></param>
        /// <param name="e"></param>
        private void QueryForm_Load(object sender, EventArgs e)
        {
            //将商品信息显示在 DataGridView 控件中
                dataGridView1.DataSource=this.QueryAll();



        }
```

```
/// <summary>
/// 查询商品信息表中的全部信息
/// </summary>
public DataTable QueryAll()
{
    string sql="select id as 商品编号,name as 商品名称,price as 商品价
    格,ptype as 商品类型 from product";
    DataSet ds =DBOperator.Query(sql, null);
    if(ds==null)
    {
       return null;
    }
    return ds.Tables[0];
}
/// <summary>
///“查询”按钮的单击事件
/// </summary>
/// <param name="sender"></param>
/// <param name="e"></param>
private void btn_Query_Click(object sender, EventArgs e)
{
     dataGridView1.DataSource=this.QueryByName(txtName.Text.Trim());

}
public DataTable QueryByName(string name)
{
    string sql="select id as 商品编号,name as 商品名称,price as 商品价
    格,ptype as 商品类型 from product where name like '%'+@name+'%'";
    SqlParameter[] sqlParameter=new SqlParameter[1];
    sqlParameter[0]=new SqlParameter("name", name);
    DataSet ds=DBOperator.Query(sql, sqlParameter);
    if (ds==null)
    {
       return null;
    }
    return ds.Tables[0];
}
/// <summary>
/// 右键菜单删除按钮的单击事件
/// </summary>
/// <param name="sender"></param>
/// <param name="e"></param>
private void 删除ToolStripMenuItem_Click(object sender, EventArgs e)
{
    //获取选中行的商品编号
```

```
    string id=dataGridView1.SelectedRows[0].Cells[0].Value.ToString();
    string sql="delete from product where id=@id";
    SqlParameter[] sqlParameter=new SqlParameter[1];
    sqlParameter[0]=new SqlParameter("id", id);
    sqlParameter[0].DbType=DbType.Int32;
    int returnValue=DBOperator.NonQuery(sql, sqlParameter);
    if(returnValue!=-1)
    {
        //刷新 DataGridView 中的商品信息
        dataGridView1.DataSource=this.QueryAll();
    }

}
/// <summary>
/// 右键菜单修改按钮的单击事件
/// </summary>
/// <param name="sender"></param>
/// <param name="e"></param>
private void 修改ToolStripMenuItem_Click(object sender, EventArgs e)
{
    //获取选中行的信息，保存在 ArrayList 数组中
    ArrayList lis=new ArrayList();
    //添加商品编号
    lis.Add(dataGridView1.SelectedRows[0].Cells[0].Value.ToString());
    //添加商品名称
    lis.Add(dataGridView1.SelectedRows[0].Cells[1].Value.ToString());
    //添加商品价格
    lis.Add(dataGridView1.SelectedRows[0].Cells[2].Value.ToString());
    //添加商品类型
    lis.Add(dataGridView1.SelectedRows[0].Cells[3].Value.ToString());
    //打开修改界面
    UpdateForm updateForm=new UpdateForm(lis);
    DialogResult dr=updateForm.ShowDialog();
    if(dr==DialogResult.OK)
    {
        //更新 DataGridView 中的商品信息
        dataGridView1.DataSource=this.QueryAll();
    }
}
/// <summary>
/// 添加按钮的单击事件
/// </summary>
/// <param name="sender"></param>
/// <param name="e"></param>
private void btn_Add_Click(object sender, EventArgs e)
```

```
        {
            //打开添加商品信息的窗体
            AddForm addForm=new AddForm();
            DialogResult dr=addForm.ShowDialog();
            if(dr==DialogResult.OK)
            {
                //刷新 DataGridView 中的商品信息
                dataGridView1.DataSource=this.QueryAll();
            }
        }
    }
}
```

UpdateForm.cs 文件的代码如下所示。

```
namespace Test10_2
{
    public partial class UpdateForm:Form
    {
        private ArrayList arrayList=new ArrayList();
        public UpdateForm()
        {
            InitializeComponent();
        }
        public UpdateForm(ArrayList lis)
        {
            InitializeComponent();
            this.arrayList=lis;
        }
        /// <summary>
        /// 窗体加载事件
        /// </summary>
        /// <param name="sender"></param>
        /// <param name="e"></param>
        private void UpdateForm_Load(object sender, EventArgs e)
        {
            txtName.Text=arrayList[1].ToString();
            txtPrice.Text=arrayList[2].ToString();
            cbType.Text=arrayList[3].ToString();
        }
        /// <summary>
        /// 修改按钮的单击事件
        /// </summary>
        /// <param name="sender"></param>
        /// <param name="e"></param>
        private void btn_ok_Click(object sender, EventArgs e)
        {
```

```
            string sql="update product set name=@name,price=@price,
            ptype=@ptype where id=@id";
            SqlParameter[] sqlParameter=new SqlParameter[4];
            sqlParameter[0]=new SqlParameter("name", txtName.Text.Trim());
            sqlParameter[0].DbType=DbType.String;
            sqlParameter[1]=new SqlParameter("price", txtPrice.Text.Trim());
            sqlParameter[1].DbType=DbType.Double;
            sqlParameter[2]=new SqlParameter("ptype", cbType.Text.Trim());
            sqlParameter[2].DbType=DbType.String;
            sqlParameter[3]=new SqlParameter("id", arrayList[0].ToString());
            sqlParameter[3].DbType=DbType.Int32;
            int returnValue=DBOperator.NonQuery(sql, sqlParameter);
            if(returnValue!=-1)
            {
                MessageBox.Show("更新成功！");
                this.DialogResult=DialogResult.OK;
            }

        }
        /// <summary>
        /// 取消按钮的单击事件
        /// </summary>
        /// <param name="sender"></param>
        /// <param name="e"></param>
        private void btn_cancel_Click(object sender, EventArgs e)
        {
            this.Close();
        }
    }
}
```

运行浏览商品信息界面，效果如图 A-20 所示。

创建 Windows 应用程序，设计添加商品信息的界面如图 A-21 所示。

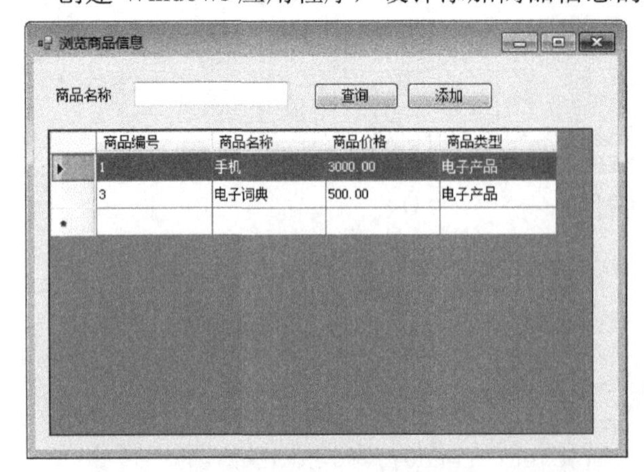

图 A-20 实验 10-2 浏览商品信息的运行效果

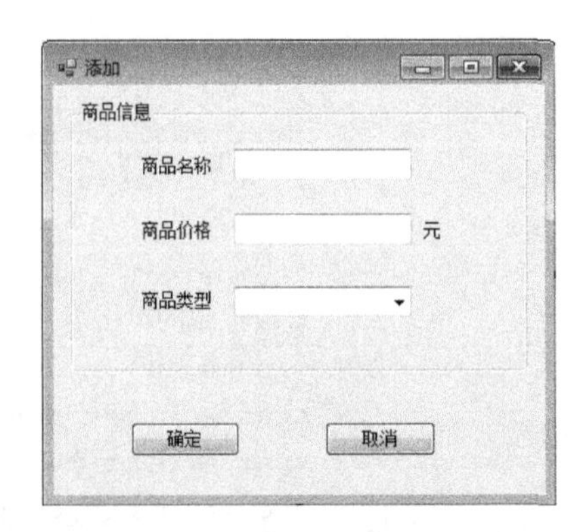

图 A-21 添加商品信息的界面

在该界面中，“商品类型”下拉列表框中的值通过直接绑定的方式设置，分别在“确定”按钮和“取消”按钮的单击事件中加入代码，代码如下所示。

```
namespace Test10_2
{
    public partial class AddForm : Form
    {
        public AddForm()
        {
            InitializeComponent();
        }
        /// <summary>
        ///“确认”按钮的单击事件
        /// </summary>
        /// <param name="sender"></param>
        /// <param name="e"></param>
        private void btn_ok_Click(object sender, EventArgs e)
        {
            SqlParameter[] sqlParameter=new SqlParameter[3];
            sqlParameter[0]=new SqlParameter("name", txtName.Text.Trim());
            sqlParameter[0].DbType=DbType.String;
            sqlParameter[1]=new SqlParameter("price", txtPrice.Text.Trim());
            sqlParameter[1].DbType=DbType.Double;
            sqlParameter[2]=new SqlParameter("ptype", cbType.Text.Trim());
            string sql="insert into product(name,price,ptype)values(@name,
            @price,@ptype)";
            int returnValue=DBOperator.NonQuery(sql, sqlParameter);
            if (returnValue != -1)
            {
                MessageBox.Show("添加成功！");
                this.DialogResult=DialogResult.OK;
            }
            else
            {
                MessageBox.Show("添加失败！");
            }
        }
        /// <summary>
        /// 关闭窗体
        /// </summary>
        /// <param name="sender"></param>
        /// <param name="e"></param>
        private void btn_cancel_Click(object sender, EventArgs e)
        {
            this.Close();
```

```
            }
        }
}
```

运行该窗体，效果如图 A-22 所示。

图 A-22　实验 10-2 中添加商品信息的运行效果

项目案例——ATM 交易管理系统

本例用户是某银行，需要一套ATM交易管理系统，经过和客户的初步沟通，对方要求能够实现以下这些功能。

- 新用户能够开卡：按照国家相关规定和银行的需要，用户需提供一些必要信息进行开卡操作，并且存储以备查阅。
- 支取：用户可以随时根据自己的需要，在任意 ATM 提款机上进行支取已存款项操作。
- 存钱：用户可以随时根据自己的需要，在 ATM 提款机上进行存款操作。
- 查询余额：用户可以随时根据自己的需要，在 ATM 提款机上进行余额查询操作。
- 转账：用户能够在 ATM 提款机上进行转账操作，如缴纳手机话费等。
- 明细账：用户可以根据时间区间查询自己的交易历史记录。

需求分析人员需要理清思路，清晰地处理和用户沟通过的每一个细节问题，并将结果记录，为后面论证和确定最终需求做准备。

用微信扫描下面的二维码，可以阅读本项目详细的开发文档，观看视频讲解，下载源代码。

项目案例——进销存管理信息系统

因某企业商品管理需要，本软件公司按照其要求开发一套进销存管理系统，提供便捷、准确和可靠的操作，以便方便对商品的信息管理。该系统的操作界面简洁、实用，软件帮助系统图文并茂，让使用者可以在最短的时间内掌握软件的使用方法。

通过初步的和客户进行沟通，确认这个系统需要实现的主要功能包含以下部分。

- 用户登录验证。
- 商品信息维护。
- 用户信息维护。
- 采购入库。
- 采购退货。
- 销售出库。
- 销售退货。
- 库存查询。
- 订单查询。

软件系统采用分布式架构，整个项目需要一个主服务器，每个商品管理分部都需要有至少一台终端，24小时不间断服务。

用微信扫描下面的二维码，可以阅读本项目详细的开发文档，观看视频讲解，下载源代码。

图书资源支持

感谢您一直以来对清华版图书的支持和爱护。为了配合本书的使用，本书提供配套的资源，有需求的读者请扫描下方的"书圈"微信公众号二维码，在图书专区下载，也可以拨打电话或发送电子邮件咨询。

如果您在使用本书的过程中遇到了什么问题，或者有相关图书出版计划，也请您发邮件告诉我们，以便我们更好地为您服务。

我们的联系方式：

地　　址：北京市海淀区双清路学研大厦 A 座 714

邮　　编：100084

电　　话：010-83470236　010-83470237

客服邮箱：2301891038@qq.com

QQ：2301891038（请写明您的单位和姓名）

资源下载：关注公众号"书圈"下载配套资源。

资源下载、样书申请

书圈

获取最新书目

观看课程直播